○ 吴紫俊/著

几何特征演化驱动的多胞结构拓扑优化设计

华中科技大学出版社
http://press.hust.edu.cn
中国·武汉

内 容 提 要

本书围绕几何特征对多胞结构的设计进行系统研究,阐述了多胞结构设计的有关理论和方法。第 1 章绪论和第 2 章几何参数驱动的单胞结构设计构成了本书的基础知识。第 3 章构建了基于单胞的优化代理模型。第 4 章提出了单胞数据驱动的结构拓扑设计方法。第 5 章探讨了多胞结构的频率响应性能设计方法。为实现多胞结构中几何特征在设计与制造空间的一致表达,第 6 章提出了基于子结构方法的周期性多胞结构拓扑设计优化方法。第 7 章介绍了杆单胞驱动的多胞结构设计。第 8 章针对板壳类零件的结构振动抑制问题,提出了自定义单胞的约束阻尼结构设计方法。

本书适合从事结构拓扑优化设计、产品开发研究的科技工作者阅读,也可作为专业工程技术人员、科研人员的参考书。

图书在版编目(CIP)数据

几何特征演化驱动的多胞结构拓扑优化设计 / 吴紫俊著. -- 武汉 :华中科技大学出版社,2024. 12. -- ISBN 978-7-5772-1485-6

Ⅰ. TH

中国国家版本馆 CIP 数据核字第 2024PX8568 号

几何特征演化驱动的多胞结构拓扑优化设计   吴紫俊   著
Jihe Tezheng Yanhua Qudong de Duobao Jiegou Tuopu Youhua Sheji

策划编辑:王红梅
责任编辑:朱建丽
封面设计:原色设计
责任校对:李 琴
责任监印:周治超
出版发行:华中科技大学出版社(中国·武汉)   电话:(027)81321913
          武汉市东湖新技术开发区华工科技园   邮编:430223
录   排:武汉市洪山区佳年华文印部
印   刷:武汉市洪林印务有限公司
开   本:710mm×1000mm   1/16
印   张:13.25
字   数:253 千字
版   次:2024 年 12 月第 1 版第 1 次印刷
定   价:68.00 元

前言

　　多胞结构是在微观尺度上模拟分子点阵构型而设计出来的有序超轻多孔结构，可表现出超轻量化、高比强度、高特定刚度、吸能、减振等力学特性，在现代航空航天、汽车制造、医学等领域的高性能部件设计中得到广泛关注与应用。在高性能部件的设计与制造中，由于部件苛刻的服役环境和制造工艺的要求，部件的设计与制造日趋复杂，其复杂性主要表现为"材料-结构-性能"的耦合。

　　从概念设计而言，多胞结构的性能是材料、几何、结构在宏观层面的功能具体化；从性能设计而言，多胞结构设计即为实现特定的性能而调整材料在微观、宏观结构内的空间布局，以及设计胞体内部、胞体之间的几何特征形状；从制造而言，多胞结构设计即在制造过程中，通过特定的几何特征来表达多胞结构的空间形态。因此，在微观单胞内、单胞间调控其几何特征空间位姿成为多胞结构设计亟待解决的难题。

　　近年来，作者先后获批与多胞结构设计有关的国家自然科学基金项目以及其他项目，在这些科研项目的支持下，取得了自成体系的研究成果，本书就是相关研究成果的结晶。本书从多胞结构设计的复杂性出发，围绕几何特征对多胞结构设计理论和方法进行系统、深入的研究，全书覆盖多方面的内容，主要包括基于杆、梁等基本单元的单胞结构设计；基于插值理论的单胞优化代理模型；基于单胞数据驱动的多胞结构设计、多胞结构拓扑优化计算框架；单胞结构力学矩阵重构方法、多胞结构频率响应设计；基于子结构方法的周期性多胞结构设计；基于杆单元驱动的多胞结构设计；基于约束阻尼的吸能多胞结构设计等。此外，由于涉及宏观、微观等多个尺度的多胞结构设计正处在不断研究和探索之中，本书也介绍了国内外相关领域的研究进展。

　　本书在编写过程中得到了多方面的支持、鼓励和帮助。华中科技大学人工智能与自动化学院的肖人彬教授多次参与本书的讨论，并给出了很多宝贵意见。华中科技大学机械科学与工程学院夏凉教授对本书中理论和方法的完善提出了详细的指导。作者在此向他们表示衷心的感谢。

　　本书的出版得到国家自然科学基金面上项目（项目号52275266）以及湖北省教育厅重点项目（项目号D20221701）的支持，上述科研项目的支持为作者创造了宽松的学术氛围和研究环境,在此表示深深的感谢并致以敬意。

多胞结构设计是结构拓扑优化设计科学的前沿领域课题,涉及众多跨学科的知识,既富有吸引力,又颇具挑战性,目前正处在不断探索之中。本书对这一前沿课题的研究和探索可能存在不足之处,我们热忱地希望读者提出批评和指正意见。

作者
2024 年 8 月

目　录

1

绪论

本章从几何特征与拓扑结构的关联性入手,指出拓扑结构形状变迁下几何特征演化的主要特征。此外,本章对拓扑优化研究现状进行分析,综述结构拓扑优化设计研究进展以及应用情况,阐述基于几何特征驱动的结构拓扑优化设计基本概念,讨论基于几何特征演化的拓扑优化结构设计的研究进展并加以分析说明。

1.1 多胞结构拓扑结构设计及其复杂性

航空航天和工业装备的飞速发展,带动传统机械行业快速发展的同时,也对材料提出了新的更高的要求[1]。不仅追求材料的轻质化,而且寻求轻质化和其他某种或多种优良性能相结合的先进材料,以适应不同的应用需求。如飞行器结构,既要满足对结构的强度、刚度等力学性能的要求,也要满足对隔热、隔振或电子屏蔽等功能的要求。

当前,多胞结构材料是国际上认为最有前景的先进轻质多功能结构材料[2][3],它是一种模拟分子点阵构型制造出来的有序超轻多孔材料,是由一系列特定构型的微观单胞根据一定规律在物理空间组合而成的周期性网络结构材料,是一种具有高孔隙率以及周期性结构的先进轻质多功能材料。从设计角度来看,多胞即为在传统材料的基础上增加孔洞,通过设计孔洞的分布和大小,改变结构的某个或多个方面的性能,使设计出的材料满足特定的应用场合[4][5]。其孔洞的分布和大小对材料的宏观特性有显著影响[6]。图 1.1 所示的是当前多胞结构材料及其应用,这类结构材料的设计与制造在现代航空航天、汽车制造、医学等领域得到了高度关注,其超轻量化、高比强度、高特定刚性等力学特性[7][8],在推动高性能装备发展,实现其全地形越野、高马赫数飞行、深空探索等方面具有重要的作用。

多胞结构材料属于多孔材料的范畴,与传统的金属或非金属泡沫材料不同,

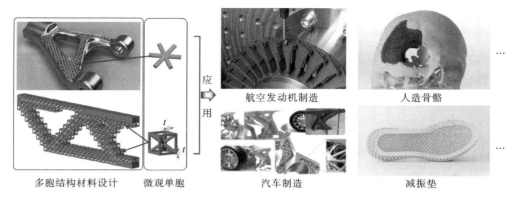

图 1.1　当前多胞结构材料及其应用

多胞结构材料通常是根据拓扑优化设计而来,同等质量下多胞结构材料的综合力学性能要优于泡沫材料[9]。对于多胞结构材料的设计,通常是由其单胞或者单元的结构设计开始的,其不同构型对材料的宏观力学性能及其他物理性能有显著影响[10][11]。因此,单胞的设计是多胞结构的基础。从优化角度来看,单胞的设计也是一个拓扑结构优化问题,是在单胞内部找到对宏观性能更有利的材料分布[12]。同时,单胞是多胞结构的组成部分,寻求自身的最优结构离不开多胞结构的宏观结构约束[13][14]。而对于这种微观(单胞结构)与宏观(多胞结构)的耦合问题,找到合适的单胞材料分布,得到最优的单胞结构是一个难点。

多胞结构的优化设计,也是两尺度或多尺度拓扑结构的优化设计,在一定的约束条件下,同时对宏观和微观两个尺度进行结构优化[15][16]。优化所得结构与实际物理模型接近程度越高越好。然而据笔者所知,这种多尺度拓扑优化所得到的拓扑结构,与实际的物理模型相去甚远[17]。产生这种设计结构与实际物理需要相背离的原因,笔者认为是宏观与微观的尺度比例模糊。目前,理论上为微观尺度与宏观尺度的比例定义为 10^{-9},而在实际的优化实例中,两个尺度间的比例远远大于这个既定的比例。在多尺度拓扑结构优化常用的均匀化方法[18]中,所选择的单胞大小与所划分的有限元网格大小相同。而在有限元网格划分的过程中,为了保证其计算的效率和精度,其网格边长与有限元模型边长的比例也远远大于 10^{-9}。另外,划分有限元网格时,会根据需要改变网格类型或者大小,使得微观尺度上单胞的结构和数量跟着变化,这不仅使计算变得复杂,也可能得到不同的宏观拓扑结构[19][20][21]。让设计过程变得复杂,也不利于工程应用。因此,设定宏观与微观尺度的比例,是解决上述困境的一种有效方法。然而,如何确定这个比例,在确定的比例下如何定义单胞相关的结构尺度和材料性能,需要做进一步的研究,也是本文研究的重点和难点。

目前已有两类多胞结构实现制造,一类是泡沫材料,另一类是均匀密度单胞的多胞结构。对于可变单胞密度的多胞结构,每个单胞中材料的多少与分布均不同,其制造只能依赖于 3D 打印[22]。在优化中,每个单胞均有相同数量的设计变量,可根据优化目标独立地改变单胞内部的材料分布。然而,这种独立性带来了两方面的问题[23][24][25][26][27]:一是单胞内部材料分布不连续;二是单胞之间的材料分布不连续。也就是说,材料没有连通性,使得材料不具有可制造性,让设计的多尺度结构只停留在理论阶段。尽管可以在所设计的结构外表面覆盖一层实体材料,用以连接各个单胞材料,解决材料的连通性问题。但同时也引起了其他的问题,如实体材料层的厚度会改变原来所优化设计的结构,使得所设计的结构的力学响应或其他性能不满足实际的物理需要;另外实体外壳改变了力的传递途径,会对结构强度等产生影响[28]。因此,在不改变所设计多胞结构的各项性能、确保所设计的结构即为所需要的最优结构的基础上,提高非均匀密度单胞的多胞结构的可制造性,把拓扑结构设计的多胞结构与实际物理问题紧密结合[29],需要做更详细的研究,这同时也是本书研究的难点。

因此,为了提高结构优化设计出的多胞结构各项性能,提高材料与实际物理问题的紧密联系程度,确保所设计的多胞结构的可制造性,非常有必要考虑基于多尺度优化方法的多胞结构设计[30]。解决微观尺度的单胞与宏观结构模型的比例关系,微观单胞内部和单胞之间的材料分布的连通性,在材料连通性基础上单胞的材料性能评价指标[31][32],以及宏观结构改变引起微观单胞中材料分布、单胞数量的改变等问题,将有助于完善基于多尺度拓扑优化设计的多胞结构设计理论体系[33][34]。同时,该研究成果将会给实际工程应用带来不可估量的重大价值,有助于提升多胞结构优化设计相关的众多工业产品精度、可靠性、可制造性,以及缩减多胞结构的制造成本。

1.2　多胞结构研究进展及其分析

多胞结构除了拥有优异的力学性能外,在热传导、电磁波、抗噪声等方面有着广阔的研究与应用前景[35]。多胞结构材料既可以作为许多应用领域的结构材料,也可以作为一些场合的功能材料,兼具功能和结构的双重作用,是一种性能卓越的多功能工程材料[36][37][38][39][40]。

目前,面向几何特征的多胞结构拓扑优化设计研究在实际应用需求和理论发展需求的双重推动下正在快速发展[41][42][43]。具体来说,在实际应用需求方面,高端装备的快速开发是促进国家军工装备、战略性新兴产业发展的关键,而有效的高性能结构设计理论与方法的应用则是其支撑;在理论发展需求方面,随着人类的脚步在深海、太空的涉足,新需求、新问题的不断涌现,意味着多胞结构设计逐渐向科学规范性和逻辑严密性迈进。

1.2.1 结构设计方法

为获得力学性能最佳的桁架结构,Michell[44]采用解析方法得到了杆件的最大拉伸与压缩应力俱佳的桁架结构。在这个基础上,Dorn 等提出了结构方法[45],首次将数值计算与结构优化结合,在给定的空间里,将备选的杆连接起来,然后通过最优算法将效果差的杆去除。在此后的几十年中,大量学者对结构拓扑优化展开了深入的研究,随之结构拓扑优化领域的研究也扩宽至连续体结构。20 世纪80 年代,随着有限元方法的引入,学者们提出了许多结构优化设计方法,如均匀化方法、变密度方法、水平集方法,以及基于等几何分析方法。

1988 年 Bendsøe 和 Kikuchi 提出了基于均匀化理论的拓扑优化方法[46],将设计域离散为多个微观单元,通过计算微单元的弹性矩阵实现微观材料力学性能表征。均匀化方法通过微观结构形状计算对应的材料弹性矩阵,可以方便地实现结构内部不同力学性能的调配,该方法已广泛应用于多尺度结构优化设计,尤其是点阵材料、负泊松比材料、功能梯度材料的设计。随着结构优化对计算效率的高要求,1989 年 Bendsøe[47]基于均匀化思想提出了变密度方法,利用材料插值的形式建立网格密度与网格刚度矩阵的映射,在计算过程中只需要关注网格的相对材料含量即可。在网格密度基础上,学者们先后提出了固体各向同性惩罚(solid isotropic material with penalization,SIMP)模型和材料属性有理近似惩罚(rational approximation of material properties,RAMP)模型,目前基于变密度的结构拓扑优化方法应较为广泛。同时,为了解决变密度方法中所优化的结构边界粗糙的问题,1997 年 Osher[48]提出了水平集方法,利用高一维的水平集函数实现了具有光滑结构边界的结构设计法。等几何分析方法(isogeometric analysis,IGA)[49]通过样条理论充分结合了几何模型与分析模型,建立了产品设计、仿真分析与性能优化的桥梁,引起了学者的广泛研究[50]。尽管等几何分析方法通过样条函数,实现了几何模型与分析模型的数据共享,完成了几何、分析的一体化设计。但在拓扑优化领域内,等几何分析的这种优势并没有体现出来[51],依然需要通过网格单元优化材料在设计域内的分布,实现结构的拓扑设计。也就是说,等几何分析方法的结构拓扑优化,放弃了几何数据与分析数据共享的优势,回到了优化问题本身。Herrema 等[51]在建立统一的几何、分析和优化模型方面做了细致的工作,通过严格遵循样条理论的参数化,建立分析模型的有效性方法和交互性准则,把整个设计过程通过一致的几何描述统一在一个平台中,从而实现了优化设计的自然集成。

　　为实现多胞结构的功能集成设计，相关学者提出并发展了密度投影法、大规模杆梁法、材料结构一体化法等设计方法[52]，实现了承载、减振、吸能、热传导等性能的集成设计[53]。Zhang 等[54]结合增材制造与拓扑优化技术，提出了以拉伸为主的微晶格填充穹顶实心部分的方法，设计了具有更好压缩刚度和弯曲刚度的变密度微格子穹顶结构，大幅提高了结构的能量吸收能力。Gao 等[55]在水平集优化框架下，基于能量均匀化方法，提出了最大体积模量、最大剪切模量、负泊松比等特定力学性能结构的宏观、微观协同设计方法，获得了一系列具有特殊力学特性的新型微观单胞。Yu 等[56]研究了应力约束下的壳格结构-填充结构优化问题，针对壳与填充层的不同应力约束，采用水平集方法和符号距离特征法，实现了结构形状和晶格密度的并行优化，解决了壳与晶格界面的应力集中问题。Barbier 等[57]利用完全非线性策略和简化策略提出了预定载荷下的结构优化方法，为考虑损伤的结构拓扑优化提供了借鉴。Cheng 等[58]利用连续映射技术将晶格密度转换为变密度十字结构，极大限度地提高了结构的基频。Huang 等[59]通过施加对称条件，以横向剪切模量最小为优化目标，设计了零泊松比单胞的新型蜂窝结构。Yuan 等[60]利用碳纳米管增强纳米复合材料激光烧结技术制备了三维的吸能超材料，研究了增材制造过程中结构的力学性能限制和结构缺陷，揭示了结构吸能原理。Huang 等[53]利用 BESO 方法获得了具有最大阻尼/刚度的微观结构，通过设计结构中刚弹性材料和柔黏性材料的组合，实现了黏弹性复合材料阻尼与刚度的耦合设计。Zheng 等[61]研究了宏观、介观、微观层面热弹性结构的分层设计过程，以热适应性最大为优化目标获得了具有高隔热性能的分层结构，为热桥效应的缓解和模块化幕墙构件的设计提供了依据。

　　另外，多胞结构的跨尺度设计方法也获得了长足发展。Zhao 等[62]提出了一种强解耦灵敏度分析方法，采用模态叠加和模态降阶相结合的方法进行宏观、微观结构频率响应分析。Zhang 等[63]提出了梯度蜂窝复合材料多尺度优化方法，通过 Kriging 元模型预测微结构的性质，利用准静态 Ritz 矢量法分析宏观结构的有效频率响应。Liu 等[64]基于 SIMP 和水平集方法提出了一种高效的拓扑优化方法，设计了基于不同粒度网格的宏观、微观结构设计并行计算框架。Xia 等[65]结合均匀化方法和并行计算方法，通过正交分解与拟合方法构建微观结构代理计算模型，建立了线上线下协同的宏观、微观结构跨尺度设计方法。Wu 等[52,66]基于子结构自由度凝聚方法，设计了基于自定义微观结构构型优化代理模型的宏观、微观结构计算框架，并把该方法应用到了基频最大化的结构设计中。Cui 等[67]研究了非均匀曲面网格加筋复合结构的筋肋布局优化问题，寻求结构在给定重量约束下的最大屈曲载荷，增加了松弛因子，改进了全局收敛移动渐近线方法的优化效率。Kumar 等[68]提出基于谱分解的多尺度结构设计方法，利用特征值回归和特征向量方向插值，确保了结构设计方法的计算精度和效率。

1.2.2　基于几何特征的结构设计

结构拓扑优化是在设计域寻找合适的几何形状，从而满足特定的设计要求[69][70][71]。因此，利用几何特征的变化直接设计结构也是结构拓扑优化设计的重要研究方向[72][73][74]，例如结构构件几何特征尺寸控制方法、基于组件的结构设计以及几何特征参数驱动的设计方法[75][76][77]。Sigmund[78]在密度方法的基础上提出了膨胀算子和侵蚀算子，通过密度过滤约束设计构型的尺度，确保了设计结构中的孔洞尺度并消除了中间密度单元。Zhang 等[79]利用结构骨架定义约束结构的最大、最小尺度，并转换为对应的密度约束，实现结构尺寸控制。Guest 等[80][81]将节点密度映射为单元密度，利用映射半径描述拓扑结构，从而控制设计构型的尺寸特征。Guo 等[82]利用所构造的符号距离函数控制结构特征尺寸。

在实际的工程结构设计中，尤其是航空航天结构设计中，机械主体结构中往往包含机械单元、电子器件等模块化的子组件，设计过程中需要综合考虑其主体结构性能、子组件位置等约束因素，因此需要同时对主体结构构型、子组件形状位置进行协同优化，以便获得性能更优、空间位姿更合理的多组件匹配。

为获得飞行器主体支撑结构与嵌入式组件的协同布局，Zhu 和 Zhang 等[83][84][85]提出了密度点技术，将组件材料与有限元网格关联，从而实现主体结构与嵌入式组件的协同优化设计，并扩展到了考虑重心和惯性等[86]约束的多组件系统化设计。

Gao 等[87]为处理结构支撑与组件间的连接面位移不一致的问题，提出了多点约束技术（multiple point constraint，MPC）。朱继宏等[88]为解决多组件空间位置干涉问题，提出了惩罚函数方法，实现了多组件结构系统布局与主体结构拓扑优化的协同设计。

由于几何特征较容易利用参数定义，因此利用几何特征的定义参数实现结构的拓扑优化设计也是研究方向之一。Zhou 等[89]以可变参数驱动的椭圆为设计元素，提出了基于可变形超椭圆的结构拓扑优化设计方法，通过较少的设计参数实现了复杂结构的设计。Zhang 等[90][91]在该方法基础上，将几何特征进一步分为实体特征和孔洞特征，提出了基于 B 样条的封闭几何特征的结构拓扑优化方法。在航空航天结构设计中，几何特征参数驱动的结构拓扑优化设计方法广泛应用于复杂载荷工况的零部件设计中[92][93][94]。Guo 等[95]与 Zhang 等[96]提出了移动可变形组件（moving morphable component，MMC）法，利用水平集函数构建了可变形的杆件（作为设计基元），利用杆件的形变实现结构拓扑优化设计。Liu 等[97]将孔洞特征引入设计域,通过孔洞的形状变化实现了结构的拓扑构型设计。

1.2.3 考虑制造的多胞结构设计

多胞结构的复杂几何拓扑,如何在设计空间融入制造约束,实现多胞结构的"设计即制造",是多胞结构设计必须面临的一个难点。目前,该问题的解决方式是在增材制造材料层叠的成形方式基础上,引入结构连通性、自支撑性等制造约束,在结构设计过程中,通过多胞结构中几何特征的空间位姿演化,建立其复杂几何形体在设计空间与制造空间上的统一描述,获得具有连续力传递路径、更少成形支撑的设计结构[98],实现其设计性能与实际制造性能的兼容表达。

结构连通性是避免产生封闭内孔并提高单胞间材料连接性的约束。目前结构连通性设计主要集中在两个方面:一方面是为了避免封闭内孔中未熔融粉末或支撑结构影响结构性能的设计方法,如虚拟温度方法[99]、基于图论的连通性结构设计方法[100]、自由特征驱动的结构连通性设计方法[101]等;另一方面是设置非设计域以获得连续力传递路径的单胞结构连通性设计方法[102](见图1.2),如含边框的微观结构连接性设计、预定义微观结构连接头的连通性设计、预定义微观结构构型的连接性设计、微观结构连接边界再优化、基于均匀化的构型几何映射等。这些结构连通性设计方法已解决材料在设计空间的连接性问题,为面向制造的多胞结构设计提供了理论参考。

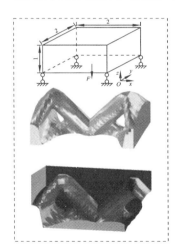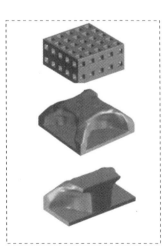

图 1.2   单胞结构连通性设计

如图1.3所示,结构自支撑性是利用下层材料支撑上层材料,无须辅助支撑的成形约束。自支撑结构设计提高了材料利用率,节省了结构的后处理时间成本,降低了因去除支撑结构而破坏结构的风险[103]。自支撑结构的拓扑优化设计方法有 45°方法[104]、菱形结构填充方法[105]、基于桁架连接的设计方法[106]等。由于不同材料允许的最小悬挑角和最大悬挑结构长度不同,45°方法的适应性较弱。结构填充方法需要增加额外的约束,会牺牲部分结构性能。相较而言,基于桁架连接的自支撑结构设计方法的自由度较高,且更贴近实际制造过程。随着增材制造技术的发展,已出现空间悬浮 3D 打印、材料反重力 3D 打印等先进的无支撑增材制造技术,但目前还未发现这类成形技术的实际工程应用。

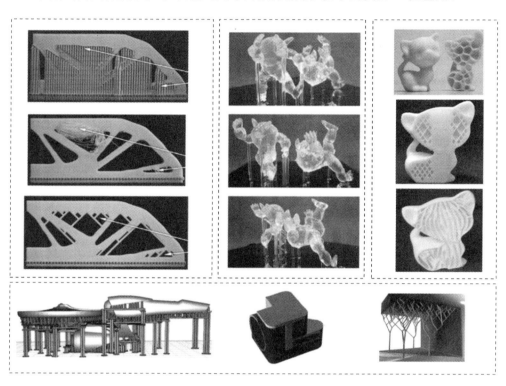

图 1.3　自支撑结构设计

通过材料层叠成形的增材制造方式可实现任意复杂几何特征的制造,然而多胞结构含有大量的悬挑结构、封闭内孔等几何特征,其支撑结构、未熔融粉末不仅增加了成形结构的后处理难度,也影响了多胞结构的性能[107]。因此,需要综合考虑多胞结构的连通性、自支撑性等问题,从设计层面实现"设计即制造"。

1.3　多胞结构优化设计的典型应用

多胞结构是一种基于模拟分子的点阵构型而提出的有序超轻多孔结构。该类多胞结构具有高比强度、高比刚度、高韧性、抗冲击等优良力学性能,以及减振、隔热、降噪等特性[108],已应用于航空航天、船舶、汽车等工业领域的重要结构件设计。有些国家已经将点阵材料应用在机翼中,利用结构中的大量空隙存储燃料。美国波音公司基于静不定杆的网架结构(作为机身层芯材料),极大地减轻了飞机重量。目前,美国实行"智能材料与结构计划"等多项战略任务,欧洲多国的高速飞行轻质先进材料的气动与热载荷相互作用计划均把结构设计作为未来飞行器的重点研究方向,实现结构减振、降噪等多功能,达到高效飞行的目的。在国内,西北工业大学、中国航天科工实现了从拓扑优化概念设计、尺寸设计、形状优化到增材制造零件制备的航天器支架全流程设计。

1.3.1 航空航天领域的应用

在航空航天领域,部件的轻量化设计对航天器的燃料效率和机动性能有着重要影响。航天器结构质量占比是衡量航天器设计与制造水平的关键指标,目前我国设计的航天器质量占比超过 20%,与欧美国家 8% 的占比仍存在较大差距,因此,轻量化技术已成为进一步提高我国航天器设计与制造水平的关键技术。利用结构拓扑优化方法,设计航天器部件材料在宏观、微观尺度上的分布,对于进一步提升航天器性能、降低能耗具有积极影响,为航空航天工业的高效发展夯实了坚实基础[109]。

在航空航天领域,其结构的设计不仅需要关注结构轻量化,还需要根据航天器的服役环境设计与制造性能优良的结构[110]。在现有的航空航天领域结构设计中,利用拓扑优化方法,可大幅度减少飞机重量,如座舱支架、托架等部件的设计[111][112][113][114][115],在保持其结构强度的基础上,最大限度降低了航天器的重量,如图 1.4 所示。

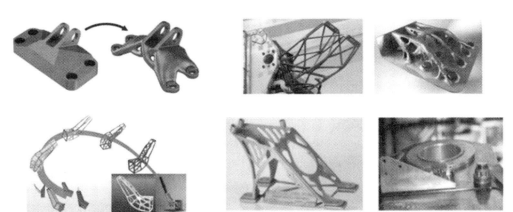

图 1.4 航空航天的轻量化构件

最大化散热和苛刻的结构机械性能是航空发动机高效热交换设计最核心的设计目标。具有周期性排列的多胞晶格结构为高效的散热效率提供了一种可能。其网格结构增强了机械阻力,从而提供了高效的负载支撑,同时也为流道设计提供了空间,更保证了散热结构制造的可能性。晶格结构中大量的孔洞区域的高热传导和对流,以及较低的流动阻力等因素确保了其高效的热交换性能,如图 1.5 所示。

图 1.5　新型高效热交换器

另外,拓扑优化在飞机前起落架的设计中,不仅减少了四分之一的重量[116],还通过减少材料最大许用量解决了起落架局部应力过大问题[117]。在运载火箭的设计中,利用加强筋的分布设计,确保了火箭的飞行翼板[118]、芯级与助推器的分离结构[119]、火箭点阵载荷适配器[120]等结构的机械性能。

1.3.2　医疗领域的应用

得益于增材制造快速成型的特点,使得在医疗领域有了独特的治疗方法。根据医学影像数据建立人体模型,利用结构拓扑优化技术设计满足需求的医疗器件,实现个性化医疗[121]。

人体骨骼移植是治疗骨骼坏死最有效的手段。近年来,学者们做了大量的临床研究,采用同种异体骨或具有骨传导、骨诱导特点的人工内支撑物来解决骨骼移植问题[122]。人体骨骼移植需要关注两个方面的问题[123],一方面是骨骼的应力屏蔽问题;另一方面是人体免疫问题。解决这两个方面的问题,需要使所设计的人工移植件具有以下特点:一是移植件密度需要与人体骨骼一致,且不允许移植件的应力高于生物骨骼;二是尽量在移植件内部设计出与骨骼类似的多孔结构,便于骨质的生长,避免生物排异等[124]。因此具有多孔特征的多胞结构,成为骨骼移植件的首选,如图 1.6 所示。

除了骨骼移植外,骨骼康复护具的定制化设计也是拓扑优化设计医疗应用的方向之一。目前骨骼康复护具一般有外固定和内固定,内固定与骨骼移植件设计类似,外固定则有很多方式,如石膏、绷带、夹板、高分子材料支具、个性化 3D 打印

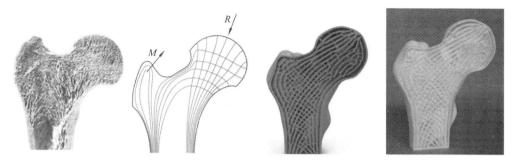

图 1.6   人体骨骼移植件设计[125]

护具等。相比于传统的石膏、绷带等固定方式,个性化定制护具可针对患者身体外形进行深度定制,并通过拓扑优化中的多胞结构设计保持护具的透气性能,既能确保护具与患者身体的贴附性,增加佩戴的舒适度,也能在固定时得到更好的约束,使受力分布均匀,有利于骨骼康复。2015 年,Scott Summit 设计了一款医疗护具,如图 1.7 所示。这款护具是一种类似桁架结构的支撑,利用拓扑优化设计了许多镂空的结构,在减轻产品重量的同时,也提高了材料的利用率。另外,Scott Summit 设计了另外一款护具,其外部轮廓有很强的连续性,内嵌了类似多胞结构的孔洞结构。

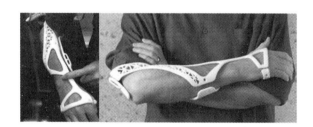

图 1.7   Scott Summit 设计的医疗护具

在医疗领域,拓扑优化主要用于辅助结构设计,可以根据患者所需要保护的身体部位进行定制,对非保护部位限制最小,更有利于身体康复。多胞结构的多孔、超轻特性,为医疗领域移植件、器械等结构的设计提供了新的实现途径。

1.3.3   车辆设计领域的应用

拓扑优化与增材制造的结合在车辆设计与制造中有着广泛的应用,为高性能零部件的创新设计提供了新的途径,如图 1.8 所示。车辆设计行业一直在追求更轻、更强、更节能的设计,以提高燃油效率、增加安全性和降低排放。

早在 2016 年,空中客车集团 APWorks GmbH 采用拓扑优化技术设计车身

（a）第一辆3D打印摩托车Light Rider

（b）发动机的连接支架[76]

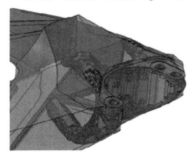

（c）发动机悬置副车架设计[80]

图 1.8　拓扑优化与增材制造技术在车辆领域中的应用

结构框架,同时利用高性能的轻质合金材料采用增材制造的方式制造发布了世界上第一辆 3D 打印摩托车 Light Rider,为汽车领域的发展带来新的设计思路。刘英杰等[126]对汽车发动机的连接支架进行了优化设计,并采用铝合金进行增材制造,比传统制造方法减少了 43.8% 的重量并且其力学性能得到显著提升。Walton等[127]将增材制造用于汽车立柱结构的制造,随后 Mantovani 等[128]对 Formula SAE 赛车的转向立柱进行设计,实现了 9% 的减重。Altair 等公司对大众汽车前端构造进行设计,实现了最少的部件配置满足多技术性能需求设计,这为汽车制造提供创新性的思路。Merulla 等[129]对一个后中置发动机跑车的发动机悬置副车架部件进行全新设计,最终能够显著减轻 20% 的重量。通用汽车公司采用创成式设计和 3D 打印技术,对汽车座椅支架进行了全新的设计,将原有的多个零部件巧妙地融合为一个整体,缩短了产品开发周期。

　　在车辆设计领域,除了利用拓扑优化方法进行结构件的轻量化设计,还能根据特定力学条件,利用多胞结构多孔吸能特性设计减振、吸能等力学结构,以及车架防撞结构[130]等。从设计层面兼顾构件的力学性能,是高性能结构设计制造一体化研究的重点,也是未来高性能车辆设计的必由之路。

1.3.4 其他应用

在产品造型设计方面,即考虑产品美学的基础上,将设计概念通过几何形态表达出来[131]。利用拓扑优化设计产品造型中最著名的是"bone chair",如图 1.9 所示。随着增材制造工艺的成熟,以更小结构单元的多层级结构的设计方案得以表达,这种类似于桁架组合的多胞结构,既保证了椅子的整体支撑结构最优设计,也减少了材料的使用[132]。拓扑优化设计的产品造型大多以曲面的形式呈现,不仅有较强的视觉冲击感,还有更合理的力学传递路径。

（a）骨椅　　　　　　　　　　（b）铝制椅

图 1.9　椅子造型设计

在建筑方面,利用拓扑优化以及多胞结构的多孔特性,可设计形状奇特且力学特性优良的代表性建筑,实现建筑美学、力学性能、自然环境的完美融合,具有广阔的应用前景。Vantyghem 等[133]对梁结构的几何形状与混凝土分布同时进行了优化,并解决了钢筋植入的难题。XtreeE 公司与 Barragan 等[134]设计并建造了体育馆,该项目开创了拓扑优化在建筑行业实际应用的先河。由日本矶崎新工作室设计的上海喜马拉雅中心[135],采用了传统的渐变结构拓扑优化方法,寻找覆盖巨大空间结构体与支撑结构之间的映射关系,获得了理想的树状结构"异形林",如图 1.10 所示。与传统的结构设计不同,建筑结构设计需要避免不符合生产实际的结构,如过细的杆件、棋盘格结构以及结构尺寸太小的孔洞等,既需要保证结构的力学性能、经济性以及外观美观,还需要确保其在现有建造工艺中的可制造性。

结构拓扑优化方法作为设计工具,已在诸多领域有了广泛的应用。由于传统的拓扑优化计算理论已相对成熟,其设计的结构不仅美观,而且具有卓越的力学性能[136]。尤其是与增材制造技术融合后,使得新奇的机械创新结构能够制造,进一步扩宽了结构拓扑优化设计适用领域。因此,利用增材制造技术,可对孔隙率高、几何

| （a）梁结构 | （b）体育馆 | （c）上海喜马拉雅中心 |

图 1.10 拓扑优化与增材制造技术在其他领域的应用

特征空间位姿复杂的多胞结构进行制造,为所设计的多胞结构在制造空间的表达提供了方法,把多胞结构在设计空间虚拟表达的力学性能,投射到实际的物理空间[137]。

尽管结构拓扑优化设计在多个领域得到了成功应用,与增材制造的分层叠加成形技术融合,使得复杂空间位姿结构得以在制造空间表达,然而,对于多胞结构的设计与制造,仍然存在着结构性能在物理空间与设计空间表达的分离问题[138]。这主要是由于在设计空间与制造空间多胞结构的尺度表达难以一致,即增材制造的分层成形约束难以在设计空间表达,如图 1.11 所示。因此,对于性能更优的多胞结构设计与应用,仍然存在许多待进一步研究的问题。

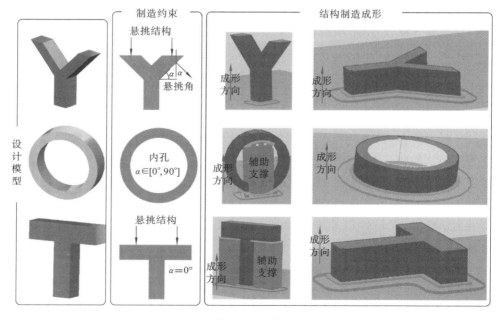

图 1.11 增材制造约束与结构成形

1.4　问题分析

从结构功能设计而言,多胞结构的性能是材料/几何/结构在宏观层面的功能具体化[139],其减振性能也是几何特征的不同空间布局而表现出的宏观特性[140]。因此,多胞结构的性能设计,即是在优化目标和约束条件下,对调控胞体结构的几何特征与空间布局进行调控,以实现结构功能的一体化表达[141],从设计层面实现"设计即产品"。然而,多胞结构的性能设计与几何特征之间的演化还存在一定的相互独立性[142][143],几何特征演化的自由特性难以定向设计出对应的目标性能,这主要体现在以下几个方面。

1. 成形限制多

多胞结构的封闭孔洞、大悬挑结构成形时往往需要辅助支撑,既增加了后处理去除支撑时破坏结构的风险,也在一定程度上改变了结构中力的传递路径,影响结构的性能[144]。尽管还存在层间材料过度、凝聚不均匀等因素对结构成形的影响,但在多胞结构设计层面,与成形方向、悬挑角等因素相关结构的自支撑性、连通性等约束仍然是影响结构成形的关键[145]。

2. 性能匹配难

一方面,增材制造层叠成形方式影响着多胞结构孔洞形貌,也决定多胞结构的截面惯性矩、表面积比和各向同性程度等,制约着多胞结构的抗屈曲性能以及减振性能[145];另一方面,利用结构稳定性等约束调控多胞结构的承载与减振特性时,往往会生成封闭孔洞、悬挑结构以获得更好的力学性能[136]。多胞结构性能在制造和设计过程中相互对立的表达要求,增加了多胞减振性能在设计与制造空间的匹配难度。

3. 约束耦合深

在面向制造的多胞减振结构拓扑优化设计中,结构承载性、减振性等设计约束以及自支撑、连通性等制造约束均依赖于相对密度等优化设计变量。设计约束利用优化设计变量值的大小决定材料的分布[137],制造约束利用优化设计变量值之间的大小关系确定每层材料的层叠[104]。基于同一类设计变量实现面向制造的多胞结构设计,将会影响其减振性能和可制造性。

多胞结构具有复杂的拓扑构型,且结构性能与几何特征密切相关。结构组成上,多胞结构是形状大小相异的几何特征在微观尺度上的排列组合;空间形体上,多胞结构可看成由孔洞和实体材料耦合的具有不同外观的空间形体;力学性能上,利用约束条件控制多胞结构的几何特征形状,使其呈现梯度性、吸能减振等特性[146]。目前,结合拓扑优化技术和增材制造技术是研制这类结构的有效方式[147]。然而,层叠成形的制造模式不能完全匹配多胞结构几何特征的自由拓扑,使得多胞减振结构的设计与制造具有一定的相对独立性,难以突破"制造决定设计"的困境[148]。因此,研究融合制造约束的几何特征表达方法,探索基于几何特征演化的多胞结构多性能耦合设计机理,开展面向增材制造的多胞结构拓扑优化设计方法研究,对于丰富面向制造的多胞结构性能设计的理论和方法,为多功能结构的研制提供理论依据和技术支撑,对满足高端装备"结构轻量化、功能多元化、性能集成化"的实际工业需求具有重要的实际意义,有利于促进国家军工装备、战略性新兴产业的快速发展。

1.5   多胞结构研究前景

多胞结构设计及其性能在设计空间与制造空间的一致表达,一直是拓扑优化领域的科技前沿热点与难点[149][150],利用拓扑优化设计技术,在设计空间布局材料,并通过不同的设计参数、制造参数等模拟结构的各种性能,实现多胞结构的复杂几何拓扑构型与其超轻量化、高承载等特殊机械性能的一致表达。这种在设计空间实现多胞结构性能设计的方式,是我国"高端装备创新工程"发展的趋势。通过上述分析,多胞结构未来的研究重点将围绕以下几个方面展开。

(1)多胞结构理论方法研究与应用实践将进一步深入。在理论方面,针对多胞结构设计的复杂性,传统的密度方法、均匀化方法等难以有效描述多胞结构不同尺度的几何特征、性能映射关系,有必要将结构尺度、构型设计、性能等进行融合[151][152][153]。在应用方面,虽然多胞结构,尤其是点阵结构已应用于各个领域,但由于多胞结构空间几何特征的复杂拓扑增加了其结构的制造难度,因此进一步完善多胞结构的设计、制造的方法体系研究,实现多胞结构设计性能、制造性能的统一,增强其工程应用性是需要进一步研究并突破的方向。

(2)多胞结构设计与其他方法、工具的集成。如前所述,虽然多胞结构设计方法在超轻结构、机械超材料设计、结构多功能融合表达等方面存在巨大优势[154][155],但由于实际工程项目的复杂性,仅依靠设计端的先进方法难以实现复杂工程问题的求解[156][157],因此多种方法、多个领域的知识集成应用必成为未来多胞结构发展的趋势[158][159][160],而根据各种方法、多种类知识之间的内在联系,制定相应的集成策略是今后又一个重点关注领域。

(3)多胞结构设计的软件系统搭建与应用实践。目前,多胞结构设计的理论方法较为完善,然而与之相适应的、能够匹配便于生产实践的多胞结构设计软件平台发展较为落后,尽管现在涌现出大量多胞结构设计工具[161][162][163][164][165][166],

但各工具的方法壁垒较大,且与工程应用实践结合不紧密。随着信息技术的飞速发展,尤其是人工智能的快速普及,基于网络的多胞结构设计软件平台无论是在飞机超轻量化、高性能结构开发,还是在深海的高承载结构设计等领域均可发挥巨大作用,因此将多胞结构设计理论与方法融入软件系统中并应用于国防等生产实践又是一个需要进一步研究的领域。

参考文献

[1] Ashby M F. Drivers for material development in the 21st century[J]. Progress in Materials Science, 2001, 46(3-4):191-199.

[2] Queheillalt D T, Wadley H N G. Cellular metal lattices with hollow trusses[J]. Acta Materialia, 2005, 53(2): 303-313.

[3] Zok F W, Latture R M, Begley M R. Periodic truss structures[J]. Journal of the Mechanics and Physics of Solids, 2016, 96: 184-203.

[4] Kato J, Yachi D, Terada K, et al. Topology optimization of micro-structure for composites applying a decoupling multi-scale analysis[J]. Structural and Multidisciplinary Optimization, 2013, 49:595-608.

[5] Kato J, Yachi D, Kyoya T, et al. Micro-macro concurrent topology optimization for nonlinear solids with a decoupling multiscale analysis[J]. International Journal for Numerical Methods in Engineering, 2017, 113(8):1189-1213.

[6] Sivapuram R, Dunning P D, Kim H A. Simultaneous material and structural optimization by multiscale topology optimization[J]. Structural and Multidisciplinary Optimization, 2016,54:1267-1281.

[7] Wu J, Clausen A, Sigmund O. Minimum compliance topology optimization of shell-infill composites for additive manufacturing[J]. Computer Methods in Applied Mechanics and Engineering, 2017, 326:358-375.

[8] Zhu J H, Zhou H, Wang C, et al. A review of topology optimization for additive manufacturing: Status and challenges[J]. Chinese Journal of Aeronautics, 2021, 34(1): 91-110.

[9] Deaton J D, Grandhi R V. A survey of structural and multidisciplinary continuum topology optimization: post 2000[J]. Structural and Multidisciplinary Optimization, 2013,49:1-38.

[10] Vogiatzis P, Chen S K, Wang X, et al. Topology optimization of multi-material negative Poisson's ratio metamaterials using a reconciled level set method[J]. Computer-Aided Design, 2017, 83: 15-32.

[11] Makhija D, Maute K. Numerical instabilities in level set topology optimization with the extended finite element method[J]. Structural and Multidisciplinary Optimization, 2013, 49: 185-197.

[12] Huang X, Zhou S W, Xie Y M, et al. Topology optimization of microstructures of cellular

materials and composites for macrostructures[J]. Computational Materials Science，2013，67：397-407.

[13] Biegler L T，Lang Y D，Lin W J. Multi-scale optimization for process systems engineering [J]. Computers & Chemical Engineering，2014，60：17-30.

[14] Liu K，Tovar A. Multiscale Topology Optimization of Structures and Periodic Cellular Materials[C]//ASME 2013 International Design Engineering Technical Conferences and Computers and Information in Engineering Conference. American Society of Mechanical Engineers，2013：V03AT03A054-V03AT03A054.

[15] Wang Y Q，Zhang L，Daynes S，et al. Design of graded lattice structure with optimized mesostructures for additive manufacturing[J]. Materials & Design，2018,142:114-123.

[16] Zhu J H，Zhang W H，Xia L. Topology Optimization in Aircraft and Aerospace Structures Design[J]. Archives of Computational Methods in Engineering，2016，23：595-622.

[17] Rodrigues H，Guedes J M，Bendsøe M P. Hierarchical optimization of material and structure[J]. Structural and Multidisciplinary Optimization，2002，24：1-10.

[18] Andreassen E，Andreasen C S. How to determine composite material properties using numerical homogenization[J]. Computational Materials Science，2014，83：488-495.

[19] Zhang W H，Sun S P. Scale-related topology optimization of cellular materials and structures[J]. International Journal for Numerical Methods in Engineering，2006，68（9）：993-1011.

[20] Cadman J E，Zhou S W，Chen Y H，et al. On design of multi-functional microstructural materials[J]. Journal of Materials Science，2013,48:51-66.

[21] Xia L，Breitkopf P. Design of materials using topology optimization and energy-based homogenization approach in Matlab[J]. Structural and Multidisciplinary Optimization，2015，52：1229-1241.

[22] Rozvany G I N. Aims，scope，methods，history and unified terminology of computer-aided topology optimization in structural mechanics[J]. Structural and Multidisciplinary Optimization，2001,21:90-108.

[23] Bendsøe M P，Sigmund O. Material interpolation schemes in topology optimization[J]. Archive of Applied Mechanics，1999，69：635-654.

[24] Sigmund O. Materials with prescribed constitutive parameters：An inverse homogenization problem[J]. International Journal of Solids and Structures，1994，31(17)：2313-2329.

[25] Xia L，Breitkopf P. Recent Advances on Topology Optimization of Multiscale Nonlinear Structures[J]. Archives of Computational Methods in Engineering，2017，24：227-249.

[26] Xia L. Multiscale structural topology optimization[M]. Amsterdam：Elsevier，2016.

[27] Xia L，Breitkopf P. Concurrent topology optimization design of material and structure within FE2 nonlinear multiscale analysis framework[J]. Computer Methods in Applied Mechanics and Engineering，2014，278：524-542.

[28] Nakshatrala P B，Tortorelli D A，Nakshatrala K B. Nonlinear structural design using mul-

tiscale topology optimization. part Ⅰ: Static formulation[J]. Computer Methods in Applied Mechanics and Engineering, 2013, 261: 167-176.

[29] Schumacher C, Bickel B, Rys J, et al. Microstructures to control elasticity in 3D printing [J]. ACM Transactions on Graphics (TOG), 2015, 34(4):1-33.

[30] Niu B, Yan J, Cheng G D. Optimum structure with homogeneous optimum cellular material for maximum fundamental frequency[J]. Structural and Multidisciplinary Optimization, 2009, 39: 115-132.

[31] Wang Y J, Xu H, Pasini D. Multiscale isogeometric topology optimization for lattice materials[J]. Computer Methods in Applied Mechanics and Engineering, 2017,316:568-585.

[32] Taheri A H, Suresh K. An isogeometric approach to topology optimization of multi-material and functionally graded structures[J]. International Journal for Numerical Methods in Engineering, 2016, 109(5): 668-696.

[33] Sanders E D, Aguiló M A, Paulino G H. Multi-material continuum topology optimization with arbitrary volume and mass constraints[J]. Computer Methods in Applied Mechanics and Engineering, 2018, 340:798-823.

[34] Lieu Q X, Lee J. A multi-resolution approach for multi-material topology optimization based on isogeometric analysis[J]. Computer Methods in Applied Mechanics and Engineering, 2017, 323: 272-302.

[35] van der Kolk M, van der Veen G J, de Vreugd J, et al. Multi-material topology optimization of viscoelastically damped structures using a parametric level set method[J]. Journal of Vibration and Control, 2017, 23(15): 2430-2443.

[36] Zhang W B, Kang Z. Robust shape and topology optimization considering geometric uncertainties with stochastic level set perturbation[J]. International Journal for Numerical Methods in Engineering, 2017, 110(1): 31-56.

[37] Wu J L, Luo Z, Li H, et al. Level-set topology optimization for mechanical metamaterials under hybrid uncertainties[J]. Computer Methods in Applied Mechanics and Engineering, 2017, 319: 414-441.

[38] Behrou R, Lawry M, Maute K. Level set topology optimization of structural problems with interface cohesion[J]. International Journal for Numerical Methods in Engineering, 2017, 112(8): 990-1016.

[39] Xia Q, Wang M Y, Shi T. Topology optimization with pressure load through a level set method[J]. Computer Methods in Applied Mechanics and Engineering, 2015, 283: 177-195.

[40] Wang A J, McDowell D L. In-plane stiffness and yield strength of periodic metal honeycombs[J]. Journal of engineering materials and technology, 2004, 126(2): 137-156.

[41] Deshpande V S, Fleck N A. Collapse of truss core sandwich beams in 3-point bending[J]. International Journal of Solids and Structures, 2001, 38(36-37): 6275-6305.

[42] Deshpande V S, Fleck N A, Ashby M F. Effective properties of the octet-truss lattice ma-

terial[J]. Journal of the Mechanics and Physics of Solids, 2001, 49(8): 1747-1769.

[43] Kooistra G W, Deshpande V S, Wadley H N G. Compressive behavior of age hardenable tetrahedral lattice truss structures made from aluminium[J]. Acta Materialia, 2004, 52 (14): 4229-4237.

[44] Michell A G M LVIII. The limits of economy of material in frame-structures[J]. The London, Edinburgh, and Dublin Philosophical Magazine and Journal of Science, 2010, 8(47): 589-597.

[45] Dorn W C, Gomory R E, Grenberg H. Automatic design of optimal structures[J]. Mechanics, 1964, 3(1):25-52.

[46] Bendsøe M P, Kikuchi N. Generating optimal topologies in structural design using a homogenization method[J]. Computer methods in applied mechanics and engineering, 1988, 71 (2): 197-224.

[47] Bendsøe M P. Optimal shape design as a material distribution problem[J]. Structural optimization, 1989, 1: 193-202.

[48] Osher S. Fronts propagating with curvature dependent speed: Algorithms based on Hamiton-Jocobi formulations[J]. Journey Computer Physics, 1997, 79(1): 66-71.

[49] Hughes T J R, Cottrell J A, Bazilevs Y. Isogeometric analysis: CAD, finite elements, NURBS, exact geometry and mesh refinement[J]. Computer methods in applied mechanics and engineering, 2005, 194(39-41): 4135-4195.

[50] 葛建立, 杨国来, 吕加. 同几何分析研究进展[J]. 力学进展, 2012, 42(6):771-784.

[51] Herrema A J, Wiese N M, Darling C N, et al. A framework for parametric design optimization using isogeometric analysis[J]. Computer Methods in Applied Mechanics and Engineering, 2017, 316: 944-965.

[52] Wu Z J, Xia L, Wang S T, et al. Topology optimization of hierarchical lattice structures with substructuring[J]. Computer Methods in Applied Mechanics and Engineering, 2019, 345: 602-617.

[53] Huang X D, Zhou S W, Sun G Y, et al. Topology optimization for microstructures of viscoelastic composite materials[J]. Computer Methods in Applied Mechanics and Engineering, 2015, 283: 503-516.

[54] Zhang J W, Yanagimoto J. Topology optimization of microlattice dome with enhanced stiffness and energy absorption for additive manufacturing[J]. Composite Structures, 2021, 255, 112889.

[55] Gao J, Li H, Luo Z, et al. Topology optimization of micro-structured materials featured with the specific mechanical properties[J]. International Journal of Computational Methods, 2020, 17(3), 1850144.

[56] Yu H C, Huang J Q, Zou B, et al. Stress-constrained shell-lattice infill structural optimisation for additive manufacturing[J]. Virtual and Physical Prototyping, 2020, 15 (1): 35-48.

[57] Barbier T，Shakour E，Sigmund O，et al. Topology optimization of damage-resistant structures with a predefined load-bearing capacity[J]. International Journal for Numerical Methods in Engineering，2022，123(4)：1114-1145.

[58] Cheng L，Liang X，Belski E，et al. Natural frequency optimization of variable-density additive manufactured lattice structure：theory and experimental validation[J]. Journal of Manufacturing Science and Engineering，2018，140(10)，105002.

[59] Huang J，Zhang Q H，Scarpa F，et al. Multi-stiffness topology optimization of zero Poisson's ratio cellular structures[J]. Composites Part B：Engineering，2018，140：35-43.

[60] Yuan S Q，Chua C K，Zhou K. 3D-printed mechanical metamaterials with high energy absorption[J]. Advanced Materials Technologies，2019，4(3)，1800419.

[61] Zheng Y F，Luo Z，Wang Y Z，et al. Optimized high thermal insulation by the topological design of hierarchical structures[J]. International Journal of Heat and Mass Transfer，2022，186，122448.

[62] Zhao J P，Yoon H，Youn B D. An efficient concurrent topology optimization approach for frequency response problems[J]. Computer Methods in Applied Mechanics and Engineering，2019，347：700-734.

[63] Zhang Y，Xiao M，Gao L，et al. Multiscale topology optimization for minimizing frequency responses of cellular composites with connectable graded microstructures[J]. Mechanical Systems and Signal Processing，2020，135，106369.

[64] Liu H，Wang Y Q，Zong H M，et al. Efficient structure topology optimization by using the multiscale finite element method[J]. Structural and Multidisciplinary Optimization，2018，58：1411-1430.

[65] Xia L，Breitkopf P. Multiscale structural topology optimization with an approximate constitutive model for local material microstructure[J]. Computer Methods in Applied Mechanics and Engineering，2015，286：147-167.

[66] Wu Z J，Fan F，Xiao R B，et al. The substructuring-based topology optimization for maximizing the first eigenvalue of hierarchical lattice structure[J]. International Journal for Numerical Methods in Engineering，2020，121(13)：2964-2978.

[67] Cui J C，Su Z C，Zhang W H，et al. Buckling optimization of non-uniform curved grid-stiffened composite structures (NCGCs) with a cutout using conservativeness-relaxed globally convergent method of moving asymptotes[J]. Composite Structures，2022，280，114842.

[68] Kumar T，Sridhara S，Prabhune B，et al. Spectral decomposition for graded multi-scale topology optimization[J]. Computer Methods in Applied Mechanics and Engineering，2021，377，113670.

[69] Wang Y Q，Luo Z，Kang Z，et al. A multi-material level set-based topology and shape optimization method[J]. Computer Methods in Applied Mechanics and Engineering，2015，283：1570-1586.

[70] Wang Y，Kang Z. Structural shape and topology optimization of cast parts using level set

method[J]. International Journal for Numerical Methods in Engineering，2017，111(13)：1252-1273.

[71] Lawry M，Maute K. Level set shape and topology optimization of finite strain bilateral contact problems[J]. International Journal for Numerical Methods in Engineering，2018，113(8)：1340-1369.

[72] Kiendl J，Schmidt R，Wüchner R，et al. Isogeometric shape optimization of shells using semi-analytical sensitivity analysis and sensitivity weighting[J]. Computer Methods in Applied Mechanics and Engineering，2014，274：148-167.

[73] Wang S T，Xu M M，Wang Y J，et al. An Isogeometric Topology Optimization Method for Continuum Structure[C]//International Conference on Mechanical Design. Singapore：Springer，2017：335-347.

[74] Kang P，Youn S K. Isogeometric topology optimization of shell structures using trimmed NURBS surfaces[J]. Finite Elements in Analysis and Design，2016，120：18-40.

[75] Kang P，Youn S K. Isogeometric analysis of topologically complex shell structures[J]. Finite Elements in Analysis and Design，2015，99：68-81.

[76] Zhang W S，Yang W Y，Zhou J H，et al. Structural topology optimization through explicit boundary evolution[J]. Journal of Applied Mechanics，2017，84(1)：011011.

[77] Dedè L，Borden M J，Hughes T J R. Isogeometric analysis for topology optimization with a phase field model[J]. Archives of Computational Methods in Engineering，2012，19：427-465.

[78] Sigmund O. Morphology-based black and white filters for topology optimization[J]. Structural and Multidisciplinary Optimization，2007，33：401-424.

[79] Zhang W S，Zhong W L，Guo X. An explicit length scale control approach in SIMP-based topology optimization[J]. Computer Methods in Applied Mechanics and Engineering，2014,282：71-86.

[80] Guest J K，Prévost J H，Belytschko T. Achieving minimum length scale in topology optimization using nodal design variables and projection functions[J]. International Journal for Numerical Methods in Engineering，2004，61(2)：238-254.

[81] Guest J K. Imposing maximum length scale in topology optimization[J]. Structural and Multidisciplinary Optimization，2009，37(5)：463-473.

[82] Guo X，Zhang W S，Zhong W L. Explicit feature control in structural topology optimization via level set method[J]. Computer Methods in Applied Mechanics and Engineering，2014,272：354-378.

[83] Zhu J H，Zhang W H，Beckers P，et al. Simultaneous design of components layout and supporting structures using coupled shape and topology optimization technique[J]. Structural and Multidisciplinary Optimization，2008，36：29-41.

[84] Zhu J H，Zhang W H. Integrated layout design of supports and structures[J]. Computer Methods in Applied Mechanics and Engineering，2010，199(9-12)：557-569.

[85] Zhu J H，Zhang W H，Beckers P. Integrated layout design of multi-component system[J]. International journal for numerical methods in engineering，2009，78(6)：631-651.

[86] Zhu J H，Beckers P，Zhang W H. On the multi-component layout design with inertial force [J]. Journal of Computational and Applied Mathematics，2010，234(7)：2222-2230.

[87] Gao H H，Zhu J H，Zhang W H，et al. An improved adaptive constraint aggregation for integrated layout and topology optimization[J]. Computer Methods in Applied Mechanics and Engineering，2015，289：387-408.

[88] 朱继宏，郭文杰，张卫红，等. 多组件结构系统布局拓扑优化中处理组件干涉约束的惩罚函数方法[J]. 航空学报，2016，37(12)：3721-3733.

[89] Zhou Y，Zhang W H，Zhu J H，et al. Feature-driven topology optimization method with signed distance function[J]. Computer Methods in Applied Mechanics and Engineering，2016，310：1-32.

[90] Zhang W H，Zhou Y，Zhu J H. A comprehensive study of feature definitions with solids and voids for topology optimization[J]. Computer Methods in Applied Mechanics and Engineering，2017，325：289-313.

[91] Zhang W H，Zhao L Y，Gao T，et al. Topology optimization with closed B-splines and boolean operations[J]. Computer Methods in Applied Mechanics and Engineering，2017，315：652-670.

[92] Zhou Y，Zhang W H，Zhu J H. Concurrent shape and topology optimization involving design-dependent pressure loads using implicit B-spline curves[J]. International Journal for Numerical Methods in Engineering，2019，118(9)：495-518.

[93] Zhang W H，Zhao L Y，Gao T. CBS-based topology optimization including design-dependent body loads[J]. Computer Methods in Applied Mechanics and Engineering，2017，322：1-22.

[94] Zhu J H，Zhao Y B，Zhang W H，et al. Bio-inspired feature-driven topology optimization for rudder structure design[J]. Engineered Science，2019，5：46-55.

[95] Guo X，Zhang W S，Zhong W L. Doing topology optimization explicitly and geometrically—a new moving morphable components based framework[J]. Journal of Applied Mechanics，2014，81(8)：081009.

[96] Zhang W S，Yuan J，Zhang J，et al. A new topology optimization approach based on Moving Morphable Components (MMC) and the ersatz material model[J]. Structural and Multidisciplinary Optimization，2016，53(6)：1243-1260.

[97] Liu J K，Ma Y S. 3D level-set topology optimization：a machining feature-based approach [J]. Structural and Multidisciplinary Optimization，2015，52：563-582.

[98] Zhang K Q，Cheng G D，Xu L. Topology optimization considering overhang constraint in additive manufacturing[J]. Computers & Structures，2019，212：86-100.

[99] Liu S T，Li Q H，Chen W J，et al. An identification method for enclosed voids restriction in manufacturability design for additive manufacturing structures[J]. Frontiers of Mechan-

ical Engineering，2015，10：126-137.

[100] Xiong Y L，Yao S，Zhao Z L，et al. A new approach to eliminating enclosed voids in topology optimization for additive manufacturing[J]. Additive Manufacturing，2020，32：101006.

[101] Zhou L，Zhang W H. Topology optimization method with elimination of enclosed voids [J]. Structural and Multidisciplinary Optimization，2019，60：117-136.

[102] Garner E，Kolken H M A，Wang C C L，et al. Compatibility in microstructural optimization for additive manufacturing[J]. Additive Manufacturing，2019，26：65-75.

[103] 杜宇，刘仪伟，李正文，等. 面向增材制造需求的拓扑优化技术发展现状与展望[J]. 科技与创新，2018(11)：145-146.

[104] Langelaar M. An additive manufacturing filter for topology optimization of print-ready designs[J]. Structural and multidisciplinary optimization，2017，55：871-883.

[105] Wu J，Wang C C L，Zhang X T，et al. Self-supporting rhombic infill structures for additive manufacturing[J]. Computer-Aided Design，2016，80：32-42.

[106] Guo X，Zhou J H，Zhang W S，et al. Self-supporting structure design in additive manufacturing through explicit topology optimization[J]. Computer Methods in Applied Mechanics and Engineering，2017，323：27-63.

[107] 李取浩. 考虑连通性与结构特征约束的增材制造结构拓扑优化方法[D]. 大连：大连理工大学，2017.

[108] Gao J，Luo Z，Li H，et al. Dynamic multiscale topology optimization for multi-regional micro-structured cellular composites[J]. Composite Structures，2019，211：401-417.

[109] Hanush S S，Manjaiah M. Topology optimization of aerospace part to enhance the performance by additive manufacturing process[J]. Materials Today：Proceedings，2022，62：7373-7378.

[110] 高强，王健，张严，等.拓扑优化方法及其在运载工程中的应用与展望[J].机械工程学报，2024，60(4)：369-390.

[111] 谷小军，李城彬，王文龙，等.拓扑优化与增材制造技术的融合及其在民用飞行器设计中的应用[J].航空制造技术，2022，65(14)：14-20.

[112] Orme M E，Gschweitl M，Ferrari M，et al. Additive Manufacturing of Lightweight，ptimized，Metallic Components Suitable for Space Flight[J]. Journal of Spacecraft and Rockets，2017，54(5)：1050-1059.

[113] Kumar L J，Nair C G K. Current Trends of Additive Manufacturing in the Aerospace Industry[M]. Singapore：Springer，2017.

[114] Orme M E，Gschweitl M，Ferrari M，et al. Designing for Additive Manufacturing：lightweighting through Topology Optimization enables Lunar spacecraft[J]. Journal of Mechanical Design，2017，139(10)：100905.

[115] Brackett D，Ashcroft I，Hague R. Topology optimization for additive manufacturing [C]//2011 International Solid Freeform Fabrication Symposium. Austin：University of

Texas at Austin，2011.

[116] 赵知辛，王琨，汪杰，等. 飞机起落架的动力学分析与拓扑优化研究[J]. 机械设计与制造，2021(10)：81-85.

[117] 徐浩然，贺福强，李赟，等. 飞机起落架的拓扑与自由曲面形状优化[J]. 组合机床与自动化加工技术，2021(4)：134-138.

[118] 李佳霖，赵剑，孙直，等. 基于移动可变形组件法(MMC)的运载火箭传力机架结构的轻量化设计[J]. 力学学报，2022，54(1)：244-251.

[119] 毕祥军，陈炳全，吴浩，等. 运载火箭线式捆绑分离装置的设计、分析与优化[J]. 机械工程学报，2019，55(14)：60-68.

[120] Baldzhiev R S，Alekseyev A A，Azarov A V. Topology optimization of the lattice payload adapter for carrier rocket[C]//IOP Conference Series：Materials Science and Engineering. IOP Publishing，2019，683(1)：012061.

[121] 李子荣. 股骨头坏死临床诊疗规范(2015 年版)[J]. 中华关节外科杂志(电子版)，2015，9(1)：133-138.

[122] 魏波，王黎明，徐燕，等. 股骨头髓芯减压为基础治疗早期股骨头坏死[J]. 中国组织工程研究，2012，16(39)：7390-7394.

[123] 孙伟，李子荣，高福强等. 磷酸三钙多孔生物陶瓷修复股骨头坏死[J]. 中国组织工程研究，2014，18(16)：2474-2479.

[124] Seebach C，Schulth E，Wilhelm K，et al. Comparison of six bone graft substitutes regarding to cell seeding efficiency，metabolism and growth behavior of human mesenchymal stem cells (MSC) in vitro[J]. Injury，2010，41(7)：731-738.

[125] Wu J，Aage N，Westermann R，et al. Infill optimization for additive manufacturing-approaching bone-like porous structures[J]. IEEE Transactions on Visualization and Computer Graphics，2018，24(2)：1127-1140.

[126] 刘英杰，胡强，赵新明，等. 汽车发动机连接支架拓扑优化及增材制造研究[J]. 中国机械工程，2023，34(18)：2238-2247，2267.

[127] Walton D，Moztarzadeh H. Design and development of an additive manufactured component by topology optimisation[J]. Procedia Cirp，2017，60：205-210.

[128] Mantovani S，Barbieri S G，Giacopini M，et al. Synergy between topology optimization and additive manufacturing in the automotive field[J]. Proceedings of the Institution of Mechanical Engineers，Part B：Journal of Engineering Manufacture，2021，235（3）：555-567.

[129] Merulla A，Gatto A，Bassoli E，et al. Weight reduction by topology optimization of an engine subframe mount，designed for additive manufacturing production[J]. Materials Today：Proceedings，2019，19：1014-1018.

[130] 卢积健，雷正保. 基于拓扑优化与诱导结构的抗撞结构优化设计[J]. 振动与冲击，2023，42(10)：215-220，229.

[131] 张帆，崔艺铭，朱泽一. 基于参数化造型的柔性材料形变设计研究[J]. 设计，2019，32

(9):79-81.

[132] 周阳峰,李丽,张仲凤. 家具产品拓扑优化研究[J]. 家具与室内装饰,2017(11):34-35.

[133] Vantyghem G，De Corte W，Shakour E，et al. 3D printing of a post-tensioned concrete girder designed by topology optimization[J]. Automation in Construction，2020，112:103084.

[134] Barragan G A，Perafan J，Urrea G. Topology optimization and additive manufacturing in the building and construction industry[C]//IOP Conference Series: Materials Science and Engineering. IOP Publishing，2021，1154:012029.

[135] 矶崎新. 上海喜马拉雅中心[J]. 城市环境设计,2009(11):74-77.

[136] Plocher J，Panesar A. Review on design and structural optimisation in additive manufacturing: Towards next-generation lightweight structures[J]. Materials & Design，2019，183，108164.

[137] Liang X，Du J B. Concurrent multi-scale and multi-material topological optimization of vibro-acoustic structures[J]. Computer Methods in Applied Mechanics and Engineering，2019，349:117-148.

[138] Langelaar M. An additive manufacturing filter for topology optimization of print-ready designs[J]. Structural and Multidisciplinary Optimization，2017，55:871-883.

[139] 廖中源,王英俊,王书亭. 基于拓扑优化的变密度点阵结构体优化设计方法[J]. 机械工程学报，2019，55(8):65-72.

[140] Zhang W H，Zhou Y，Zhu J H. A comprehensive study of feature definitions with solids and voids for topology optimization[J]. Computer Methods in Applied Mechanics and Engineering，2017，325:289-313.

[141] Aremu A O，Brennan-Craddock J P J，Panesar A，et al. A voxel-based method of constructing and skinning conformal and functionally graded lattice structures suitable for additive manufacturing[J]. Additive Manufacturing，2017，13:1-13.

[142] Zhou S W，Li Q. Design of graded two-phase microstructures for tailored elasticity gradients[J]. Journal of Materials Science，2008，43:5157-5167.

[143] Wang B，Wu L，Ma L，et al. Mechanical behavior of the sandwich structures with carbon fiber-reinforced pyramidal lattice truss core[J]. Materials & Design (1980-2015)，2010，31(5):2659-2663.

[144] Li S Y，Yuan S Q，Zhu J H，et al. Additive manufacturing-driven design optimization: building direction and structural topology[J]. Additive Manufacturing，2020，36，101406.

[145] 罗云锋. 具有特定几何特征的增材制造结构拓扑优化设计方法[D]. 大连:大连理工大学，2021.

[146] Wu H，Fahy W P，Kim S，et al. Recent developments in polymers/polymer nanocomposites for additive manufacturing[J]. Progress in Materials Science，2020，111，100638.

[147] Liu J K，Gaynor A T，Chen S K，et al. Current and future trends in topology optimization for additive manufacturing[J]. Structural and Multidisciplinary Optimization，2018，

57：2457-2483.

[148] 朱继宏，周涵，王创，等. 面向增材制造的拓扑优化技术发展现状与未来[J]. 航空制造技术，2020，63(10)：24-38.

[149] Symons D D，Hutchinson R G，Fleck N A. Actuation of the Kagome double-layer grid. part 1：prediction of performance of the perfect structure[J]. Journal of the Mechanics and Physics of Solids，2005，53(8)：1855-1874.

[150] Xia Q，Shi T L. A cascadic multilevel optimization algorithm for the design of composite structures with curvilinear fiber based on Shepard interpolation[J]. Composite Structures，2018，188：209-219.

[151] Vicente W M，Zuo Z H，Pavanello R，et al. Concurrent topology optimization for minimizing frequency responses of two-level hierarchical structures[J]. Computer Methods in Applied Mechanics and Engineering，2016(301)：116-136.

[152] Yang K K，Zhu J H，Wang C，et al. Experimental validation of 3D printed material behaviors and their influence on the structural topology design[J]. Computational Mechanics，2018，61：581-598.

[153] Robbins J，Owen S J，Clark B W，et al. An efficient and scalable approach for generating topologically optimized cellular structures for additive manufacturing[J]. Additive Manufacturing. 2016，12：296-304.

[154] Zhou M，Rozvany G I N. The COC algorithm，part Ⅱ：topological，geometrical and generalized shape optimization[J]. Computer Methods in Applied Mechanics and Engineering，1991，89(1-3)：309-336.

[155] Dunning P D，Kim H A. Introducing the sequential linear programming level-set method for topology optimization[J]. Structural and Multidisciplinary Optimization，2015，51：631-643.

[156] Park J，Sutradhar A. A multi-resolution method for 3D multi-material topology optimization[J]. Computer Methods in Applied Mechanics and Engineering，2015，285：571-586.

[157] Li H，Luo Z，Gao L，et al. Topology optimization for functionally graded cellular composites with metamaterials by level sets[J]. Computer Methods in Applied Mechanics and Engineering，2018，328：340-364.

[158] Wang Y，Gao J，Luo Z，et al. Level-set topology optimization for multimaterial and multifunctional mechanical metamaterials[J]. Engineering Optimization，2017，49：22-42.

[159] Ghasemi H，Park H S，Rabczuk T. A level-set based IGA formulation for topology optimization of flexoelectric materials[J]. Computer Methods in Applied Mechanics and Engineering，2017，313：239-258.

[160] Lee S W，Yoon M，Cho S. Isogeometric topological shape optimization using dual evolution with boundary integral equation and level sets[J]. Computer-Aided Design，2017，82：88-99.

[161] Xie Y M，Steven G P. A simple evolutionary procedure for structural optimization[J].

Computers & Structures，1993，49（3）：885-896.

[162] Xie Y M，Steven G P. Evolutionary structural optimization[M]. London：Springer，1997.

[163] Sigmund O. A 99 line topology optimization code written in matlab[J]. Structure and Multidisciplinary Optimization，2001，21：120-127.

[164] Zhou M. Rozvany G. On the validity of ESO type methods in topology optimization[J]. Structural and Multidisciplinary Optimization，2001，21（1）：80-83.

[165] Querin O M，Young V，Steven G P，et al. Computational efficiency and validation of bi-directional evolutionary structure optimization[J]. Computer Methods Applied Mechanics and Engineering，2000，189(2)：559-573.

[166] Zhu J H，Zhang W H，Qiu K P. Bi-directional evolutionary topology optimization using element replaceable method[J]. Computational Mechanics，2007，40：97-109.

2

几何参数驱动的单胞结构设计

　　本章论述单胞结构设计原理及方法,在简要介绍常见的杆、梁等单元的基础上,结合均匀化方法与超单元方法,讨论单胞中几何特征参数与其力学矩阵的关联关系,重点论述基于几何特征参数的单胞构建方法,以及单胞构型对应的力学矩阵计算方法,并以此建立几何参数驱动的单胞设计方法。

2.1　概述

　　几何单胞在自然界中广泛存在,如图 2.1 所示,且物理性能优异,但如何设计几何单胞以满足特定的物理性能目标,已成为机械和材料学科共同关注的研究热点。这些单胞的微观结构具有独特的物理性质,拥有极高的空间利用率以及更高的力学强度。因此,利用单胞结构,以仿生学为基础,可以获得具有轻质、吸声、隔热等特性的多胞结构,这方面的研究成果已在材料、工程等科学领域得到了实际应用[1],如图 2.2 所示。

 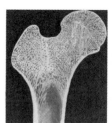  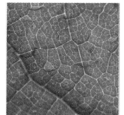

蜂巢　　　　　　　骨骼　　　　　　　蜻蜓翅膀　　　　　　树叶

图 2.1　自然界中的几何单胞结构

　　单胞结构根据使用情况,可分为几何单胞、周期性单胞和随机单胞[2][3]。几何

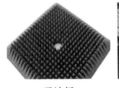
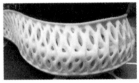

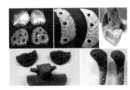

| 吸波板 | 运动鞋底 | 多孔陶瓷构件 | 医疗移植件 |

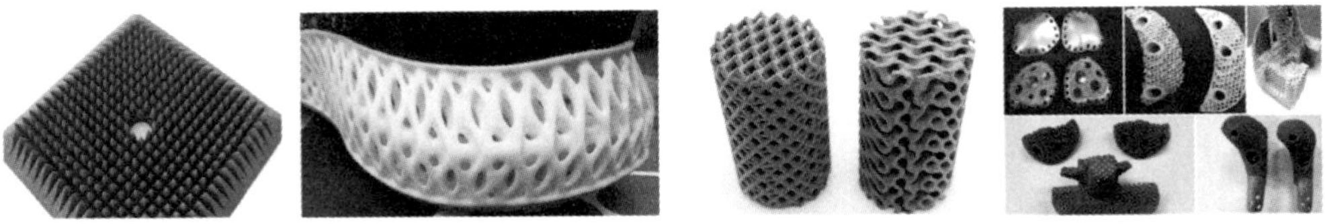

图 2.2　工业中的单胞结构

单胞是相对宏观结构而言较小的几何结构,在一定几何空间范围内可充分定义几何单胞的形状,并采用填充整个宏观模型的方式进行尺度扩展;周期性单胞则是同构型、同大小的单胞在宏观结构密铺,根据宏观力学边界条件选择分布区域;随机单胞则根据宏观边界条件进行设计,其形状和分布均可变。结合结构单胞的设计需要同时关注单胞内部构型和单胞间的连接,因此单胞结构的设计更需要考虑由其组成多胞结构的可制造性,总体来说,对于单胞结构的设计,需要关注几何约束和力学性能要求。

　　单胞结构是在微观层面对一定范围内的结构进行设计,与宏观结构不同,由于尺度的限制,微观层面更需要关注单胞的可制造性。因此,在设计单胞时需要综合考虑材料连通性、成形支撑、光滑性。相对于宏观多胞结构,单胞结构的尺度远小于宏观结构尺度,组成单胞的几何基元之间的材料连通性是确保其成形的基础。单胞结构的连通性,需要考虑两个方面:一方面是实体结构连通性,即几何基元之间必须是相互连接的,不能有独立存在的基元;另一方面是基元之间的孔洞必须是连通的,避免封闭孔洞或空腔造成材料残留影响结构的力学性能。结构的成形支撑是确保单胞内部悬空的几何特征的可制造性而额外增加的辅助结构,在结构制造完成后需要去掉这类支撑,因此让单胞结构在没有成形支撑的条件下成形,对其结构力学性能的表达具有积极意义。

　　结构力学性能的宏观表现是单胞结构设计的最终目标,单胞力学性能设计主要考虑结构刚度、泊松比以及各向同性等特性。高刚度的单胞力学设计是结构设计的经典课题,设计出满足特定力学性能指标的轻质构件是结构设计一直追求的目标,尤其是在航空航天领域具有很现实的意义。负泊松比材料是利用单胞结构受力时在某一方向上表现出收缩特性的结构,具有吸声、隔热、抗冲击等物理特性,因此利用单胞的微观特性可实现宏观结构特定的物理性能表达,实现更丰富的力学特性。通常,在设计单胞时均会考虑其结构的各向同性特性,即使得单胞形成的宏观结构在各个方向均有相同的力学特性,便于利用单胞进一步设计出稳定的机械结构,然而在单胞设计过程中,由于组成单胞基元的空间位姿不对称性,很难让所设计的单胞表现出各向同性,因此在单胞结构设计中需要考虑其各向异性的力学性能。

如图 2.3 所示,单胞内部构型设计主要有两种思路[4][5][6][7][8]:自上而下的优化方法和自下而上的组成方法。自上而下的优化方法是将整个模型设置为一个设计域,并划分为多个体素,计算时以体素为计算粒度,在优化后得到各个体素内部的构型,该方法设计精度高,优化的单胞内部及单胞间的连通性较好,但由于划分粒度导致计算量大,求解效率不高。自下而上的组成方法是先计算出各类性能的单胞,利用单胞填充的方法设计结构,该方法的计算效率很高,可快速设计多胞结构,然而这类方法受单胞大小的限制,对制造精度要求较高,同时单胞之间的材料连通性需要增加额外的设计约束。

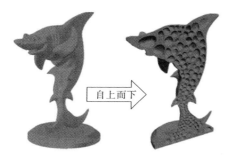 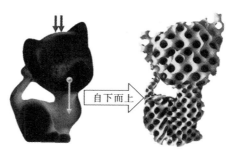

（a）自上而下的优化方法　　　　　　　　（b）自下而上的组成方法

图 2.3　单胞结构的两种设计思路

利用自下而上的组成方法设计结构,单胞设计相对独立,其可行性更高。在单胞设计中,通常有以下几类设计方法:基于体素的优化方法、基于几何参数的参数化方法和基于函数的过程式方法。优化方法将每个体素作为优化变量,参数化方法是改变特定几何形状生成不同的微观单胞结构,过程式方法是利用函数参数调整单胞设计空间的材料分布[9],这三类单胞结构设计方法可相互融合,为单胞设计提供了依据,如图 2.4 所示。

优化方法获取单胞通常基于均匀化方法,利用 SIMP 等材料插值模型,获得具有特定物理性能的结构。Schumacher 等[11]设计了可密铺的微观单胞结构,可平滑地改变材料特性。Wang[12]提出了恒定泊松比的三维拉涨单元,可实现可编程泊松比的单胞结构设计。Xiao 等[13]控制载荷区域进行微观单胞设计,构建了基于杆状结构的微观结构。Andreassen 等[14]生成了具有超高弹性特征且连通性良好的负泊松比周期性微观结构单元。Yang 等[15]以二维可折叠结构为基础,设计了基于杆单元的三维负泊松比结构。

参数化方法基于预先设定的基础几何形状,利用几何形状的变化实现单胞的设计,所设计出来的单胞能自动满足几何约束。参数化方法中杆单元、手性单元与片状单元是较为常用的预设基本形状。Ling 等[16]详细研究了基于杆单元的

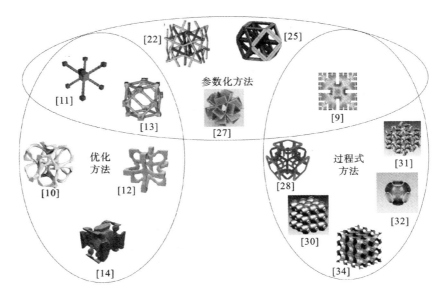

图 2.4 单胞结构设计方法

octet-truss 单胞在静态、动态载荷下的力学响应特征。Kaur 等[17]研究了杆单元的拉伸特点,建立了满足特定物理特征的单胞结构。Gorguluarslan 等[18]在 octet-truss 单胞基础上调整了杆之间的连接和布局,基于杆尺寸的变化分析了杆系结构的非线性特性。Choi 等[19]通过增加杆单元的节点,增强了杆单元的弯折性能,获得了具有负泊松比性质的结构。Panetta 等[20]通过调整正六面体内的杆结构分布情况,提出了参数化的杆单元建模算法,确保了单胞之间的材料连通性,也增加了杆单元的拓扑构型。Gao 等[21]提出了三维双 V 形杆单元组合的单胞设计方法,所设计的单胞具有负泊松比特性,也验证了坍缩应力与杆之间夹角的映射关系。手性结构具有与自身镜像结构无法重合的特性,内部单元沿着某方向旋转排列,结构受力后会出现扭转收缩,从而表现出拉涨的机械性能。Lu 等[22]基于有限元方法计算了三维负泊松比手性结构的弹性性能,并研究了几何参数的变化与其力学性能的耦合响应关系。Ha 等[23]提出了以立方体为旋转节点的三维手性结构设计方法,利用调整杆结构的长度实现泊松比的调整。得益于片状单元的几何形状,基于片状单元的单胞参数化设计方法,表现出更高的刚度和各向同性的特性。Tancogne-Dejean 等[24]利用平板单元在多个方向的拼接,设计出了刚度高、各向同性的单胞结构,其分析结果表明,基于片状单元设计的单胞,其刚度质量比是杆单元单胞的 3 倍以上。Bonatti 等[25]利用删减四面体结构的面片,设计了四类片状单元。Kuipers 等[26]设计了支持空间渐变密度的片状结构,确保结构在 3D 打印时打印头移动的连续性。Overvelde 等[27]采用折纸思想,设计出了可调整形状、体积和刚度的片状单胞。

过程式方法是利用高抽象的函数,在定义域内获得力学性能连续变化的微观结构的方法。Martínez 等[28][29]采用 Voronoi 单元,生成了可控的高弹性单胞设计模型,建立了 Voronoi 单胞密度与预期结构整体弹性之间的映射关系。Yoo 等[30][31]将三周期极小曲面(triply periodic minimal surface,TPMS)结构在三维标量场中表达,完成单胞外表面与 TPMS 的布尔操作,并利用形状函数对坐标映射的方法,将极小曲面单元映射到任意六面体单元上。王清辉等[32]利用 TPMS 与分形理论,提出了多孔骨骼微观建模方法。Hu 等[33]基于 B 样条构建了结构完整且光滑的异质多孔结构。Feng 等[34]结合 T 样条和 TPMS 方法,设计了非均质多孔支架结构。在 TPMS 方法基础上,Yan 等[35]对单胞内部结构进行了设计,通过注射实体材料实现了高渗透率、高强度、免支撑的单胞结构设计。Hu 等[36]利用 TPMS 隐式表达的特点,对单胞实体进行了解析式计算,实现了内部结构轻量化的高效设计。

从结构组成来看,宏观多胞结构含有多个单胞,每个单胞由不同的几何特征基元组成。因此多胞结构设计的核心即为设计单胞在宏观设计域中的分布以及单胞内部几何特征的分布。另外,从结构的性能来看,多胞结构所呈现的宏观力学特征,是单胞结构力学性能的宏观体现,而单胞的力学性能取决于单胞内部材料的布局,因此多胞结构的宏观力学特征由单胞内部材料的布局决定。总体而言,多胞结构的几何特征、结构性能均取决于其单胞内部的几何基元。从多胞结构性能计算仿真角度出发,多胞结构的力学性能表征均由单胞内部的基元的力学矩阵确定。然而,组成单胞的基元可以是任意复杂的几何形体,为了便于单胞力学性能的表征,我们仅考虑常见的几何基本体及其基本单元,并假设单胞均由这些基本体组成,单胞的力学矩阵均由这些基本体对应的单元组成。

2.2　基本单元

在有限元方法中,单元通常按照维度划分为一维、二维、三维单元,根据计算模型的维度选择合适的单元进行离散,从而获得仿真结果。在单胞结构设计中,由于单胞具有空间三维属性,因此在本章中我们不再利用几何维度划分单元,而是把所有单元均利用空间变换矩阵,转换为三维空间单元,并以其几何特征形体为目标,研究其几何特征参数与对应的力学矩阵之间的映射关系。

2.2.1　杆单元

杆单元为一维单元,其受力仅与杆的轴线方向相关,如图 2.5 所示,即形变沿

图 2.5　杆单元

着某一个方向变化,其中 $\boldsymbol{F}_i$、$\boldsymbol{F}_j$ 为节点 i、j 的节点力。

假设节点 i 与 j 产生的位移向量为 $\boldsymbol{u}_i$、$\boldsymbol{u}_j$ 则杆单元节点力与节点位移之间的关系为

$$F_i = \frac{EA}{l}(\boldsymbol{u}_i - \boldsymbol{u}_j), \quad F_j = \frac{EA}{l}(\boldsymbol{u}_j - \boldsymbol{u}_i) \quad (2.1)$$

式中:E 为杆单元材料的弹性模量;A 和 l 分别为杆单元的横截面积和杆长。

把式(2.1)表示为矩阵形式

$$\boldsymbol{F}^e = \begin{bmatrix} \boldsymbol{F}_i \\ \boldsymbol{F}_j \end{bmatrix} = \frac{EA}{l}\begin{bmatrix} 1 & -1 \\ -1 & 1 \end{bmatrix}\begin{bmatrix} \boldsymbol{u}_i \\ \boldsymbol{u}_j \end{bmatrix} = \boldsymbol{K}^e \boldsymbol{\delta}^e \quad (2.2)$$

式中:对称的奇异矩阵 $\boldsymbol{K}^e = \dfrac{EA}{l}\begin{bmatrix} 1 & -1 \\ -1 & 1 \end{bmatrix}$ 为杆单元的单元刚度矩阵。

由于杆的横截面积和长度与其体积相关,当杆在空间所占的体积 V 一定时,则横截面积与杆长可根据杆的体积表示为 $V = Al$。在单胞中,相对于杆的横截面积,杆长信息可直接反映出杆的空间信息,因此杆单元的刚度矩阵可重新表示为

$$\boldsymbol{K}^e = \frac{EV}{l^2}\begin{bmatrix} 1 & -1 \\ -1 & 1 \end{bmatrix} = \iota E\begin{bmatrix} 1 & -1 \\ -1 & 1 \end{bmatrix} = \iota \hat{\boldsymbol{K}} \quad (2.3)$$

式中:$\iota = V/l^2$ 为杆单元的几何参量;$\hat{\boldsymbol{K}} = E\begin{bmatrix} 1 & -1 \\ -1 & 1 \end{bmatrix}$ 为其刚度参量。几何材料与杆单元的材料用量即长度相关,为可设计量;而刚度参量是相对固定不变的量,为不可设计量。

2.2.2　梁单元

梁单元也可以组成复杂的单胞,在胞体内部,梁单元不再是单纯的平面梁单元,而是空间梁单元。一般情况下,空间梁单元每个节点具有 6 个自由度,分别对应 6 个节点力,分别为三个方向的压力和弯曲力,即 $\boldsymbol{f} = [F \; F_{Qy} \; F_{Qz} \; M_x \; M_y \; M_z]$,其受力状态如图 2.6 所示,其中 F 表示节点受到的轴向力,F_{Qy}、F_{Qz} 分别表示 y 向与 z 向的剪力,M_x 表示扭矩,M_y、M_z 分别表示绕 y 轴和 z 轴的弯矩。

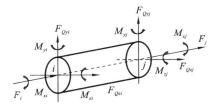

图 2.6　空间梁单元

将节点位移记为

$$\boldsymbol{\delta}^e = \begin{bmatrix} \boldsymbol{\delta}_i^{\mathrm{T}} \\ \boldsymbol{\delta}_j^{\mathrm{T}} \end{bmatrix}^{\mathrm{T}} = \begin{bmatrix} u_i & v_i & w_i & \theta_{xi} & \theta_{yi} & \theta_{zi} \\ u_j & v_j & w_j & \theta_{xj} & \theta_{yj} & \theta_{zj} \end{bmatrix}^{\mathrm{T}} \quad (2.4)$$

　　轴向位移 u 与扭转角 θ_x 的位移模式取 x 的线性函数,挠度 v、w 的位移模式取 x 的三次多项式,则梁内任意一点的位移可有节点位移插值表示,即

$$\boldsymbol{u}=\begin{bmatrix} u \\ v \\ w \\ \theta_{xi} \end{bmatrix}=\begin{bmatrix} \boldsymbol{H}_u \\ \boldsymbol{H}_v \\ \boldsymbol{H}_w \\ \boldsymbol{H}_\theta \end{bmatrix}\boldsymbol{A}^{-1}\boldsymbol{\delta}^e=\boldsymbol{N}\boldsymbol{\delta}^e \tag{2.5}$$

式中

$$\boldsymbol{H}_u(x)=\begin{bmatrix} 1 & 0 & 0 & 0 & 0 & 0 & x & 0 & 0 & 0 & 0 & 0 \end{bmatrix}$$

$$\boldsymbol{H}_v(x)=\begin{bmatrix} 0 & 1 & 0 & 0 & 0 & x & 0 & x^2 & 0 & 0 & 0 & x^3 \end{bmatrix}$$

$$\boldsymbol{H}_w(x)=\begin{bmatrix} 0 & 0 & 1 & 0 & x & 0 & 0 & 0 & x^2 & 0 & x^3 & 0 \end{bmatrix}$$

$$\boldsymbol{H}_\theta(x)=\begin{bmatrix} 0 & 0 & 0 & 1 & 0 & 0 & 0 & 0 & 0 & x & 0 & 0 \end{bmatrix}$$

$$\boldsymbol{A}=\begin{bmatrix} 1 & 0 & 0 & 0 & 0 & 0 & 0 & 0 & 0 & 0 & 0 & 0 \\ 0 & 1 & 0 & 0 & 0 & 0 & 0 & 0 & 0 & 0 & 0 & 0 \\ 0 & 0 & 1 & 0 & 0 & 0 & 0 & 0 & 0 & 0 & 0 & 0 \\ 0 & 0 & 0 & 1 & 0 & 0 & 0 & 0 & 0 & 0 & 0 & 0 \\ 0 & 0 & 0 & 0 & 1 & 0 & 0 & 0 & 0 & 0 & 0 & 0 \\ 0 & 0 & 0 & 0 & 0 & 1 & 0 & 0 & 0 & 0 & 0 & 0 \\ 1 & 0 & 0 & 0 & 0 & 0 & l & 0 & 0 & 0 & 0 & 0 \\ 0 & 1 & 0 & 0 & 0 & 0 & l & 0 & l^2 & 0 & 0 & 0 & l^3 \\ 0 & 0 & 1 & 0 & l & 0 & 0 & 0 & 0 & l^2 & 0 & l^3 & 0 \\ 0 & 0 & 0 & 1 & 0 & 0 & 0 & 0 & l & 0 & 0 \\ 0 & 0 & 0 & 0 & 1 & 0 & 0 & 0 & 2l & 0 & 3l^2 & 0 \\ 0 & 0 & 0 & 0 & 0 & 1 & 0 & 2l & 0 & 0 & 0 & 3l^2 \end{bmatrix}$$

　　梁受力变形后,产生三个应变(拉压应变 ε_0,弯曲应变 ε_{by} 和 ε_{bz})和扭转产生的剪切应变 γ,因此,单元应变和应力可表示为

$$\boldsymbol{\varepsilon}=\begin{bmatrix} \varepsilon_0 \\ \varepsilon_{by} \\ \varepsilon_{bz} \\ \gamma \end{bmatrix}=\begin{bmatrix} u' \\ -yv'' \\ -zw'' \\ r\theta'_x \end{bmatrix}=\begin{bmatrix} \boldsymbol{H}'_u \\ -y\boldsymbol{H}''_v \\ -z\boldsymbol{H}''_w \\ r\boldsymbol{H}'_\theta \end{bmatrix}\boldsymbol{A}^{-1}\boldsymbol{\delta}^e=\boldsymbol{B}\boldsymbol{\delta}^e \tag{2.6a}$$

$$\boldsymbol{\sigma}=\begin{bmatrix} \sigma_0 \\ \sigma_{by} \\ \sigma_{bz} \\ \tau \end{bmatrix}=\begin{bmatrix} E\boldsymbol{H}'_u \\ -Ey\boldsymbol{H}''_v \\ -Ez\boldsymbol{H}''_w \\ Gr\boldsymbol{H}'_\theta \end{bmatrix}\boldsymbol{A}^{-1}\boldsymbol{\delta}^e=\boldsymbol{DB}\boldsymbol{\delta}^e \tag{2.6b}$$

　　通过应变矩阵 $\boldsymbol{B}$、弹性矩阵 $\boldsymbol{D}$,可得空间梁单元的单元刚度矩阵为

$$\boldsymbol{K}^e = \begin{bmatrix} \frac{EA}{l} & & & & & & & & & & & \\ 0 & \frac{12EI_z}{l^3} & & & & & & & & & & \\ 0 & 0 & \frac{12EI_y}{l^3} & & & & & & & & & \\ 0 & 0 & 0 & \frac{DJ_k}{l} & & & \text{对称} & & & & & \\ 0 & 0 & \frac{6EI_y}{l^2} & 0 & \frac{4EI_y}{l} & & & & & & & \\ 0 & \frac{6EI_z}{l^2} & 0 & 0 & 0 & \frac{4EI_z}{l} & & & & & & \\ -\frac{EA}{l} & 0 & 0 & 0 & 0 & 0 & \frac{EA}{l} & & & & & \\ 0 & -\frac{12EI_z}{l^3} & 0 & 0 & 0 & -\frac{6EI_z}{l^2} & 0 & \frac{12EI_z}{l^3} & & & & \\ 0 & 0 & -\frac{12EI_y}{l^3} & 0 & -\frac{6EI_y}{l^2} & 0 & 0 & 0 & \frac{12EI_y}{l^3} & & & \\ 0 & 0 & 0 & -\frac{DJ_k}{l} & 0 & 0 & 0 & 0 & 0 & \frac{DJ_k}{l} & & \\ 0 & 0 & \frac{6EI_y}{l^2} & 0 & \frac{2EI_y}{l} & 0 & 0 & 0 & -\frac{6EI_y}{l^2} & 0 & \frac{4EI_y}{l} & \\ 0 & \frac{6EI_z}{l^2} & 0 & 0 & 0 & \frac{2EI_z}{l} & 0 & -\frac{6EI_z}{l^2} & 0 & 0 & 0 & \frac{4EI_z}{l} \end{bmatrix} \tag{2.7}$$

式中：$I_y = \iint z^2 \mathrm{d}A$，$I_z = \iint y^2 \mathrm{d}A$ 分别是梁单元界面对 y 轴和 z 轴的主惯性矩，$J_k = \iint r^2 \mathrm{d}A$ 为梁横截面对 x 轴的极惯性矩。

假设梁的横截面为边长等于 a 的正方形，长度为 l，则梁的体积 $V = Al = a^2 l$，$I_y = I_z = a^4/12$，$J_k = a^3/6$，此时式（2.7）中惯性矩与长度的比值可分别表示为

$$\frac{A}{l} = \frac{V}{l^2}；\frac{12I_z}{l^3} = \frac{12I_y}{l^3} = \frac{V^2}{l^5}；\frac{6I_z}{l^2} = \frac{6I_y}{l^2} = \frac{V^2}{2l^4}；\frac{I_z}{l} = \frac{I_y}{l} = \frac{V^2}{12l^3}；\frac{J_k}{l} = \frac{V^{3/2}}{3l^{5/2}}$$

此时，梁单元的刚度矩阵可根据梁的几何参数矩阵和材料参数矩阵的点乘表示为

$$\boldsymbol{K}^e = \boldsymbol{\varsigma} \cdot \widehat{\boldsymbol{K}^e} \tag{2.8}$$

式中：$\boldsymbol{\varsigma}$ 为空间梁单元几何参量矩阵；$\widehat{\boldsymbol{K}^e}$ 为其刚度参量，有

$$\widehat{\boldsymbol{K}^e} = \begin{bmatrix} E & & & & & & & & & & & \\ 0 & E & & & & & & & & & & \\ 0 & 0 & E & & & & & & & & & \\ 0 & 0 & 0 & D & & & \text{对称} & & & & & \\ 0 & 0 & E & 0 & E & & & & & & & \\ 0 & E & 0 & 0 & 0 & E & & & & & & \\ E & 0 & 0 & 0 & 0 & 0 & E & & & & & \\ 0 & E & 0 & 0 & 0 & E & 0 & E & & & & \\ 0 & 0 & E & 0 & E & 0 & 0 & 0 & E & & & \\ 0 & 0 & 0 & D & 0 & 0 & 0 & 0 & 0 & D & & \\ 0 & 0 & E & 0 & E & 0 & 0 & 0 & E & 0 & E & \\ 0 & E & 0 & 0 & 0 & E & 0 & E & 0 & 0 & 0 & E \end{bmatrix} \tag{2.9a}$$

$$
\varsigma =
\begin{bmatrix}
\dfrac{V}{l^2} \\[2mm]
0 & \dfrac{V^2}{l^5} \\[2mm]
0 & 0 & \dfrac{V^2}{l^5} \\[2mm]
0 & 0 & 0 & \dfrac{V^{3/2}}{3l^{5/2}} & & & & & & \text{对称} \\[2mm]
0 & 0 & \dfrac{V^2}{2l^4} & 0 & \dfrac{V^2}{3l^3} \\[2mm]
0 & \dfrac{V^2}{2l^4} & 0 & 0 & 0 & \dfrac{V^2}{3l^3} \\[2mm]
-\dfrac{V}{l^2} & 0 & 0 & 0 & 0 & 0 & \dfrac{V}{l^2} \\[2mm]
0 & -\dfrac{V^2}{l^5} & 0 & 0 & 0 & -\dfrac{V^2}{2l^4} & 0 & \dfrac{V^2}{l^5} \\[2mm]
0 & 0 & -\dfrac{V^2}{l^5} & 0 & -\dfrac{V^2}{2l^4} & 0 & 0 & 0 & \dfrac{V^2}{l^5} \\[2mm]
0 & 0 & 0 & -\dfrac{V^{3/2}}{3l^{5/2}} & 0 & 0 & 0 & 0 & 0 & \dfrac{V^{3/2}}{3l^{5/2}} \\[2mm]
0 & 0 & \dfrac{V^2}{2l^4} & 0 & \dfrac{V^2}{6l^3} & 0 & 0 & 0 & -\dfrac{V^2}{2l^4} & 0 & \dfrac{V^2}{3l^3} \\[2mm]
0 & \dfrac{V^2}{2l^4} & 0 & 0 & 0 & \dfrac{V^2}{6l^3} & 0 & -\dfrac{V^2}{2l^4} & 0 & 0 & 0 & \dfrac{V^2}{3l^3}
\end{bmatrix}
\tag{2.9b}
$$

2.2.3 矩形单元

在拓扑优化中,一般常用 4 节点矩形单元作为网格在设计域寻找合理的构型,相比于三角形单元,矩形单元的更高阶位移模式可更好地反映弹性体的位移和应力状态。矩形单元如图 2.7 所示,边长分别为 $2a$、$2b$,每个节点均受到两个方向的力,共有 8 个自由度,为了获得简化结果,在此引入了局部坐标系 ξ-η。

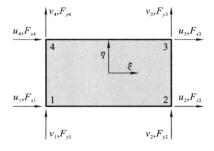

图 2.7　4 节点矩形单元

利用局部坐标系 ξ-η 可获得矩形单元的位移模式

$$\boldsymbol{u}=\begin{bmatrix}u\\v\end{bmatrix}=\begin{bmatrix}\boldsymbol{N}_1 & \boldsymbol{N}_2 & \boldsymbol{N}_3 & \boldsymbol{N}_4\end{bmatrix}\begin{bmatrix}\boldsymbol{\delta}_1\\\boldsymbol{\delta}_2\\\boldsymbol{\delta}_3\\\boldsymbol{\delta}_4\end{bmatrix}=\sum_{i=1}^4\boldsymbol{N}_i\boldsymbol{\delta}_i \tag{2.10}$$

式中：$\boldsymbol{N}_i=\begin{bmatrix}N_i & 0\\0 & N_i\end{bmatrix}$；$\boldsymbol{\delta}_i=\begin{bmatrix}u_i\\v_i\end{bmatrix}$；$N_i=(1+\xi_i\xi)(1+\eta_i\eta)/4$；$i=1,2,3,4$。

单元的应变矩阵为

$$\boldsymbol{\varepsilon}=\begin{bmatrix}\varepsilon_x\\\varepsilon_y\\\gamma_{xy}\end{bmatrix}=\begin{bmatrix}\partial u/\partial x\\\partial v/\partial y\\\partial u/\partial y+\partial v/\partial x\end{bmatrix}=\frac{1}{ab}\begin{bmatrix}b\partial u/\partial x\\a\partial v/\partial y\\a\partial u/\partial y+b\partial v/\partial x\end{bmatrix} \tag{2.11}$$

则矩形单元的单元刚度矩阵可表示为

$$\boldsymbol{K}^e=\begin{bmatrix}\boldsymbol{K}_{11} & \boldsymbol{K}_{12} & \boldsymbol{K}_{13} & \boldsymbol{K}_{14}\\\boldsymbol{K}_{21} & \boldsymbol{K}_{22} & \boldsymbol{K}_{23} & \boldsymbol{K}_{24}\\\boldsymbol{K}_{31} & \boldsymbol{K}_{32} & \boldsymbol{K}_{33} & \boldsymbol{K}_{34}\\\boldsymbol{K}_{41} & \boldsymbol{K}_{42} & \boldsymbol{K}_{43} & \boldsymbol{K}_{44}\end{bmatrix} \tag{2.12}$$

式中：$\boldsymbol{K}_{ij}=\dfrac{Eh}{4(1-\mu^2)}\cdot$

$$\begin{bmatrix}\dfrac{b}{a}\xi_i\xi_j\left(1+\dfrac{1}{3}\eta_i\eta_j\right)+\dfrac{1-\mu}{2}\dfrac{a}{b}\eta_i\eta_j\left(1+\dfrac{1}{3}\xi_i\xi_j\right) & \mu\xi_i\eta_j+\dfrac{1-\mu}{2}\eta_i\xi_j\\\mu\eta_i\xi_j+\dfrac{1-\mu}{2}\xi_i\eta_j & \dfrac{a}{b}\eta_i\eta_j\left(1+\dfrac{1}{3}\xi_i\xi_j\right)+\dfrac{1-\mu}{2}\dfrac{b}{a}\xi_i\xi_j\left(1+\dfrac{1}{3}\eta_i\eta_j\right)\end{bmatrix}$$

其中：h 为单元厚度；E 和 μ 分别为材料的弹性模量和泊松比。

矩形单元的体积可表示为 $V=4abh$，则

$$D=\frac{b}{a}=\frac{V}{4h}, \quad \frac{1}{D}=\frac{a}{b}$$

此时，矩形单元刚度矩阵各个子矩阵可通过矩形单元的体积表示为

$$\boldsymbol{K}_{ij}=\frac{Eh}{4(1-\mu^2)}\begin{bmatrix}D\xi_i\xi_j\left(1+\dfrac{1}{3}\eta_i\eta_j\right)+\dfrac{1-\mu}{2}\dfrac{1}{D}\eta_i\eta_j\left(1+\dfrac{1}{3}\xi_i\xi_j\right) & \mu\xi_i\eta_j+\dfrac{1-\mu}{2}\eta_i\xi_j\\\mu\eta_i\xi_j+\dfrac{1-\mu}{2}\xi_i\eta_j & \dfrac{1}{D}\eta_i\eta_j\left(1+\dfrac{1}{3}\xi_i\xi_j\right)+\dfrac{1-\mu}{2}D\xi_i\xi_j\left(1+\dfrac{1}{3}\eta_i\eta_j\right)\end{bmatrix}$$

$$=\frac{Eh}{4(1-\mu^2)}\begin{bmatrix}D\xi_i\xi_j\left(1+\dfrac{1}{3}\eta_i\eta_j\right) & \mu\xi_i\eta_j\\\mu\eta_i\xi_j & \dfrac{1}{D}\eta_i\eta_j\left(1+\dfrac{1}{3}\xi_i\xi_j\right)\end{bmatrix}$$

$$+\frac{Eh}{8(1+\mu)}\begin{bmatrix}\dfrac{1}{D}\eta_i\eta_j\left(1+\dfrac{1}{3}\xi_i\xi_j\right) & \eta_i\xi_j\\\xi_i\eta_j & D\xi_i\xi_j\left(1+\dfrac{1}{3}\eta_i\eta_j\right)\end{bmatrix}$$

$$
= \frac{Eh}{4(1-\mu^2)} \begin{bmatrix} D & 1 \\ 1 & \frac{1}{D} \end{bmatrix} \begin{bmatrix} \xi_i \xi_j \left(1 + \frac{1}{3}\eta_i\eta_j\right) & \mu\xi_i\eta_j \\ \mu\eta_i\xi_j & \eta_i\eta_j \left(1 + \frac{1}{3}\xi_i\xi_j\right) \end{bmatrix}
$$

$$
+ \frac{Eh}{8(1+\mu)} \begin{bmatrix} \frac{1}{D} & 1 \\ 1 & D \end{bmatrix} \begin{bmatrix} \eta_i\eta_j \left(1 + \frac{1}{3}\xi_i\xi_j\right) & \eta_i\xi_j \\ \xi_i\eta_j & \xi_i\xi_j \left(1 + \frac{1}{3}\eta_i\eta_j\right) \end{bmatrix}
$$

$$
= \frac{Eh}{4(1-\mu^2)} \boldsymbol{D}_1 \cdot \boldsymbol{K}_{ij}^1 + \frac{Eh}{8(1+\mu)} \boldsymbol{D}_2 \cdot \boldsymbol{K}_{ij}^2
$$

式中：$\boldsymbol{D}_1$、$\boldsymbol{D}_2$ 均为几何参量，与单元刚度矩阵分量的点乘，表示在体积一定条件下的矩形单元刚度矩阵。

矩形单元中还有 8 节点单元，通过双线性的位移模式可构造适应性强的弯曲边界结构，计算精度并没有损失。

2.2.4　六面体单元

六面体单元由平面矩形单元推广而来，通常有 8 节点单元和 20 节点单元两类。8 节点单元是直棱的六面体，20 节点单元是曲面曲棱六面体。为了表示方便，六面体单元通常利用等参的形式表达，如图 2.8 所示。

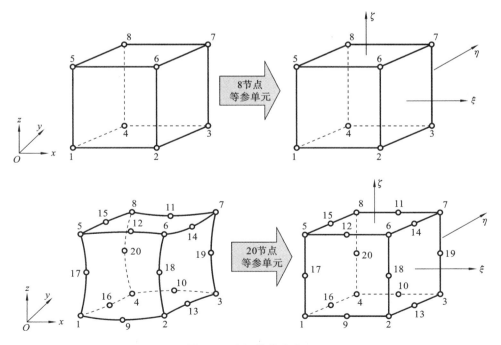

图 2.8　六面体等参单元

坐标转换和位移模式均可以写成以下形式：

$$x = \sum_{i=1}^{n} N_i x_i, \quad y = \sum_{i=1}^{n} N_i y_i, \quad z = \sum_{i=1}^{n} N_i z_i$$

$$u = \sum_{i=1}^{n} N_i u_i, \quad v = \sum_{i=1}^{n} N_i v_i, \quad w = \sum_{i=1}^{n} N_i w_i$$

(2.13)

式中：n 为单元节点个数；N_i 为形函数，当节点数为 8 时，有

$$N_i = (1+\xi_i\xi)(1+\eta_i\eta)(1+\zeta_i\zeta)/8, \quad i=1,2,\cdots,8$$

$$\xi_{1,2,\cdots,8} = -1,\ 1,\ 1,\ -1,\ -1,\ 1,\ 1,\ -1$$

$$\eta_{1,2,\cdots,8} = -1,\ -1,\ 1,\ 1,\ -1,\ -1,\ 1,\ 1$$

$$\zeta_{1,2,\cdots,8} = -1,\ -1,\ -1,\ -1,\ 1,\ 1,\ 1,\ 1$$

(2.14)

当节点数为 20 时，有

$$N_i = \begin{cases} N_i - \sum\limits_{j=1}^{12} N_j(\xi_{j+8},\eta_{j+8},\zeta_{j+8})N_{j+8}, & i=1,2,\cdots,8 \\ (1-\xi^2)(1+\eta_i\eta)(1+\zeta_i\zeta)/4, & i=9,10,11,12 \\ (1-\eta^2)(1+\xi_i\xi)(1+\zeta_i\zeta)/4, & i=13,14,15,16 \\ (1-\zeta^2)(1+\xi_i\xi)(1+\eta_i\eta)/4, & i=17,18,19,20 \end{cases}$$

(2.15)

$$\xi_{9,10,\cdots,20} = 0,0,0,0,1,1,-1,-1,-1,1,1,-1$$

$$\eta_{9,10,\cdots,20} = -1,1,1,-1,0,0,0,0,-1,-1,1,1$$

$$\zeta_{9,10,\cdots,20} = -1,-1,1,1,-1,1,1,-1,0,0,0,0$$

六面体单元的应变可表示为

$$\boldsymbol{\varepsilon} = \begin{bmatrix} \varepsilon_x \\ \varepsilon_y \\ \gamma_{xy} \end{bmatrix} = \begin{bmatrix} \partial u/\partial x \\ \partial v/\partial y \\ \partial w/\partial v \\ \partial w/\partial y + \partial v/\partial z \\ \partial w/\partial x + \partial u/\partial z \\ \partial v/\partial x + \partial u/\partial y \end{bmatrix} = \begin{bmatrix} \boldsymbol{B}_1 & \boldsymbol{B}_2 & \cdots & \boldsymbol{B}_n \end{bmatrix} \begin{bmatrix} \boldsymbol{\delta}_1 \\ \boldsymbol{\delta}_2 \\ \vdots \\ \boldsymbol{\delta}_n \end{bmatrix} = \boldsymbol{B}\boldsymbol{\delta}^e$$

(2.16)

式中

$$\boldsymbol{B}_i = \begin{bmatrix} N_{i,x} & 0 & 0 \\ 0 & N_{i,y} & 0 \\ 0 & 0 & N_{i,z} \\ 0 & N_{i,z} & N_{i,y} \\ N_{i,z} & 0 & N_{i,x} \\ N_{i,y} & N_{i,x} & 0 \end{bmatrix}, \quad \boldsymbol{\delta}_i = \begin{bmatrix} u_i \\ v_i \\ w_i \end{bmatrix}, \quad i=1,2,\cdots,n$$

(2.17)

根据式(2.13)，利用复合函数求导规则，形函数在局部坐标系 $\xi\text{-}\eta\text{-}\zeta$ 下的导数可表示为

$$\begin{bmatrix} N_{i,\xi} \\ N_{i,\eta} \\ N_{i,\zeta} \end{bmatrix} = \begin{bmatrix} x_{,\xi} & y_{,\xi} & z_{,\xi} \\ x_{,\eta} & y_{,\eta} & z_{,\eta} \\ x_{,\zeta} & y_{,\zeta} & z_{,\zeta} \end{bmatrix} \begin{bmatrix} N_{i,x} \\ N_{i,y} \\ N_{i,z} \end{bmatrix} = \boldsymbol{J} \begin{bmatrix} N_{i,x} \\ N_{i,y} \\ N_{i,z} \end{bmatrix} \tag{2.18}$$

从而可获得六面体单元的刚度矩阵的每个节点子矩阵为

$$K_{ij} = \iiint_V \boldsymbol{B}_i^{\mathrm{T}} \boldsymbol{D} \boldsymbol{B}_j \, \mathrm{d}x \mathrm{d}y \mathrm{d}z = \int_{-1}^1 \int_{-1}^1 \int_{-1}^1 \boldsymbol{B}_i^{\mathrm{T}} \boldsymbol{D} \boldsymbol{B}_j \, |\boldsymbol{J}| \, \mathrm{d}\xi \mathrm{d}\eta \mathrm{d}\zeta, \quad i,j = 1,2,\cdots,n$$

$$\boldsymbol{B}_i^{\mathrm{T}} \boldsymbol{D} \boldsymbol{B}_j = \frac{E(1-\mu)}{(1+\mu)(1-2\mu)} \begin{bmatrix} N_{i,x} N_{j,x} & \frac{\mu}{1-\mu} N_{i,x} N_{j,x} & \frac{\mu}{1-\mu} N_{i,x} N_{j,z} \\ \frac{\mu}{1-\mu} N_{i,y} N_{j,x} & N_{i,y} N_{j,y} & \frac{\mu}{1-\mu} N_{i,y} N_{j,z} \\ \frac{\mu}{1-\mu} N_{i,z} N_{j,x} & \frac{\mu}{1-\mu} N_{i,z} N_{j,y} & N_{i,z} N_{j,z} \end{bmatrix}$$

$$+ \frac{E}{2(1+\mu)} \begin{bmatrix} N_{i,z} N_{j,z} + N_{i,y} N_{j,y} & N_{i,y} N_{j,x} & N_{i,z} N_{j,x} \\ N_{i,x} N_{j,x} & N_{i,z} N_{j,z} + N_{i,x} N_{j,x} & N_{i,z} N_{j,y} \\ N_{i,x} N_{j,z} & N_{i,y} N_{j,z} & N_{i,y} N_{j,y} + N_{i,x} N_{j,x} \end{bmatrix} \tag{2.19}$$

在六面体单元中,难以通过控制六面体的形状调整单元的材料含量,因此直接在对应的节点子矩阵前增加密度控制参数,或者在单元刚度矩阵中设置密度参数,控制单元材料含量,从而利用节点密度插值实现其形状的变化,即

$$K_{ij} := \rho_{ij} K_{ij} \tag{2.20}$$

从上述的杆单元、梁单元、矩形单元以及六面体单元来看,其对应的刚度矩阵均可利用单元的几何形状来定义,或者通过节点密度间接控制单元的几何形状。然而在实际的优化计算中,单元的材料含量往往更能直接反映刚度矩阵的变化。因此,我们直接利用单元材料体积含量来定义对应的刚度矩阵,间接实现其单元几何特征的控制。单元刚度矩阵可表示为

$$\boldsymbol{K}^e := V(\rho) \boldsymbol{K}^e \tag{2.21}$$

2.3 单胞设计方法

单胞设计,即设计材料在单胞内部的分布,利用特定的空间几何形状获得满足特定需求的微观构型。目前,设计单胞内部的几何特征主要以均匀化方法为主,通过单胞材料相对含量、力学边界条件等获得对应的等效弹性矩阵,从而实现宏观特定力学特征结构的设计。同时为了制造的便利,也会在单胞设计域中设置非设计域等方式兼顾单胞结构内材料的连通性等,以便获得兼具可制造性的微观单胞结构。除了均匀化方法,还有通过自定义构型的单胞结构设计方法,其微观单胞构型设计更为简单。

2.3.1 均匀化方法

利用均匀化方法设计单胞构型,即在宏观结构的设计域中设置一个具有代表性的单元,并利用有限元计算方法获得等效的力学响应和几何构型演化过程。这里假设微观结构为周期性重复排列的单胞,如图 2.9 所示,与设计域下的宏观尺度相比,它的不均匀性可被忽略。对于一个单胞内设计域 Ω,受体积力 f,边界 Γ_t 上受外力 t_i 作用,边界 Γ_u 上的位移约束为 $\bar{u}_i$。宏观某点 x 的微观结构可以看作非均匀单胞在空间周期性堆积而成。单胞的尺度 y 相对于宏观几何尺度为小量,通常比例为 10^{-9}。

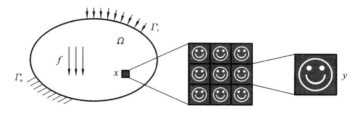

图 2.9　均匀化方法的周期性单胞

当宏观结构受外部作用时,位移和应力等结构场变量将随宏观位置的改变而不同。由于微观结构的高度非均匀性,这些场变量在任意宏观位置 x 非常小的邻域 δ 内也会有很大的变化。因此所有变量都假设依赖于宏观与微观两种尺度,即

$$\Phi^{\delta}(x) = \Phi(x, y), \quad y = x/\delta \tag{2.22}$$

式中:上标 δ 表示该函数具有两尺度的特征。

假设微观尺度单胞的周期为 Y,则

$$\Phi(x, y) = \Phi(x, y+Y) \tag{2.23}$$

在宏观设计域 Ω^{δ} 内,弹性张量 E^{δ}_{ijkl} 和柔度张量 S^{δ}_{ijkl} 分别可定义为

$$
\begin{aligned}
E^{\delta}_{ijkl}(x) &= E_{ijkl}(x, y) \\
S^{\delta}_{ijkl}(x) &= S_{ijkl}(x, y)
\end{aligned}
\tag{2.24}
$$

假设多胞结构的应力场和位移场的平衡方程、几何方程和本构方程,即

$$\sigma^{\delta}_{ij,j} = -f_i \tag{2.25a}$$

$$\varepsilon^{\delta}_{kl} = \frac{1}{2}\left(\frac{\partial u^{\delta}_k}{\partial x^{\delta}_l} + \frac{\partial u^{\delta}_l}{\partial x^{\delta}_k}\right) \tag{2.25b}$$

$$\sigma^{\delta}_{ij} = E^{\delta}_{ijkl}\varepsilon^{\delta}_{kl} \tag{2.25c}$$

式中:$u^{\delta} = u(x, y)$ 为微观尺度下的 y 坐标系中具有 Y-周期的位移场。

在边界 Γ_t 应满足力边界条件:

$$\sigma^{\delta}_{ij} n_j = t_i \tag{2.26a}$$

在边界 Γ_u 应满足位移边界条件:

$$u_i^\partial = \overline{u}_i \tag{2.26b}$$

通过均匀化的处理,可以把单胞结构设计及其多胞结构的性能设计计算转化为对均匀材料的计算。

从均匀化方法的计算方式来看,其均匀化即是把含有孔洞单胞结构作等效处理,使其材料性能与某一种均质材料的性能相同,如图 2.10 所示。在计算过程中,与单胞构型、材料组成相关的弹性模量、泊松比等参数需要通过有限元计算,从而获得当前单胞的弹性矩阵,以便设计出满足力学条件的多胞结构。在本章中,我们介绍利用能量方法获取单胞的等效力学矩阵。

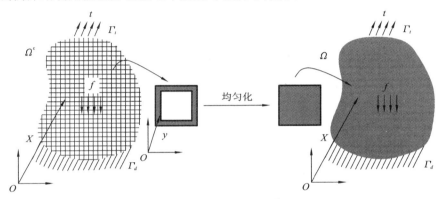

图 2.10　均匀化方法的单胞等效处理

Hill[37] 提出,基于有效模量与直接积分计算单胞的能量是相同的。因此,对于方形微观尺度单胞结构内所有划分的离散单元的总能量(应力和应变乘积的平均值)等于单胞应力和应变的体积平均值的乘积,有

$$\overline{\boldsymbol{\sigma}_{ij}\boldsymbol{\varepsilon}_{ij}} = \overline{\boldsymbol{\sigma}}_{ij}\overline{\boldsymbol{\varepsilon}}_{ij} \tag{2.27}$$

式中

$$\overline{\boldsymbol{\sigma}}_{ij} = \frac{1}{V}\int_V \boldsymbol{\sigma}_{ij}\,\mathrm{d}V$$

$$\overline{\boldsymbol{\varepsilon}}_{ij} = \frac{1}{V}\int_V \boldsymbol{\varepsilon}_{ij}\,\mathrm{d}V \tag{2.28}$$

在单胞构型设计中,在计算单胞内部材料分布的同时,也须计算材料在某分布构型下的弹性性能。通常把单胞结构中材料本身的非均质弹性等效成均质弹性来简化其有效弹性性能的计算。根据能量计算方法,非均质材料单胞结构的能量应与均质材料的能量相同,即

$$W^{\mathrm{cell}} = W^{\mathrm{equiv}} \tag{2.29}$$

单胞结构的能量,可根据有限元进行计算:

$$W^{\mathrm{cell}} = \frac{1}{2}\int_V \boldsymbol{\sigma}_{ij}\boldsymbol{\varepsilon}_{ij}\,\mathrm{d}V = \frac{V}{2}\overline{\boldsymbol{\sigma}_{ij}\boldsymbol{\varepsilon}_{ij}} \tag{2.30}$$

在宏观结构上,每一个单胞结构只是一个细小点,该点的变形位移即为单胞结构的边界条件。因此,单胞结构的能量还可以通过以下方式进行计算。

对于一致位移,有

$$W^{\text{equiv}} = \frac{V}{2} \boldsymbol{\varepsilon}_{ij}^0 \boldsymbol{C}_{ijkl}^{\text{eff}} \boldsymbol{\varepsilon}_{kl}^0 \tag{2.31}$$

式中:$\boldsymbol{C}_{ijkl}^{\text{eff}}$ 为该点对应的有效刚度矩阵。

对于均匀分布位移,有

$$W^{\text{equiv}} = \frac{V}{2} \boldsymbol{\sigma}_{ij}^0 \boldsymbol{S}_{ijkl}^{\text{eff}} \sigma_{kl}^0 \tag{2.32}$$

式中:$\boldsymbol{S}_{ijkl}^{\text{eff}}$ 为有效柔度张量,数值上与单胞对应的有效刚度矩阵互逆,$\boldsymbol{S}_{ijkl}^{\text{eff}} = (\boldsymbol{C}_{ijkl}^{\text{eff}})^{-1}$。

对于二维单胞结构的弹性矩阵,需要计算三个参数 $C_{1111} = C_{2222}$, $C_{1122} = C_{2211}$, $C_{1212} = C_{2121}$,组成的相应条件下的单胞结构弹性矩阵为

$$\begin{bmatrix} C_{1111} & C_{1122} & 0 \\ C_{2211} & C_{2222} & 0 \\ 0 & 0 & C_{1212} \end{bmatrix} \tag{2.33}$$

弹性刚度矩阵或柔度矩阵的计算方式如图 2.11 所示。

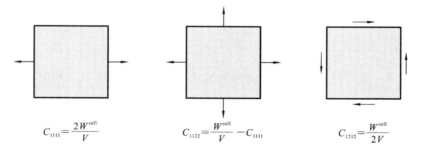

$$C_{1111} = \frac{2W^{\text{cell}}}{V} \qquad C_{1122} = \frac{W^{\text{cell}}}{V} - C_{1111} \qquad C_{1212} = \frac{W^{\text{cell}}}{2V}$$

图 2.11　二维单胞弹性矩阵的计算

2.3.2　超单元方法

由于多胞结构是由单胞拓延而成的,其单胞结构可以被视为由某一个构型的不同变化所构成。目前,单胞结构的设计大多采用正方形或者正立方体作为设计域。这与有限元中子结构的概念相同,如图 2.12 所示,因此,子结构方法完全可以应用到单胞结构的设计中。

在子结构内部自由度没有凝聚之前,子结构的实质是一个包含多个有限元网格的集合,包含大量的自由度,子结构的大小和形状可根据计算需要进行设置,为了计算方便还可以利用自由度凝聚提高子结构的计算效率。由于子结构与单胞结构的实质相同,因此在本书中对这两个对象不严格区分。为建立凝聚的子结构

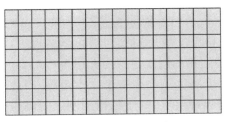 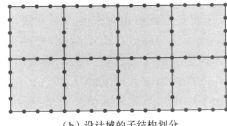

（a）设计域有限元网格　　　　　　　　（b）设计域的子结构划分

图 2.12　设计域与子结构

的系统方程,子结构的刚度矩阵及其相应节点位移和载荷列阵可以写为如下的分块形式:

$$\begin{bmatrix} K_{bb} & K_{bi} \\ K_{ib} & K_{ii} \end{bmatrix} \begin{bmatrix} a_b \\ a_i \end{bmatrix} = \begin{bmatrix} P_b \\ P_i \end{bmatrix} \tag{2.34}$$

式中:a_b 和 a_i 分别为子结构交界面上节点和内部节点的位移向量;刚度子矩阵 K_{bb} 和 K_{ii} 分别为子结构交界面上节点和内部节点对应的刚度矩阵;K_{bi} 和 K_{ib} 为两类节点对应的耦合刚度矩阵;P_b 和 P_i 分别为与 a_b 和 a_i 对应的载荷列阵的分块矩阵。

由式(2.34)的第二式可得:

$$a_i = K_{ii}^{-1}(P_i - K_{ib}a_b) \tag{2.35}$$

把式(2.35)代入式(2.34)的第一式,可得到凝聚后的方程:

$$(K_{bb} - K_{bi}K_{ii}^{-1}K_{ib})a_b = P_b - K_{bi}K_{ii}^{-1}P_b \tag{2.36}$$

式(2.36)可简单地表示为

$$K_{bb}^* a_b = P_b^* \tag{2.37}$$

式中:K_{bb}^* 和 P_b^* 分别为式(2.37)中凝聚后的子结构刚度矩阵和载荷矩阵,有

$$K_{bb}^* = K_{bb} - K_{bi}K_{ii}^{-1}K_{ib}$$
$$P_b^* = P_b - K_{bi}K_{ii}^{-1}P_b \tag{2.38}$$

在子结构自由度的凝聚中,利用高斯-若尔当消元法,可得到如下形式的方程:

$$\begin{bmatrix} K_{bb}^* & 0 \\ K_{ib}^* & I \end{bmatrix} \begin{bmatrix} a_b \\ a_i \end{bmatrix} = \begin{bmatrix} P_b^* \\ P_i^* \end{bmatrix} \tag{2.39}$$

式中:K_{bb}^* 和 P_b^* 分别为式(2.37)中凝聚后的子结构刚度矩阵和载荷矩阵;K_{ib}^* 和 P_i^* 为子结构交界面转换到其内部自由度的相关矩阵。把式(2.39)代入式(2.34),可得到:

$$K_{ib}^* = K_{ii}^{-1}K_{ib}$$
$$P_i^* = K_{ii}^{-1}P_i \tag{2.40}$$

为了获得实际的子结构及其刚度矩阵,我们单独考虑一个边长为 100×100

的子结构。其内部划分网格也为 100×100，在子结构中心开一个约 30×30 的方孔，按照实体材料相对密度计算方法，该子结构的相对密度为 0.91，如图 2.13 所示。该子结构经过自由度凝聚，把内部所有自由度凝聚到其四周边界节点上，由于四周边界的节点总数为 200，因此凝聚后子结构的刚度矩阵的大小为 800×800，其矩阵规模缩减为原来的 0.15%。在此，由于刚度矩阵是一个二维矩阵，因此只给出了刚度矩阵元素的值分布情况。可以看出，凝聚后的子结构的刚度矩阵也是一个稀疏的对称矩阵。

 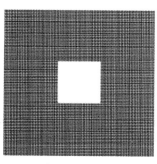 

（a）子结构模型　　　　　（b）网格模型　　　　　（c）凝聚刚度矩阵元素分布

图 2.13　含中心方孔的子结构

采用子结构方法设计的单胞结构，其刚度矩阵和相关数据准备只需要进行一次，其余单胞结构只需要输入交界面节点的编号及其位置即可获得对应的刚度矩阵。在计算过程中，单胞的总自由度通过子结构凝聚方法确定，可大大减少计算资源的消耗。

2.3.3　自由度缩减方法

与子结构的自由度凝聚方法相似，自由度缩减方法也是一种缩减计算规模、提高计算效率的数值方法。不同的是：子结构通常用于静力结构计算，而自由度缩减方法通常用于求解频率和振型的特征值问题。

自由度缩减方法，又称主从自由度方法。在该方法中，可根据刚度矩阵的需求划分网格自由度，即把位移向量 $\boldsymbol{a}$ 划分为两个部分，为了与 2.3.2 节的子结构选取的凝聚自由度一致，在此位移向量划分的两个部分分别对应网格边界和内部的节点，即 $\boldsymbol{a}_{\mathrm{m}}$ 和 $\boldsymbol{a}_{\mathrm{s}}$，并假定这两部分位移向量之间存在着一种确定的映射关系。通常网格边界节点所对应的位移向量 $\boldsymbol{a}_{\mathrm{m}}$ 为主自由度，而 $\boldsymbol{a}_{\mathrm{s}}$ 为从自由度，主、从自由度之间的映射关系可表示为

$$\boldsymbol{a}_{\mathrm{s}} = \boldsymbol{T} \boldsymbol{a}_{\mathrm{m}} \tag{2.41}$$

式中：矩阵 $\boldsymbol{T}$ 规定了从自由度 $\boldsymbol{a}_{\mathrm{s}}$ 与主自由度 $\boldsymbol{a}_{\mathrm{m}}$ 之间的依赖关系。其中 $\boldsymbol{a}_{\mathrm{s}}$ 是长度为 n_{s} 的向量，而 $\boldsymbol{a}_{\mathrm{m}}$ 是长度为 n_{m} 的向量，矩阵 $\boldsymbol{T}$ 是一个 $n_{\mathrm{s}} \times n_{\mathrm{m}}$ 阶矩阵。根据定义

的映射关系,则位移向量 $\boldsymbol{a}$ 可表示为

$$\boldsymbol{a} = \begin{bmatrix} \boldsymbol{a}_{\mathrm{m}} \\ \boldsymbol{a}_{\mathrm{s}} \end{bmatrix} = \begin{bmatrix} \boldsymbol{I} \\ \boldsymbol{T} \end{bmatrix} \boldsymbol{a}_{\mathrm{m}} = \boldsymbol{T}^{*} \boldsymbol{a}_{\mathrm{m}} \tag{2.42}$$

式中:$\boldsymbol{T}^{*}$ 为一个 $n \times n_{\mathrm{m}}$ 阶矩阵,是可将系统的 n 阶位移向量转换为仅为 n_{m} 阶主自由度位移向量 $\boldsymbol{a}_{\mathrm{m}}$ 来表示的转换矩阵。

现以无阻尼的自由振动方程为例,利用主、从自由度的转换矩阵来缩减模型的自由度数目,在推导缩减自由度后,其系统的刚度矩阵和质量矩阵的表示方式为

$$\boldsymbol{M} \boldsymbol{a}'' + \boldsymbol{K} \boldsymbol{a} = 0 \tag{2.43}$$

将式(2.42)代入式(2.43),可得

$$\boldsymbol{M} \boldsymbol{T}^{*} \boldsymbol{a}''_{\mathrm{m}} + \boldsymbol{K} \boldsymbol{T}^{*} \boldsymbol{a}_{\mathrm{m}} = 0 \tag{2.44}$$

并在式(2.44)前乘 $(\boldsymbol{T}^{*})^{\mathrm{T}}$,得

$$\boldsymbol{M}^{*} \boldsymbol{a}''_{\mathrm{m}} + \boldsymbol{K}^{*} \boldsymbol{a}_{\mathrm{m}} = 0 \tag{2.45}$$

式中

$$\boldsymbol{M}^{*} = (\boldsymbol{T}^{*})^{\mathrm{T}} \boldsymbol{M} \boldsymbol{T}^{*}$$
$$\boldsymbol{K}^{*} = (\boldsymbol{T}^{*})^{\mathrm{T}} \boldsymbol{K} \boldsymbol{T}^{*} \tag{2.46}$$

此时,系统方程已经从原来的 n 阶缩减到 n_{m} 阶。其中计算转换矩阵 $\boldsymbol{T}^{*}$,关系到主、从自由度之间的映射关系是否成立。在此,采用自由度缩减方法比较简单,在工程直觉上也比较合理。

假设在结构中将主自由度位移向量 $\boldsymbol{a}_{\mathrm{m}}$ 按静力方式施加于不受载荷的同一结构上,由结构内部引起的变形模式来确定 $\boldsymbol{a}_{\mathrm{m}}$ 与 $\boldsymbol{a}_{\mathrm{s}}$ 之间的关系。根据该假设,可建立如下的静力平衡方程:

$$\boldsymbol{K} \boldsymbol{a} = \begin{bmatrix} \boldsymbol{K}_{\mathrm{mm}} & \boldsymbol{K}_{\mathrm{ms}} \\ \boldsymbol{K}_{\mathrm{sm}} & \boldsymbol{K}_{\mathrm{ss}} \end{bmatrix} \begin{bmatrix} \boldsymbol{a}_{\mathrm{m}} \\ \boldsymbol{a}_{\mathrm{s}} \end{bmatrix} = \begin{bmatrix} 0 \\ 0 \end{bmatrix} \tag{2.47}$$

从式(2.47)可得:

$$\boldsymbol{K}_{\mathrm{sm}} \boldsymbol{a}_{\mathrm{m}} + \boldsymbol{K}_{\mathrm{ss}} \boldsymbol{a}_{\mathrm{s}} = 0 \tag{2.48}$$

从而从自由度的位移向量可表示为

$$\boldsymbol{a}_{\mathrm{s}} = -\boldsymbol{K}_{\mathrm{ss}}^{-1} \boldsymbol{K}_{\mathrm{sm}} \boldsymbol{a}_{\mathrm{m}} \tag{2.49}$$

将式(2.49)代入式(2.41),即可得出主、从自由度的位移向量之间的依赖关系为

$$\boldsymbol{T} = -\boldsymbol{K}_{\mathrm{ss}}^{-1} \boldsymbol{K}_{\mathrm{sm}} \tag{2.50}$$

将该转换关系矩阵代入式(2.42)和式(2.46),可得到缩减后主自由度下的刚度矩阵和质量矩阵的表示方式:

$$\boldsymbol{K}^{*} = \boldsymbol{K}_{\mathrm{mm}} - \boldsymbol{K}_{\mathrm{sm}}^{\mathrm{T}} \boldsymbol{K}_{\mathrm{ss}}^{-1} \boldsymbol{K}_{\mathrm{sm}}$$
$$\boldsymbol{M}^{*} = \boldsymbol{M}_{\mathrm{mm}} - \boldsymbol{K}_{\mathrm{sm}}^{\mathrm{T}} \boldsymbol{K}_{\mathrm{ss}}^{-1} \boldsymbol{M}_{\mathrm{sm}} - \boldsymbol{M}_{\mathrm{ms}} \boldsymbol{K}_{\mathrm{ss}}^{-1} \boldsymbol{K}_{\mathrm{sm}} - \boldsymbol{K}_{\mathrm{sm}}^{\mathrm{T}} \boldsymbol{K}_{\mathrm{ss}}^{-1} \boldsymbol{M}_{\mathrm{ss}} \boldsymbol{K}_{\mathrm{ss}}^{-1} \boldsymbol{K}_{\mathrm{sm}} \tag{2.51}$$

式中:$\boldsymbol{M}_{\mathrm{mm}}$、$\boldsymbol{M}_{\mathrm{ms}}$、$\boldsymbol{M}_{\mathrm{sm}}$ 和 $\boldsymbol{M}_{\mathrm{ss}}$ 分别为质量矩阵 $\boldsymbol{M}$ 按主、从自由度的分布写成的分块

矩阵。

通过对自由度缩减方法得到的刚度矩阵进行分析,我们发现,由于主、从自由度之间的关系是根据静力分析中内部自由度凝聚原理建立起来的,因此可以观察到,其缩减后的刚度矩阵 $\boldsymbol{K}^*$ 的表达式与子结构方法中内部自由度凝聚后的刚度矩阵 $\boldsymbol{K}_{ii}^*$ 完全相同。然而对于质量矩阵,其缩减实质是根据主、从自由度的惯性力按静力等效原则建立的转换机制,因此只有当相应的节点质量较小、刚度较大、频率较低时才能认为是合理的。随着频率的升高,误差也将会增大。因此采用主从自由度缩减方法时,通常不宜分析高阶的频率和振型。

根据自由度缩减方法的特点,在晶格材料的设计中可分析频率较低的振型,并构建对应的微观结构构型。而对于分析高阶的频率和振型,可以利用动力子结构方法构建分析特定阶数的频率,从而获得相应的微观结构构型。

2.4 单胞结构设计

2.4.1 基于均匀化方法的单胞结构设计

利用单胞结构组成多胞结构,单胞间相邻曲线的相容性是满足的,其微观单胞结构的形变也具有周期性,如图 2.14 所示。

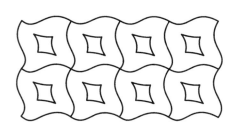

图 2.14 单胞结构的形变

在设计多胞结构时,周期性边界条件的施加必须保证变形相容性、正确的应力和应变计算。对于正方形的拓扑结构,如图 2.15 所示,周期性的边界条件为

$$u_i(x+L)=u_i(x)+\bar{\varepsilon}_{ij}Le_j \tag{2.52}$$

式中:$\bar{\varepsilon}_{ij}$ 为宏观尺度上的应变张量;u_i 是节点 i 的位移;L 是单胞的长度;e_j 是单位向量。

从式(2.52)可得,单胞的边界可扩展到二维:

$$
\begin{aligned}
\left\{\begin{matrix} u \\ v \end{matrix}\right\}_{A^+} &= \left\{\begin{matrix} u \\ v \end{matrix}\right\}_{A^-} + \left\{\begin{matrix} \varepsilon_{11} \\ \varepsilon_{12} \end{matrix}\right\} L \\
\left\{\begin{matrix} u \\ v \end{matrix}\right\}_{B^+} &= \left\{\begin{matrix} u \\ v \end{matrix}\right\}_{B^-} + \left\{\begin{matrix} \varepsilon_{11} \\ \varepsilon_{12} \end{matrix}\right\} L
\end{aligned} \tag{2.53}
$$

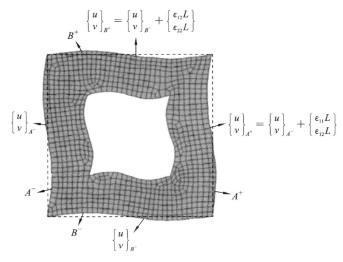

图 2.15　周期性边界

　　在实际单胞的设计中,必须考虑周期性边界,结合式(2.33)可得到不同构型的单胞。

2.4.2　基于子结构的单胞设计

　　在均匀化方法中,为了保证单胞边界的周期性,通常只在与宏观节点对应的位置上施加边界条件。子结构的节点是由宏观结构凝聚、缩减而来的,若只在子结构四角节点上施加边界,则会因为舍弃子结构的其他节点信息而使得计算产生错误。因此,对于子结构,在施加边界条件时,需要精确地加载到每一个节点上或进行等效处理,如图 2.16 所示。对于任意一个二维子结构单胞,其边界条件的值由宏观结构对应节点的数值解确定。

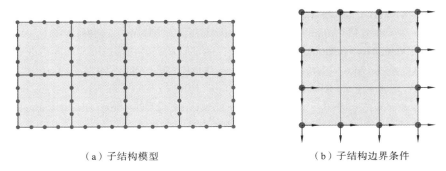

（a）子结构模型　　　　　　　　　　（b）子结构边界条件

图 2.16　子结构单胞边界条件

　　为了得到子结构单胞的不同构型,在此把该单胞看作宏观结构优化问题的一

个子优化问题,可定义为

$$\min: c = \boldsymbol{U}_i^{\mathrm{T}} \boldsymbol{K}_i U_i$$

$$\text{s. t.} \quad \boldsymbol{K}_i U_i = F_i$$

$$V_i = \sum_{j=1}^{M} \rho_j V_j \leqslant V_{\max} \tag{2.54}$$

$$\rho_j = 0 \text{ 或 } 1$$

式中:下标 i 为第 i 个子结构; ρ_j 为子结构中每个单元的相对材料密度,也是设计变量,通过 0 或 1 表示材料的有无,从而获取整个子结构的拓扑构型; V_j 为子结构中单元的体积, V_i 为整个子结构的材料体积,其极限体积为 $V_{\max}$; $\boldsymbol{K}_i$ 和 F_i 分别为该子结构的刚度矩阵和边界约束; U_i 为子结构的数值解。

通过子结构单胞的拓扑优化设计,由于其边界条件是宏观结构的数值解,因此一旦宏观结构发生改变,则每个子结构也需要重新计算。这种基于子结构的均匀化方法,比子结构方法所产生的单胞结构复杂,有利于局部构型的优化。由于每个子结构单独优化,其多个子结构之间的材料可能不连续。

2.5 本章小结

本章简要介绍了有限元基本单元,并利用基本体的体积定义了杆、梁、矩形和六面体单元对应的刚度矩阵,使单元密度、几何尺度等成为了刚度矩阵计算的驱动参数。本章还介绍了基于均匀化方法、子结构方法的单胞力学性能矩阵的定义方法,并详细介绍了基于这两类方法的单胞设计过程。本章为后续章节研究内容的基础知识,为基于几何参数的单胞结构、多胞结构设计提供理论依据。

参考文献

[1] Torquato S, Gibiansky L V, Silva M J, et al. Effective mechanical and transport properties of cellular solids[J]. International Journal of Mechanical Sciences, 1998, 40(1): 71-82.

[2] Li S G. Boundary conditions for unit cells from periodic microstructures and their implications[J]. Composites Science and technology, 2008, 68(9): 1962-1974.

[3] Nazir A, Abate K M, Kumar A, et al. A state-of-the-art review on types, design, optimization, and additive manufacturing of cellular structures[J]. The International Journal of Advanced Manufacturing Technology, 2019, 104: 3489-3510.

[4] Lu L, Sharf A, Zhao H, et al. Build-to-last: strength to weight 3D printed objects[J]. ACM Transactions on Graphics (TOG), 2014, 33(4): 1-10.

[5] 刘利刚,徐文鹏,王伟明,等. 3D 打印中的几何计算研究进展[J]. 计算机学报,2015,38(6):1243-1267.

[6] Xu W P, Miao L T, Liu L G. Review on structure optimization in 3D printing[J]. Journal

of Computer-Aided Design & Computer Graphics，2017，29(7)：1155-1168.

[7] Hu J Q，Li M，Yang X T，et al. Cellular structure design based on free material optimization under connectivity control[J]. Computer-Aided Design，2020，127：102854.

[8] Hu J B，Wang S F，Wang Y，et al. A lightweight methodology of 3D printed objects utilizing multi-scale porous structures[J]. The Visual Computer，2019，35：949-959.

[9] Hazdra P，Mazanek M. L-system tool for generating fractal antenna structures with ability to export into EM simulators[J]. Radioengineering，2006，15(2)：18-21.

[10] Panetta J，Rahimian A，Zorin D. Worst-case stress relief for microstructures[J]. ACM Transactions on Graphics (TOG)，2017，36(4)：1-16.

[11] Schumacher C，Bickel B，Rys J，et al. Microstructures to control elasticity in 3D printing [J]. ACM Transactions on Graphics (TOG)，2015，34(4)：1-13.

[12] Wang F W. Systematic design of 3D auxetic lattice materials with programmable Poisson's ratio for finite strains[J]. Journal of the Mechanics and Physics of Solids，2018，114：303-318.

[13] Xiao Z F，Yang Y Q，Xiao R，et al. Evaluation of topology-optimized lattice structures manufactured via selective laser melting[J]. Materials & Design，2018，143：27-37.

[14] Andreassen E，Lazarov B S，Sigmund O. Design of manufacturable 3D extremal elastic microstructure[J]. Mechanics of Materials，2014，69(1)：1-10.

[15] Yang L，Harrysson O，West H，et al. Mechanical properties of 3D re-entrant honeycomb auxetic structures realized via additive manufacturing[J]. International Journal of Solids and Structures，2015，69-70：475-490.

[16] Ling C，Cernicchi A，Gilchrist M D，et al. Mechanical behaviour of additively-manufactured polymeric octet-truss lattice structures under quasi-static and dynamic compressive loading[J]. Materials & Design，2019，162：106-118.

[17] Kaur M，Yun T G，Han S M，et al. 3D printed stretching-dominated micro-trusses[J]. Materials & Design，2017，134：272-280.

[18] Gorguluarslan R M，Gandhi U N，Mandapati R，et al. Design and fabrication of periodic lattice-based cellular structures[J]. Computer-Aided Design and Applications，2016，13(1)：50-62.

[19] Choi J B，Lakes R S. Nonlinear analysis of the Poisson's ratio of negative Poisson's ratio foams[J]. Journal of Composite Materials，1995，29(1)：113-128.

[20] Panetta J，Zhou Q，Malomo L，et al. Elastic textures for additive fabrication[J]. ACM Trans. Graph.，2015，34(4)：135-135.

[21] Gao Q，Wang L M，Zhou Z，et al. Theoretical，numerical and experimental analysis of three-dimensional double-V honeycomb[J]. Materials & Design，2018，139：380-391.

[22] Lu Z X，Wang Q S，Li X，et al. Elastic properties of two novel auxetic 3D cellular structures[J]. International Journal of Solids and Structures，2017，124：46-56.

[23] Ha C S，Plesha M E，Lakes R S. Chiral three-dimensional lattices with tunable Poisson's ratio[J]. Smart Materials and Structures，2016，25(5)：054005.

[24] Tancogne-Dejean T，Diamantopoulou M，Gorji M B，et al．3D plate-lattices：an emerging class of low-density metamaterial exhibiting optimal isotropic stiffness[J]．Advanced Materials，2018，30(45)：1803334.

[25] Bonatti C，Mohr D．Mechanical performance of additively-manufact3ured anisotropic and isotropic smooth shell-lattice materials：simulations & experiments[J]．Journal of the Mechanics and Physics of Solids，2019，122：1-26.

[26] Kuipers T，Wu J，Wang C C L．CrossFill：foam structures with graded density for continuous material extrusion[J]．Computer-Aided Design，2019，114：37-50.

[27] Overvelde J T B，De Jong T A，Shevchenko Y，et al．A three-dimensional actuated origami-inspired transformable metamaterial with multiple degrees of freedom[J]．Nature communications，2016，7：10929.

[28] Martínez J，Dumas J，Lefebvre S．Procedural voronoi foams for additive manufacturing [J]．ACM Transactions on Graphics (TOG)，2016，35(4)：1-12.

[29] Martínez J，Hornus S，Song H C，et al．Polyhedral voronoi diagrams for additive manufacturing[J]．ACM Transactions on Graphics (TOG)，2018，37(4)：1-15.

[30] Yoo D J．Porous scaffold design using the distance field and triply periodic minimal surface models[J]．Biomaterials，2011，32(31)：7741-7754.

[31] Yoo D J．Computer-aided porous scaffold design for tissue engineering using triply periodic minimal surfaces[J]．International Journal of Precision Engineering and Manufacturing，2011，12：61-71.

[32] 王清辉，夏刚，徐志佳，等．面向组织工程的松质骨微观结构 TPMS 建模方法[J].计算机辅助设计与图形学学报，2016，28(11):1949-1956.

[33] Hu C F，Lin H W．Heterogeneous porous scaffold generation using trivariate B-spline solids and triply periodic minimal surfaces[J]．Graphical Models，2021，115：101105.

[34] Feng J W，Fu J Z，Shang C，et al．Mechanical performance of additively-manufactured solid T-splines and triply periodic minimal surfaces[J]．Computer Methods in Applied Mechanics and Engineering，2018，336：333-352.

[35] Yan X，Rao C，Lu L，et al．Strong 3D printing by TPMS injection[J]．IEEE Transactions on Visualization and Computer Graphics，2019，26(10)：3037-3050.

[36] Hu J Q，Li M，Yang X T，et al．Cellular structure design based on free material optimization under connectivity control[J]．Computer-Aided Design，2020，127：102854.

[37] Hill R．Elastic properties of reinforced solids：some theoretical principles[J]．Journal of the Mechanics and Physics of Solids，1963：11(5)：357-372.

3

基于单胞的优化代理模型

本章从单胞的几何参数出发,利用插值方法讨论连续密度下的单胞力学矩阵映射方法,重点论述基于单胞样本的优化代理模型构建方法,并结合有限元方法验证所构建代理模型的计算精度,为多胞结构的设计提供基础。

3.1 结构优化代理方法概述

随着计算机计算能力的飞速提升,可实现结构的宏观、微观一体化设计,宏观、微观一体化设计为多胞结构的设计提供了新的理论方法,也可利用结构的尺度优势充分发掘材料潜力的设计方法。多胞结构设计,既涉及结构的宏观结构,也涉及结构的微观单胞构型。因此,多胞结构设计,既能从尺度方面进一步扩宽结构的设计空间,又能寻找性能更好的结构。在多胞结构设计中,其微观单胞构型是影响多胞结构力学性能的关键因素。

随着多尺度优化设计方法的发展和逐渐完善,基于多尺度优化的多胞结构的设计和应用也扩展到了诸多领域,如飞机设计[1]、振动[2]等。多尺度拓扑优化可追溯到均匀化方法[3],该方法设定材料的宏观结构是由微观尺度的单胞周期性拓展形成的。为了简化均匀化方法数学复杂程度和减少算法计算资源的消耗,Bendsøe 等[4]在均匀化方法的基础上提出并发展了 SIMP 方法,并把均匀化方法扩展到了微观单胞结构设计[5]。随后,大多数学者基于此方法,在单一尺度或同质材料结构的拓扑优化设计方面做了大量的工作[6]。

早先,Rodrigues 等[7]针对蜂窝结构尝试了以蜂窝微观几何元素为设计对象的宏观结构、微观结构协同设计的设计方法,同时 Zhang 等[8]以蜂窝结构的分层为设计目标定义了多胞蜂窝结构。多尺度结构设计是近些年才迅速发展起来的新型结构设计前沿方向,这得益于计算机计算能力的飞速提高以及增材制造技术的普及,突破了多胞结构设计中多尺度结构的计算效率及制造加工瓶颈问题[9][10]。对于多胞结构设计中的尺度问题,最常用的设计策略是在较低的微观尺度上设计通用的微观构型,并在较高的宏观尺度上获得优化结构。Xia 和 Breit-kopf[11]把微观尺度的结构设计看作一个非线性的本构行为,并提出了基于 FE² 方法的宏观、微观结构多孔材料的设计方法。为了区别对待微观单胞和宏观结构,Kato 等[12]应用了一个解耦策略,把多尺度的微观、宏观优化问题解耦,避免了在大变形问题中须同时设计两个尺度的结构问题。Nakshatrala 等提出了一个层级式的多尺度设计框架,把均匀化方法与微观结构单胞的非线性静态弹性结构进行拓扑优化结合,为了得到宏观的拓扑优化结构,采用了松弛法把宏观结构响应映射到微观单胞上[13]。近年来,增材制造技术的快速发展也促进了多尺度结构的拓扑优化技术的发展。一直以来,多胞结构这类多尺度结构的可制造性是限制其应用的关键因素。在多尺度结构的可制造性方面,学者们做出了很多的努力,以减少结构中出现的过于精细的特征[14][15],从而提高设计构型的可制造性。逐层叠加成形的增材制造技术为多胞结构的成形提供了前所未有的自由度,理论上可制造任何复杂程度的几何形状和拓扑结构[16][17]。

目前多胞结构这类具有卓越机械性能[18]的多尺度结构的设计方法一直采用的均匀化方法,利用空间变化的微结构或者填充单胞的方式设计高性能结构。然而,利用均匀化方法设计多尺度结构,存在两个基本挑战。第一个挑战是多胞结构中各单胞的连通性问题,如图 3.1 所示。基于均匀化方法设计的多胞结构,其各单胞均是在特定材料约束下利用高斯积分点获得的最优微观单胞,单胞内部的结构仅代表了材料的拓扑变化趋势,单胞间缺乏物理连接。显然,这类多胞结构是无法正常成形的。第二个挑战是多胞结构中尺度间缺乏尺度关联,即尺度分离。在均匀化方法中,当微观单胞由周期性结构(带有微观结构的连续固体)组成时,基于尺寸分离假设的设计结构才是最佳的。这种设计在实际中也无法制造。因此,多胞结构的尺度设计时,通过人为选择长度比来制造这类结构,这将导致优化性能的折中[19][20]。

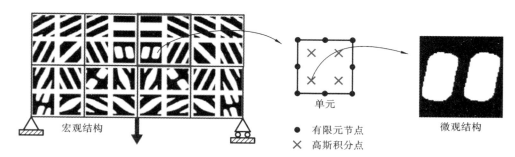

宏观结构　　　　　　　　　　　　　单元　　　　　　　　　　微观结构

● 有限元节点
✕ 高斯积分点

图 3.1　多胞结构中各单胞的连通性[11]

关于单胞间材料连通性问题,一种直接的处理方式是在微观单胞的构型设计中设置非设计域作为单胞间的连接区,以确保微观单胞之间的材料连通性[21]。Radman 等[22]提出了一种渐进式设计策略,即使用全局敏感度过滤的方法设计相邻蜂窝微观单胞的连通性。此外,还有学者直接采用几何图形的插值[23]或是物理响应来解决连接问题[24][25]。Wang 等[26]提出了一种几何形状演变技术,用于插值原微观单胞结构,以生成可相互连接的分级微观结构系列。Groen 和 Sigmund[27]提出了一种基于均质化设计的先进投影方案,以实现高分辨率和可连接的微观结构。尽管上述策略在某种程度上可以弥补连接性问题,但由于它们都建立在均匀化理论的基础上,因此对于多胞结构中尺度分离的问题仍然是一个巨大的挑战。

目前,相比于单胞结构的连通性而言,关于讨论尺度分离问题的文献很有限。Alexandersen 等[28]提出:在不假设长度尺度分离的情况下优化微观结构,并通过均匀化预处理方法减轻了计算负担。此外,Groen 等[29]还采用有限元方法进行超分辨率拓扑优化,并通过静态凝聚来降低计算成本。Da 等[30]最近在周期性单胞结构拓扑优化中采用了一种基于非局部滤波的均质化方案,该方案考虑了应变梯度效应。

宏观、微观结构设计中,微观单胞与宏观结构设计是相互耦合的计算过程,微观单胞的结构既离不开宏观结构的力学边界条件而独立存在,同时作为宏观结构的一个部分影响着宏观上材料的分布。Schumacher 等[31]以物体内部的微观结构为研究对象,利用有效的算法为相邻的微观结构选择兼容的结构,进而形成了一个从设计到制造的微观结构设计框架。Sivapuram 等[32]提出了通过线性化和规划的方法把两个尺度进行优化分离,在各自的尺度上寻求整体最优解。Wu 等[33]提出了同时考虑多胞结构的外壳和内部多孔材料填充的整体优化方法。与此同时,Wu 等[34]提出了类似骨骼多孔结构的轻质高强度材料的高效优化设计方法。Biegler 等[35]建立了一个多尺度优化框架,用缩减模型(reduced models,RMs)替代复杂原始详细模型(original detailed models,ODMs),并给出了三个基于缩减模型的高效线性规划相关的算法。Liu 等[36]在宏观和微观两个尺度上增加了惩罚因子,使其材料严格遵循 0-1 分布,保证了宏观、微观结构的可制造性。

多胞结构的设计,涉及微观尺度的单胞结构叠加以及宏观尺度的单胞空间位姿叠加,其微观单胞结构的性能制约着多胞结构的性能,主要表现在两个方面:一方面是单胞结构的性能制约着宏观多胞结构力学性能的表达,宏观多胞结构的力学性能是多个单胞结构性能的宏观体现,优异性能的单胞结构是多胞结构整体力学性能的保障;另一方面是单胞结构的设计效率严重影响着多胞结构的设计效率,多胞结构在宏观层面上是由多个单胞结构组合而成的,且每个单胞均拥有独立的力学性能,因此单胞结构性能的设计效率严重影响着多胞结构整体设计效率。

为此,有必要对单胞结构的设计进行研究,把单胞内部的几何特征空间位姿叠加关系转换为与优化设计变量相关的参数,实现设计参数与几何特征、单胞力学性能的映射。在本章中我们综合子结构和代理模型,设计了一种带惩罚的简化子结构近似(approximation of reduced substructure with penalization,ARSP)模型,利用微观结构与宏观设计域之间的尺度比例,可有效解决尺度分离问题。在该方法中,假定结构由具有一个共同单胞几何模式的子结构组成,每个子结构都与一个密度设计变量相关联。密度变量表示子结构中固体的体积分数,并进一步与单胞特征参数相关联。因此,可以通过改变相关密度来改变单胞的几何形状。借助本征正交分解(proper orthogonal decomposition,POD)和漫反射近似[37]等数值处理方法建立微观单胞结构的代理模型,将密度映射到超元件刚度矩阵。通过这种方法,超元素矩阵相对于相关密度的导数可以得到有效而明确的评估。值得注意的是,结合 POD 和漫反射近似的材料代理模型,并已在机翼多学科优化中得到应用[38][39]。为了控制结构的复杂性,即限制单胞子结构的数量,对超元素矩阵的密度进行了进一步的修正。采用传统的最优化准则方法更新密度变量。

3.2　几何参数下的单胞密度映射

在第 2 章的子结构自由度凝聚中,所得到的超单元(又称为子结构)的节点均分布在四周边界。在凝聚过程中,超单元内部的几何构型如何改变及所含材料密度与凝聚方法无关。然而,在 RVE 微观结构的设计中,关注的往往是胞体内部材料的密度,因为该密度在很大程度上决定了材料的分布以及几何构型的变化对整体性能的影响。因此微观结构中材料的含量或相对密度的大小,是单胞材料设计最关键的问题。

构建不同密度下的子结构及其相关性能参数,本章采用框架法定义子结构的拓扑构型。为了直观定义微观结构,我们定义了两种不同拓扑框架的微观结构:带孔方形和十字方形微观结构,如图 3.2 所示。

根据微观结构中材料的密度,把材料集中分布到微观结构拓扑框架边界上,可得到一系列的不同密度的微观结构,如图 3.3 所示。假设每个微观结构的边长为 L,实体材料边界宽度为 t,则相对密度可表示为

$$\rho = \frac{4t}{L} - \frac{4t^2}{L^2} \quad \text{(带孔方形微观结构)} \tag{3.1a}$$

$$\rho = \frac{(4+2\sqrt{2})t}{L} - \frac{(4+4\sqrt{2})t^2}{L^2} \quad \text{(十字方形微观结构)} \tag{3.1b}$$

根据子结构自由度凝聚方法,把不同密度微观结构的刚度矩阵凝聚到其边界

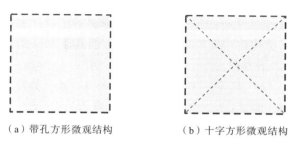

（a）带孔方形微观结构　　　　　（b）十字方形微观结构

图 3.2　两种不同拓扑框架的微观结构

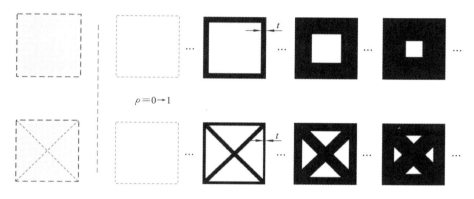

图 3.3　不同密度下的微观结构

节点上,有

$$\boldsymbol{K}_{\mathrm{sub}}^{*}(\rho) = \boldsymbol{K}_{bb}(\rho) - \boldsymbol{K}_{bi}(\rho)\boldsymbol{K}_{ii}^{-1}(\rho)\boldsymbol{K}_{ib}(\rho) \tag{3.2}$$

　　由于微观结构的构型是通过控制其内部单元材料的有无来实现的,即在微观结构内单元所对应的材料密度只能为 0 或 1。因此式(3.1)中的材料宽度参数 t 是一个正整数,因此由其表示的微观结构密度是一个离散的值,则由自由度凝聚而来的微观结构的刚度矩阵也仅为某些密度下的刚度矩阵。

　　根据式(3.2)可知,由于材料宽度参数 t 是离散值,则同构型的子结构凝聚刚度矩阵的密度也是离散的,其刚度矩阵不能很好地表示连续密度下子结构的材料性能。而在优化中,作为设计变量的子结构密度是一个在 0 到 1 之间连续变化的量,很显然此时的刚度矩阵不能满足优化的需要。为了在离散密度下的刚度矩阵中构建连续密度的刚度矩阵,需要对现有的刚度矩阵进行插值重构。

3.3　基于弥散插值方法的力学矩阵重构

　　由式(3.1)和式(3.2)所得一些列的刚度矩阵 $\boldsymbol{K}_{\mathrm{sub}}^{*}(\rho_s)$,$0 < \rho_s \leqslant 1$,$s = 1,2,\cdots,$ N,N 为矩阵总数,所有矩阵均是 $n \times n$ 的稀疏方阵。为了便于插值计算,我们把

N 个刚度矩阵看作一个样本,并写为列矩阵的形式 $[k_1^*,k_2^*,\cdots,k_N^*]^{\mathrm{T}}$。由于这些矩阵是由相同的子结构构建框架产生的,因此它们具有相同的特性。根据奇异值分解方法,可得到以下方程:

$$[k_1^*,k_2^*,\cdots,k_N^*]^{\mathrm{T}}[k_1^*,k_2^*,\cdots,k_N^*]\boldsymbol{\phi}_k=\lambda_k\boldsymbol{\phi}_k \qquad (3.3)$$

式中:$\boldsymbol{\phi}_k\in\mathbb{R}^N$ 为特征向量;λ_k 为第 k 阶特征值。

在正交分解过程中,通常得出的特征值与特征向量应等于样本矩阵的维度,即 $k=N$。然而在重构刚度矩阵时,若所取的凝聚的样本刚度矩阵的个数越多,则正交分解所得的特征值和特征向量越多。若全部保留所有特征值和特征向量,计算重构刚度矩阵所消耗的计算资源越多。为了提高计算效率,减少计算资源的消耗,同时使重构的刚度矩阵满足计算精度的要求,在此,我们引入一个 POD 特征值——截断误差 $\varepsilon(r)$,通过该设定误差,舍弃掉对重构刚度矩阵精度影响微小的特征值和特征向量。该截断误差可定义为

$$\varepsilon(r)=1-\frac{\sum_{i=1}^{r}\lambda_i}{\sum_{i=1}^{N}\lambda_i}<\Delta \qquad (3.4)$$

式(3.4)表明,只有所保留的 r 阶特征值与全部特征值的相对误差小于所设定的阈值 Δ,才能舍弃其他特征值,即高于 r 阶的特征值。

根据本征正交分解,任意密度下的刚度矩阵,可用式(3.3)所得的特征值表示:

$$k^*(\rho_s)\approx\alpha_1(\rho_s)\boldsymbol{\phi}_1+\alpha_2(\rho_s)\boldsymbol{\phi}_2+\cdots+\alpha_r(\rho_s)\boldsymbol{\phi}_r \qquad (3.5)$$

式中:插值系数 $\alpha_i(\rho_s)$ 是与密度相关的函数,$r\ll\min(N,n^2)$ 即为保留前 r 阶特征值和特征向量。

把列向量形式的特征向量 $\boldsymbol{\phi}_k\in\mathbb{R}^N$ 改写为刚度矩阵的形式,则重构后的刚度矩阵(式(3.4))可表示为

$$K_{\mathrm{sub}}^*(\rho_s)\approx\alpha_1(\rho_s)[\boldsymbol{\phi}_1]+\alpha_2(\rho_s)[\boldsymbol{\phi}_2]+\cdots+\alpha_r(\rho_s)[\boldsymbol{\phi}_r] \qquad (3.6)$$

在系列刚度矩阵的正交分解中,对于特定形式的一系列刚度矩阵样本 k_s^* 是相对固定的,因为式(3.1)的密度定义以及子结构的材料自定义分布,使得子结构的构型是固定的。从而在正交分解中,其特征值和特征向量也是一定的,在实际计算过程中可当作常量处理。

然而,相对于固定不变的特征向量,在整个密度区间 $[0,1]$ 中,重构刚度矩阵中的插值系数 $\alpha_i(\rho_s)$ 与密度存在非线性的关系。

若用特征向量表示二维图的形式,式(3.5)可表示为如图 3.4 所示的形式。

插值系数 $\alpha_i(\rho_s)$,在本书中称为 POD 映射系数,数量与特征值个数相同。为了能方便地增加插值系数的维度,在此拟用弥散近似插值。假设插值系数 $\alpha_i(\rho_s)$ 与密度 ρ_s 存在如下关系:

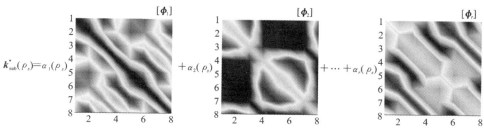

图 3.4 用特征向量表示二维图

$$\alpha(\rho_s) = \boldsymbol{f}^{\mathrm{T}}(\rho_s)\boldsymbol{a} \tag{3.7}$$

式中：$\boldsymbol{f} = [f_1, f_2, \cdots]^{\mathrm{T}}$ 为一个关于密度多项式的基，在构建刚度矩阵时，可假设为如下形式：

$$\boldsymbol{f} = [1, \rho, \rho^2, \cdots]^{\mathrm{T}} \tag{3.8}$$

在弥散近似插值方法中，式(3.7)中系数 $\boldsymbol{a}$ 由以下函数确定：

$$J(\boldsymbol{a}) = \frac{1}{2}\sum_{s=1}^{R} w(\parallel \rho - \rho_s \parallel)[\boldsymbol{f}^{\mathrm{T}}\boldsymbol{a} - \alpha(\rho_s)]^2 \tag{3.9}$$

式中：权重 $w(\parallel \rho - \rho_s \parallel)$ 为当前计算密度值与上述样本密度值之间的欧几里得距离。在弥散插值方法中，该权重函数可定义为

$$w(\parallel \rho - \rho_s \parallel) = w_{\mathrm{ref}}\left[\frac{\mathrm{dist}(\rho, \rho_s)}{r_{\mathrm{diff}}}\right] \tag{3.10}$$

式中：r_{diff} 为该权重函数的影响域。而 w_{ref} 为三次分段多项式：

$$w_{\mathrm{ref}}(x) = \begin{cases} 1 - 3x^2 + 2x^3, & 0 \leqslant x \leqslant 1 \\ 0, & x \geqslant 1 \end{cases} \tag{3.11}$$

此时，经过弥散近似插值后，在密度区间[0,1]内的重构刚度矩阵可用 POD 映射系数的近似值表示为

$$\boldsymbol{K}_{\mathrm{sub}}^{*}(\rho) \approx \tilde{\alpha}_1(\rho)[\boldsymbol{\phi}_1] + \tilde{\alpha}_2(\rho)[\boldsymbol{\phi}_2] + \cdots + \tilde{\alpha}_r(\rho)[\boldsymbol{\phi}_r] \tag{3.12}$$

在上述单胞结构刚度矩阵重构过程中，包含单胞样本矩阵正交分解和拟合插值两个步骤。在样本矩阵正交分解时，为减少计算资源消耗，可在计算精度许可范围内，最大限度地舍弃一定阶数的特征值和特征向量；在拟合插值计算映射系数时，依赖正交分解，因此利用该方法重构矩阵时，需要选取合适的截断误差阈值，通常设为 0.0001。

3.4 基于分段样条插值方法的矩阵重构

基于 POD 的刚度矩阵重构方法，需要计算其样本矩阵的特征值和特征向量，还需要构建 POD 映射系数与密度的近似插值关系，重构过程相对烦琐。尽管可通过截断误差减少计算资源消耗，但刚度矩阵整个重构过程并没有得到简化。为

了简化刚度矩阵的重构过程,在本书中我们研究了对样本刚度矩阵进行直接插值的重构方法。

与基于 POD 的刚度矩阵重构方法相同,把由式(3.1)和式(3.2)所得一些列的刚度矩阵 $\boldsymbol{K}_{\text{sub}}^*(\rho_s)(0<\rho_s\leqslant 1,s=1,2,\cdots,N)$ 作为一个插值样本,并写为列矩阵的形式 $[\boldsymbol{k}_1^*,\boldsymbol{k}_2^*,\cdots,\boldsymbol{k}_N^*]^{\text{T}}$。为了直接对这些刚度矩阵插值,假设重构的刚度矩阵满足如下关系:

$$\boldsymbol{K}_{\text{sub}}^*(\rho_s)\approx w_1\boldsymbol{k}_1+w_2\boldsymbol{k}_2+\cdots+w_s\boldsymbol{k}_s \tag{3.13}$$

此时,插值过程中所用的样本刚度矩阵为样本空间所有的刚度矩阵,插值过程不要舍弃某一些样本点,因此不存在截断误差。样本空间的刚度矩阵是某一密度下的实际刚度矩阵,因此,对于式(3.13),刚度矩阵的插值也必须依据这些刚度矩阵来进行。在此我们采用三次样条插值方法,根据密度与刚度矩阵样本的对应关系,构建数据点 $(x,y)=(\rho_i,k_{i,j})$,则其离散的系列数据点可定义如下:

$$\{(x_i,y_i)\mid(x_i,y_i)=(\rho_i,k_{i,j}),i=1,2,\cdots,N;j=1,2,\cdots,n^2\} \tag{3.14}$$

式中: $\rho_i\in(0,1]$, $\{k_{i,j}\mid k_{s,j}\in[\boldsymbol{k}_1^*,\boldsymbol{k}_2^*,\cdots,\boldsymbol{k}_N^*],i=1,2,\cdots,N;j=1,2,\cdots,n^2\}$ 为同密度下样本各刚度矩阵对应相同位置的值。

假设经过上述离散点的三次多项式为

$$k(\rho)=B_1+B_2\rho+B_3\rho^2+B_4\rho^3 \tag{3.15}$$

式中: $B_i(i=1,2,3,4)$ 是多项式系数; $\rho=\rho_1,\rho_2,\cdots,\rho_N(\rho_1<\rho_2<\cdots<\rho_N)$。

由于多项式的次数设定为 3,不可能插值高次的复杂曲线。在此,样条插值把两个相邻的数据点作为一段,进行分段插值。然而在曲线构建中,通过两个固定点的三次曲线有无数条,为了使通过两个相邻点的三次曲线具有唯一性,曲线必须满足如下条件:

(1) 在每个分段区间 $[\rho_i,\rho_{i+1}]$, $k(\rho)$ 均是一个三次多项式;

(2) 满足 $k(\rho_i)=k_i$;

(3) 一阶导数 $k'(\rho)$ 和二阶导数 $k''(\rho)$ 均连续;

(4) 由于曲线在整个区间两端不受约束,则其自由边界可表示为: $k''(\rho_1)=0$, $k''(\rho_N)=0$。

根据上述内容,可知用于插值的三次样条 $k(\rho)$ 是一个分段的三次多项式,其分段形式可表示为

$$k(\rho)=\begin{cases}k_1(\rho), & \rho_1\leqslant\rho\leqslant\rho_2\\k_2(\rho), & \rho_2\leqslant\rho\leqslant\rho_3\\\vdots & \vdots\\k_N(\rho), & \rho_{N-1}\leqslant\rho\leqslant\rho_N\end{cases} \tag{3.16}$$

式中: $k_i(\rho)(i=1,2,\cdots,N)$ 均为三次多项式,其系数也各不相同。

在整个样本区间内,根据插值曲线满足的条件,按照式(3.16)组合方程组,可计算出每个分段区间曲线的系数。根据样本点(式(3.14))可知,式(3.16)所计算的值是在某一密度下刚度矩阵其中一项的值。因此,若要计算刚度矩阵所有项 n^2 的值,则需多次计算式(3.16)的方程组。此时,其重构的刚度矩阵可按分段多项式的方式写为

$$\boldsymbol{K}_{\text{sub}}^{*}(\rho_s) = \begin{cases} \bigcup\limits_{j=1}^{n^2} k_{1,j}(\rho), & \rho_1 \leqslant \rho \leqslant \rho_2 \\ \bigcup\limits_{j=1}^{n^2} k_{2,j}(\rho), & \rho_2 \leqslant \rho \leqslant \rho_3 \\ \quad\vdots & \quad\vdots \\ \bigcup\limits_{j=1}^{n^2} k_{N,j}(\rho), & \rho_{N-1} \leqslant \rho \leqslant \rho_N \end{cases} \tag{3.17}$$

3.5 惩罚因子

惩罚因子是对拓扑优化设计变量的密度进行惩罚,使其收敛于设定的密度上下界,从而达到所谓的"黑白"设计[40]。在基于子结构的刚度矩阵设计中,这种对密度的惩罚因子不是强制性的,因为基于子结构的微结构与均匀化方法中的微观结构不同,子结构是实际物理模型网格的多个单元的凝聚,是实际物理网格的简化表达,因此基于子结构的拓扑优化方法,其惩罚因子应设置为 1.0。

然而,根据 SIMP 方法[41][42]和 PAMP 方法[43],有必要为基于子结构的拓扑方法增加惩罚因子。通过实验发现,尽管子结构来自实际物理模型网格的凝聚,但凝聚后子结构的材料性能及其他参数均有一定的独立性。而在优化中,当惩罚因子为 1.0 时,所优化的拓扑构型的局部特征不明显,即可能在整个设计域内均填充有材料,而不是具有明显的拓扑构型。因此,在子结构的优化代理模型中,其刚度矩阵需增加惩罚因子:

$$\boldsymbol{K}_i^{*} := \rho_i^{(p-1)} \boldsymbol{K}^{*}(\rho_i) \approx \rho_i^{(p-1)} \sum_{k=1}^{s} \tilde{\alpha}_k(\rho_i)[\boldsymbol{\phi}_k] \tag{3.18}$$

式中:惩罚因子 $p \geqslant 1.0$ 表明具有中间密度($0 < \rho_i < 1$)的子结构的刚度矩阵会被惩罚,使其密度收敛于设定的上限或者下限。该惩罚因子的值越大,其优化收敛越快。

3.6 单胞优化代理模型

为了创建代理模型,核心是建立设计变量(材料相对密度)与刚度矩阵或其他优

化目标之间的关系,在设计变量更新时得到最优的设计。所构建的单胞优化代理模型,称为带惩罚的简化子结构近似(approximation of reduced substructure with penalization,ARSP)模型,如图 3.5 所示,该模型的构建可分为以下几个步骤。

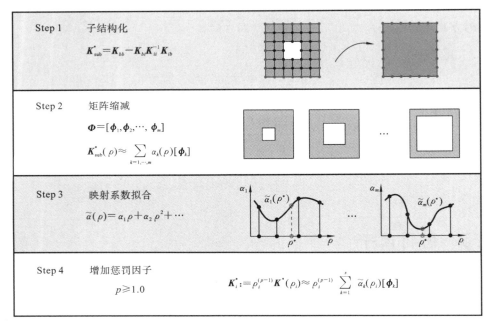

图 3.5   带惩罚的简化子结构近似模型

1. 子结构化

通过有限元超单元方法,把不同密度下的自定义构型的子结构刚度矩阵的自由度凝聚到其边界节点上,得到一系列不同密度的刚度矩阵样本 $\boldsymbol{K}^{*}_{\mathrm{sub}}(\rho_{s})$($0<\rho_{s}\leqslant1$,$s=1,2,\cdots,N$)。尽管可以通过类似均匀化方法的子结构优化方法设计子结构的构型,由于该方法不能自定义构型,很难构造不同密度下的子结构构型,因此本书仅以超单元方法构建子结构构型。

2. 矩阵缩减

子结构化中得到的一系列不同密度的刚度矩阵样本,通过 POD 得到其样本的特征值和特征向量,并通过特征值分析设置截断误差 $\varepsilon(m)$。

3. 映射系数拟合

通过弥散插值或者样条插值,计算 POD 的映射系数与密度的关系,从而构建密度从 0 到 1 连续分布的重构的刚度矩阵 $\boldsymbol{K}^{*}_{\mathrm{sub}}(\rho)$。

4. 增加惩罚因子

对重构的刚度矩阵设置适合于优化的惩罚因子,得到含有密度惩罚项的刚度矩阵 $\boldsymbol{K}^{*}_{i}$。

3.7　数值算例

3.7.1　单胞样本构建

本节以带孔方形子结构为例,详细说明基于子结构的优化代理模型的构建过程。在利用子结构方法构建单胞时,我们选取特定大小的正方形设计域,利用设计域的网格划分实现不同构型的单胞构建,如图 3.6 所示,图中白色网格表示该单元材料为空,灰色网格表示该单元填充实体材料。若设计域中所有网格材料均为空即该子结构的相对密度为 0,若设计域中所有网格中均含有材料即该子结构的相对密度为 1。在子结构设计域内所划分的网格中,可根据材料的填充与否实现自定义构型的子结构构建。

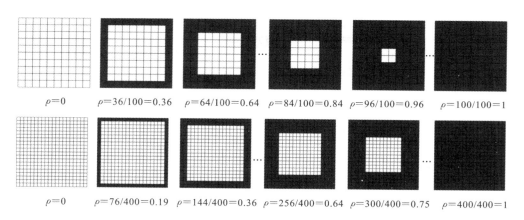

图 3.6　单胞构型构建过程

对于图 3.6 所示的方形子结构,子结构对应的相对密度为

$$\rho = 1 - \frac{(\mathrm{nel}_x - 2t)(\mathrm{nel}_y - 2t)}{\mathrm{nel}_x \times \mathrm{nel}_y} \tag{3.19}$$

式中:nel_x 和 nel_y 分别为子结构在 x 和 y 方向上的离散的单元总数;$t \in \mathbb{R}$ 为子结构边缘网格数,是一个离散变量。这意味着获得的子结构样本的密度也是离散的,子结构的数量也与其网格划分的数量有关。对于尺度为 10×10 的网格,可生成 6 个对应子结构样本,而对于尺度为 20×20 的子结构,可生成 11 个不同密度的子结构单胞样本。这也表明,当网格的网格元素被划分得更密集时,生成的样本数量就更多。

在此,我们把子结构设计域划分为 100×100 的 4 节点平面单元,根据密度公式(3.19)可知,在该网格单元划分下可获得 11 个桁架单胞样本,其密度分别为

0.0000、0.1450、0.3200、0.4750、0.6100、0.7250、0.8200、0.8950、0.9500、0.9850、1.0000。同时也可以获得 21 个带方孔的单胞样本,密度分别为 0.0000、0.0975、0.1900、0.2775、0.3600、0.4375、0.5100、0.5775、0.6400、0.6975、0.7500、0.7975、0.8400、0.8775、0.9100、0.9375、0.9600、0.9775、0.9900、0.9975、1.0000。这两类自定义单胞的部分结构如图 3.7 所示。在本章中,我们把内部十字形的单胞样本称为桁架单胞,内部为方孔的单胞样本称为带孔方形单胞。由于桁架单胞内部也有复杂的构型,因此在相同的网格划分下,带孔方形单胞样本数量是桁架单胞样本数量的两倍。

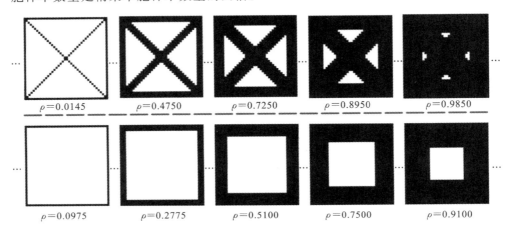

$\rho=0.0145$　　$\rho=0.4750$　　$\rho=0.7250$　　$\rho=0.8950$　　$\rho=0.9850$

$\rho=0.0975$　　$\rho=0.2775$　　$\rho=0.5100$　　$\rho=0.7500$　　$\rho=0.9100$

图 3.7　自定义的两类子结构样本

从单胞相对密度分布来看,以相对密度 0.5 为分界,密度范围为 0～0.5 的单胞样本数量要少,即单胞样本大多分布在密度区间 0.5～1。

3.7.2　基于弥散插值的代理模型精度分析

根据代理模型的构建方法,把同一构型单胞样本的刚度矩阵进行凝聚,并转换为列向量,通过 POD 得到所有矩阵的特征值与特征向量。保留所有特征向量,根据式(3.4)计算的截断误差如图 3.8 所示,从图中可看出保留的特征向量越多,则重构的刚度矩阵的误差就越小。若设置截断误差为 1‰,即 $\Delta=0.001$,对于方形子结构,在计算中仅需保留前 5 阶特征向量即可满足误差要求;对于十字形子结构样本,在计算中仅需保留前 4 阶特征向量即可。

当然,在计算过程中,可保留全部的特征向量以重构刚度矩阵,可获得误差接近于 0 的计算精度;但保留的特征向量越多,就意味着参与计算的特征向量越多,计算资源消耗就越大。通过弥散插值或样条插值,式(3.12)中各个映射系数与密度的关系如图 3.9 和图 3.10 所示。

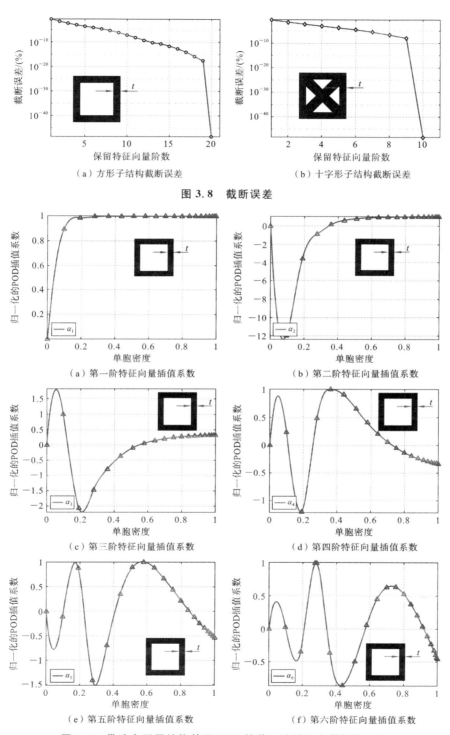

（a）方形子结构截断误差　　　　　（b）十字形子结构截断误差

图 3.8　截断误差

（a）第一阶特征向量插值系数　　　　（b）第二阶特征向量插值系数

（c）第三阶特征向量插值系数　　　　（d）第四阶特征向量插值系数

（e）第五阶特征向量插值系数　　　　（f）第六阶特征向量插值系数

图 3.9　带孔方形子结构基于 POD 的前 8 阶特征向量插值系数

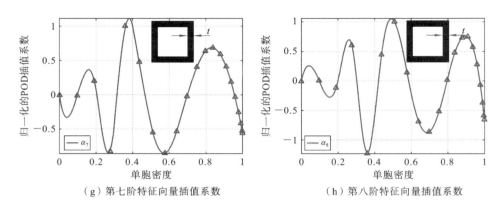

（g）第七阶特征向量插值系数　　　　　　　（h）第八阶特征向量插值系数

续图 3.9

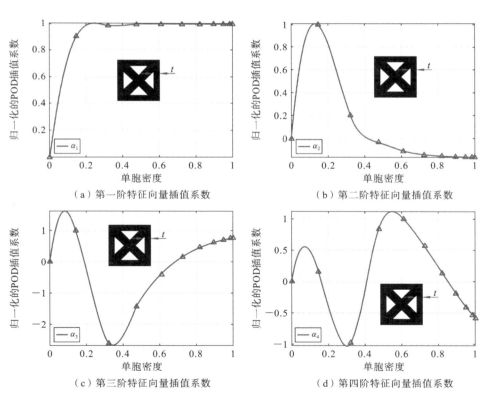

（a）第一阶特征向量插值系数　　　　　　　（b）第二阶特征向量插值系数

（c）第三阶特征向量插值系数　　　　　　　（d）第四阶特征向量插值系数

图 3.10　桁架子结构基于 POD 的前 8 阶特征向量插值系数

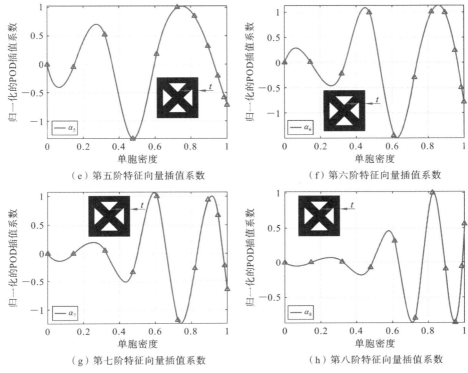

（e）第五阶特征向量插值系数　　　　（f）第六阶特征向量插值系数

（g）第七阶特征向量插值系数　　　　（h）第八阶特征向量插值系数

续图 3.10

从图 3.9 中可以看出：低阶特征向量对应的映射系数在整个密度空间内的变化平缓。随着特征向量阶数的升高，其对应的映射系数在密度空间内的变化也越来越剧烈。从映射系数的值分布看，除了 α_1、α_2 外，其余系数的值均在 0 值附近分布，随着特征向量阶数的升高，对应系数值越来越小。由此可推断，高阶特征向量对应的系数的值会变得很小，在计算时可忽略不计，这也证明了截断误差存在的必要性。

3.7.3　基于分段样条插值的计算精度

根据基于分段样条插值方法的代理模型构建方法，样本插值后的计算误差如图 3.11 所示。

与弥散插值不同，由于分段样条是基于整个样本进行计算的，因此分段样条插值不存在截断误差。从误差计算结果可看出，基于分段样条插值，两类子结构的插值误差均在 10^{-4} 左右。图 3.11 中没有给出密度为 0 的计算误差，由于当密度为 0 时，样本中对应的凝聚矩阵均为 0 值矩阵，计算误差为接近于 0 的值，因此舍弃掉了密度为 0 时的误差计算。图 3.11 中的误差计算公式为

$$\text{error} = \sum_{i=1}^{n \times n} \left| (\boldsymbol{K}_{\text{sub},i} - \widetilde{\boldsymbol{K}}_i) \right| \times 100 \qquad (3.20)$$

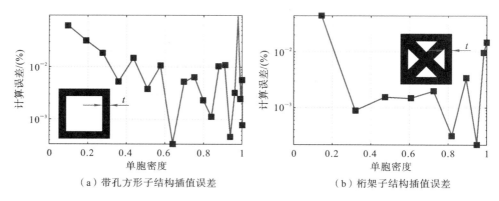

（a）带孔方形子结构插值误差　　　　　　（b）桁架子结构插值误差

图 3.11　分段样条插值误差

式中：$K_{sub,i}$ 为第 i 个凝聚后的样本矩阵；$\tilde{K}_i$ 为对应密度下的插值矩阵；$n \times n$ 为样本矩阵的大小。

　　在此，我们也计算了基于分段样条插值的系数，其前 8 项插值系数如图 3.12 和图 3.13 所示。从图中可看出，两类子结构的插值系数均不同，即不同的子结构

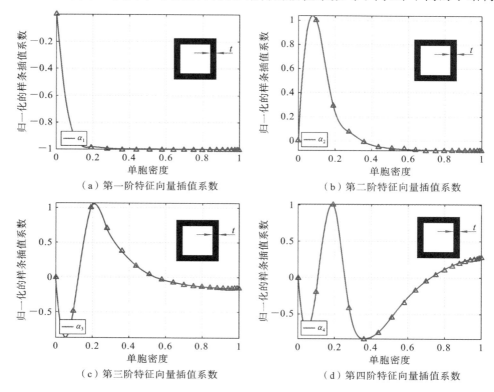

（a）第一阶特征向量插值系数　　　　　　（b）第二阶特征向量插值系数

（c）第三阶特征向量插值系数　　　　　　（d）第四阶特征向量插值系数

图 3.12　带孔方形子结构在分段样条插值方法下的前 8 项系数

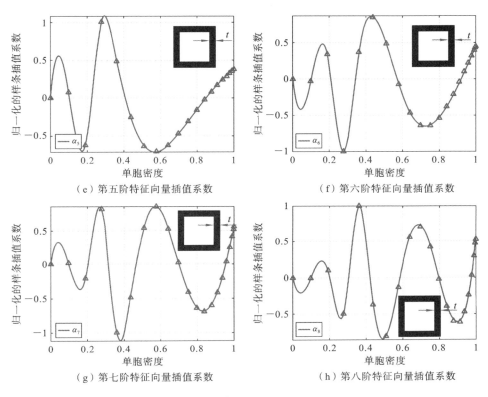

（e）第五阶特征向量插值系数

（f）第六阶特征向量插值系数

（g）第七阶特征向量插值系数

（h）第八阶特征向量插值系数

续图 3.12

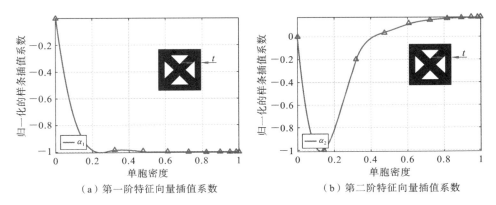

（a）第一阶特征向量插值系数

（b）第二阶特征向量插值系数

图 3.13　桁架子结构在分段样条插值方法下的前 8 项系数

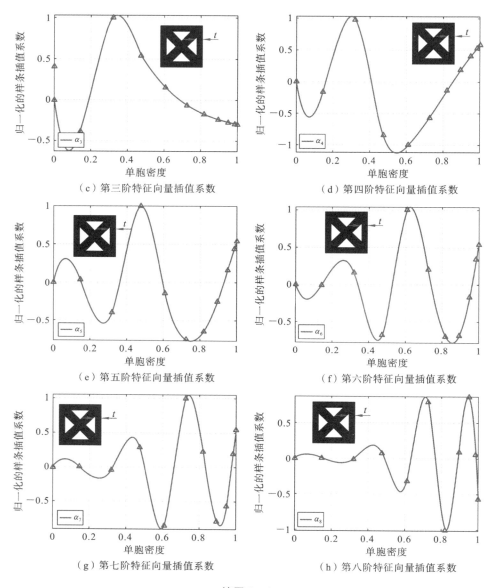

（c）第三阶特征向量插值系数　　　　　　（d）第四阶特征向量插值系数

（e）第五阶特征向量插值系数　　　　　　（f）第六阶特征向量插值系数

（g）第七阶特征向量插值系数　　　　　　（h）第八阶特征向量插值系数

续图 3.13

单胞的插值系数不同；对于同一类子结构单胞，插值系数的波动程度随着插值阶数的升高而增加；相同阶数下，不同单胞的插值系数的走势基本相同。

相比于基于 POD 的弥散插值方法，分段样条插值系数几乎相同。由于分段样条插值不存在截断误差，因此在计算中可得到较高的精度。同时，分段样条插值也不需要计算凝聚样本矩阵的特征值和特征向量，在计算效率上要比弥散插值高。

3.8　本章小结

本章研究了基于子结构的优化代理模型的构建过程。首先在同一个子结构框架下定义不同密度的子结构构型,并通过超单元构建所有子结构凝聚的刚度矩阵。然后把得到的子结构的刚度矩阵作为插值样本,通过 POD 分解和弥散近似,在密度空间内对样本矩阵进行插值,构建密度与刚度矩阵的解析关系。在此,详细说明了弥散插值对 POD 映射系数的近似关系和截断误差。最后在重构的子结构刚度矩阵中增加惩罚因子,完成了优化代理模型的构建。同时,我们也分析了基于分段样条插值方法构建的代理模型。本章最后通过数值算例说明了代理模型的构建步骤,详细说明了子结构中各个系数的特性及其计算流程,并通过具体的样本分析了代理模型的插值系数,计算了两类插值方法的计算误差。

参考文献

[1] Zhu J H, Zhang W H, Xia L. Topology optimization in aircraft and aerospace structures design[J]. Archives of Computational Methods in Engineering, 2016, 23:595-622.

[2] Vicente, W M, Zuo Z H, et al. Concurrent topology optimization for minimizing frequency responses of two-level hierarchical structures[J]. Computer Methods in Applied Mechanics and Engineering, 2016(301): 116-136.

[3] Bendsøe M P, Kikuchi N. Generating optimal topologies in structural design using a homogenization method[J]. Computer Methods in Applied Mechanics and Engineering, 1988, 71 (2): 197-224.

[4] Bendsøe M P, Sigmund O. Material interpolation schemes in topology optimization[J]. Archive of Applied Mechanics, 1999, 69:635-654.

[5] Sigmund O. Materials with prescribed constitutive parameters: an inverse homogenization problem[J]. International Journal of Solids and Structures, 1994, 31(17):2313-2329.

[6] Deaton J D, Grandhi R V. A survey of structural and multidisciplinary continuum topology optimization: post 2000[J]. Structural and Multidisciplinary Optimization, 2013,49:1-38.

[7] Rodrigues H, Guedes J M, Bendsøe M P. Hierarchical optimization of material and structure[J]. Structural and Multidisciplinary Optimization, 2002, 24:1-10.

[8] Zhang W H, Sun S P. Scale-related topology optimization of cellular materials and structures[J]. International Journal for Numerical Methods in Engineering, 2006, 68 (9): 993-1011.

[9] Cadman J E, Zhou S W, Chen Y H, et al. On design of multi-functional microstructural materials[J]. Journal of Materials Science, 2013,48:51-66.

［10］Wang Z P，Poh L H. Optimal form and size characterization of planar isotropic petal-shaped auxetics with tunable effective properties using IGA［J］. Composite Structures，2018，201：486-502.

［11］Xia L，Breitkopf P. Concurrent topology optimization design of material and structure within FE² nonlinear multiscale analysis framework［J］. Computer Methods in Applied Mechanics and Engineering，2014，278：524-542.

［12］Kato J，Yachi D，Kyoya T，et al. Micro-macro concurrent topology optimization for nonlinear solids with a decoupling multiscale analysis［J］. International Journal for Numerical Methods in Engineering，2017，113(8)：1189-1213.

［13］Nakshatrala P B，Tortorelli D A，Nakshatrala K B. Nonlinear structural design using multiscale topology optimization. part Ⅰ：static formulation［J］. Computer Methods in Applied Mechanics and Engineering，2013，261：167-176.

［14］Guest J K，Prévost J H，Belytschko T. Achieving minimum length scale in topology optimization using nodal design variables and projection functions［J］. International Journal for Numerical Methods in Engineering，2004，61(2)：238-254.

［15］Xia Q，Shi T L. Constraints of distance from boundary to skeleton：for the control of length scale in level set based structural topology optimization［J］. Computer Methods in Applied Mechanics and Engineering，2015，295：525-542.

［16］Yang K K，Zhu J H，Wang C，et al. Experimental validation of 3D printed material behaviors and their influence on the structural topology design［J］. Computational Mechanics，2018，61：581-598.

［17］Wang Y J，Arabnejad S，Tanzer M，et al. Hip implant design with three-dimensional porous architecture of optimized graded density［J］. Mech. Des.，2018，140 (11)：111406.

［18］Xiong J，Mines R，Ghosh R，et al. Advanced micro-lattice materials［J］. Advanced Engineering materials，2015，17(9)：1253-1264.

［19］Aremu A O，Brennan-Craddock J P J，Panesar A，et al. A voxel-based method of constructing and skinning conformal and functionally graded lattice structures suitable for additive manufacturing［J］. Additive Manufacturing，2017，13：1-13.

［20］Wang Y Q，Zhang L，Daynes S，et al. Design of graded lattice structure with optimized mesostructures for additive manufacturing［J］. Materials & Design，2018，142：114-123.

［21］Zhou S W，Li Q. Design of graded two-phase microstructures for tailored elasticity gradients［J］. Journal of Materials Science，2008，43：5157-5167.

［22］Radman A，Huang X，Xie Y M. Topology optimization of functionally graded cellular materials［J］. Journal of Materials Science，2013，48：1503-1510.

［23］Cramer A D，Challis V J，Roberts A P. Microstructure interpolation for macroscopic design［J］. Structral Multidisciplinary Optimization，2016，53：489-500.

［24］Schumacher C，Bickel B，Rys J，et al. Microstructures to control elasticity in 3D printing［J］. ACM Transactions on Graphics (TOG)，2015，34(4)：1-13.

[25] Du Z L, Kim H A. Multiscale design considering microstructure connectivity[C]// 2018 AIAA/ASCE/AHS/ASC Structures, Structural Dynamics, and Materials Conference, 2018, https://doi.org/10.2514/6.2018-1385.

[26] Wang Y Q, Chen F F, Wang M Y. Concurrent design with connectable graded microstructures[J]. Computer Methods in Applied Mechanics and Engineering, 2017, 317: 84-101.

[27] Groen J P, Sigmund O. Homogenization-based topology optimization for high-resolution manufacturable microstructures[J]. International Journal for Numerical Methods in Engineering, 2018, 113(8): 1148-1163.

[28] Alexandersen J, Lazarov B. Topology optimisation of manufacturable microstructural details without length scale separation using a spectral coarse basis preconditioner[J]. Computer Methods in Applied Mechanics and Engineering, 2015, 290: 156-182.

[29] Groen J P, Langelaar M, Sigmund M, et al. Higher-order multi-resolution topology optimization using the finite cell method[J]. International Journal for Numerical Methods in Engineering, 2017, 110(10): 903-920.

[30] Da D C, Yvonnet J, Xia L, et al. Topology optimization of periodic lattice structures taking into account strain gradient[J]. Computers & Structures, 2018, 210: 28-40.

[31] Schumacher C, Bickel B, Rys J, et al. Microstructures to control elasticity in 3D printing [J]. ACM Transactions on Graphics (TOG), 2015, 34(4):1-33.

[32] Sivapuram R, Dunning P D, Kim H A. Simultaneous material and structural optimization by multiscale topology optimization[J]. Structural and Multidisciplinary Optimization, 2016,54:1267-1281.

[33] Wu J, Clausen A, Sigmund O. Minimum compliance topology optimization of shell-infill composites for additive manufacturing[J]. Computer Methods in Applied Mechanics and Engineering, 2017, 326:358-375.

[34] Wu J, Aage N, Westermann R, et al. Infill optimization for additive manufacturing-approaching bone-like porous structures[J]. IEEE Transactions on Visualization and Computer Graphics, 2018, 24(2):1127-1140.

[35] Biegler L T, Lang Y D, Lin W J. Multi-scale optimization for process systems engineering [J]. Computers & Chemical Engineering, 2014, 60: 17-30.

[36] Liu K, Tovar A. Multiscale Topology Optimization of Structures and Periodic Cellular Materials[C]//ASME 2013 International Design Engineering Technical Conferences and Computers and Information in Engineering Conference. American Society of Mechanical Engineers, 2013: V03AT03A054-V03AT03A054.

[37] Nayroles B, Touzot G, Villon P. Generalizing the finite element method: diffuse approximation and diffuse elements[J]. Computational Mechanics, 1992, 10: 307-318.

[38] Coelho R F, Breitkopf P, Knopf-Lenoir C. Model reduction for multidisciplinary optimization - application to a 2d wing[J]. Structural and Multidisciplinary Optimization, 2008, 37: 29-48.

[39] Coelho R F，Breitkopf P，Knopf-Lenoir C，et al. Bi-level model reduction for coupled problems[J]. Structural and Multidisciplinary Optimization，2009，39：401-418.

[40] Bendsøe M P，Sigmund O. Material interpolation schemes in topology optimization[J]. Archive of Applied Mechanics，1999，69：635-654.

[41] Zhou M，Rozvany G I N. The COC algorithm，part Ⅱ：topological，geometrical and generalized shape optimization[J]. Computer Methods in Applied Mechanics and Engineering，1991，89(1-3)：309-336.

[42] Rozvany G I N. Aims，scope，methods，history and unified terminology of computer-aided topology optimization in structural mechanics[J]. Structural and Multidisciplinary Optimization，2001，21：90-108.

[43] Liu L，Yan J，Cheng G D. Optimum structure with homogeneous optimum truss-like material[J]. Computers and Structures，2008，86(13-14)：1417-1425.

单胞数据驱动的结构拓扑优化方法

本章从单胞优化代理模型出发,讨论基于单胞密度与单胞力学矩阵间的映射关系建立的多胞结构性能设计优化方法,重点论述宏观多胞结构的材料分布调控与单胞性能匹配的结构优化框架,并与传统优化方法进行对比以验证所构建的优化方法的有效性,为多胞结构的性能设计提供新的理论方法。

4.1 数据驱动的多胞结构设计概述

多胞结构是由系列特定构型的微观单胞根据一定规律在物理空间中组合而成,兼具承载、吸能、减振等特性的跨尺度结构。如图 4.1 所示,这类结构的设计与制造在现代航空航天、汽车制造、医学等领域得到了高度关注[1],其超轻量化、高比强度、高特定刚性等力学特性,在推动高性能装备发展方面发挥着至关重要

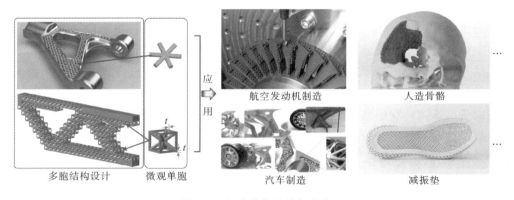

图 4.1 多胞结构设计与应用

的作用。这些特性使得装备能够完成全地形越野、高马赫数飞行、深空探索等任务。

多胞结构往往具有复杂的拓扑构型,且结构性能与几何特征密切相关。结构组成上,多胞结构是形状大小相异的几何特征在微观尺度上的排列组合;空间形体上,多胞结构可被看成由孔洞和实体材料耦合的具有不同外观的空间形体;力学性质上,利用约束条件控制多胞结构中的几何特征形状,使其呈现梯度性、吸能、减振等特性[2]。因此,多胞结构的设计需要采用结构拓扑优化技术,并秉承"物尽其用"的朴素思想,对结构的宏观、微观等多个尺度进行全面设计,进而得到具有特定功能的创新型结构。

从结构功能设计而言,多胞结构的性能是材料、几何、结构在宏观层面的功能具体化[3]。20 世纪 80 年代末,随着 Lakes 发现负泊松比多孔材料[4]和 Sigmund 的均匀化理论的提出[5],通过设计材料微观结构构型实现其微观结构的力学、热学等特性结构的拓扑优化设计吸引了众多学者投入到"材料-结构"一体化设计的研究中[6][7],如图 4.2 所示。为实现多胞结构的功能集成设计,学者提出并发展了密度投影法、大规模杆梁法、材料结构一体化法等设计方法[8],实现了承载、减振、吸能、热传导等性能的集成设计[9]。Rodrigues 等[10]假定宏观结构由不同构型的材料单胞组成,实现了宏观结构刚度最大化的宏观、微观两个尺度的结构一体化设计。Huang[9]、Cadman[11]等研究并阐述了基于均匀化理论的材料微观结构设计,Xia 等[12]开发出了基于 Matlab 计算平台的微观结构拓扑优化的开源程序。Zhang 等[13]提出了分层设计方法,突破了传统采用同一微观结构构型的一体化设计。Su 等[14]研究了高阶偶应力的材料微结构构型设计。Yan 等[15]研究并实现了将扩展多尺度有限元方法应用到多级结构设计中。田李昊等[16]结合增材制造技术,对面向单材料的微结构设计进行了综述,系统梳理了现有的微观单胞几何结构设计方法,为微观单胞几何结构的设计提供了参考。Ha 等[17]利用刚性立方结节开发了手性三维立方单胞,设计出了在经典弹性连续体中不能发生拉伸-扭曲的耦合特性,其泊松比可随立方体之间的距离变化而变化,并利用有限元方法对其力学特性进行了详细分析。Lu 等[18]提出了两种具有负泊松比的新型三维交叉手性结构,通过添加星形结构实现了各向异性的结构拉伸行为。Panetta 等[19]提出了通过改变微观结构的形状来最小化微观结构中应力集中的方法,引入了微观结构的低维参数形状模型,开发了一种新的、精确的应力目标形状导数离散化方法,扩展了微观结构所涵盖的有效材料性能范围。Tian 等[20]提出了多孔结构孔隙率的定量设计方法,将每个孔隙表示为一个变换的高斯核,利用各向异性粒子控制高斯核的分布,使用 Morse-Smale 复合物来识别核的拓扑结构,并强制实现孔连通性。Gorguluarslan 等[21]提出了基于增材制造的周期性蜂窝结构的设计、优化

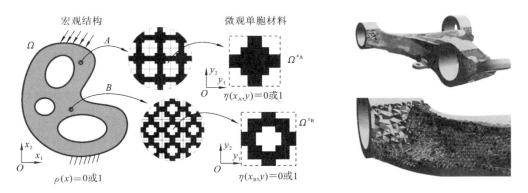

图 4.2 "材料-结构"多尺度设计

和评估组成的方法,介绍了一种用于非线性有限元分析和蜂窝结构生成的 3D 建模过程,并对简支梁横截面的尺寸进行优化,验证了所提方法可满足屈服和局部屈曲标准。Choi 等[22]对负泊松比的凹形泡沫材料的泊松比进行了分析研究,将传统泡沫的凸多面体形状转变为凹形或"凹入"形状,制备了具有负泊松比的各向同性泡沫结构,有望实现接近一1 的泊松比极限。Tancogne-Dejean 等[23]为寻求具有高质量比刚度和强度的低密度材料,建立了三次对称弹性各向同性板晶格的设计模板,在纳米和微观结构层面强化尺寸效应,通过激光增材制造验证了各向同性板晶格的高刚度性能。Yoo 等[24]提出了一种基于距离场和三次周期最小表面(triply periodic minimal surface,TPMS)混合方法的人体组织三维多孔支架设计的方法,获得具有复杂的微观结构和高质量的外表面的多孔支架。Feng 等[25]提出了基于实体 T 样条的多孔支架设计方法,通过采样六面体设计了多孔支架的孔隙率,并结合增材制造技术验证了所提方法的有效性和灵活性。Hu 等[26]提出控制可制造蜂窝结构的有效几何形状设计方法,在给定外部载荷的固定设计域的情况下,通过层次聚类减少材料空间的方法,产生具有有效几何连通性的蜂窝结构。Kuipers 等[27]提出了一种新型的密度分级结构,专门用于长丝挤出 3D 打印系统,并设计了一种自支撑泡沫结构,通过单一、连续和无重叠的材料挤出路径制造实现了空间曲面的填充。Bonatti 等[28]研究了三周期最小表面类结构和弹性各向同性衍生物的力学性能,通过最小化基于弯曲能量的整体曲率测量来确定壳中平面的精确形状,获得了具有特殊能量吸收能力的机械超材料。Andreassen 等[29]提出了一种设计、制造极端弹性材料的方法,其所设计的负泊松比微观结构有效性能可接近理论极限。Kaur 等[30]基于增材制造验证了八面体与八隅体结构的力学性能,并用不同的聚合物材料构建这类微结构,为寻求轻质高强度的单胞结构及其材料提供了参考依据。

　　在多胞结构设计的过程中,涉及单胞刚度等力学矩阵计算,宏观、微观尺度的优化设计、变量求导及其耦合计算，其计算效率也备受学者关注[31]。基于不同粒度网格的宏观、微观结构设计和计算，通过正交分解与拟合方法构建微观结构代理计算模型，线下微观结构与线上宏观结构耦合设计，以及基于等几何分析方法的多分辨率计算方法，均为宏观、微观结构的高效设计提供了思路[32]。Zhao 等[33]基于链微分规则，提出了一种求解单孔或多孔结构的并行拓扑优化的高效解耦灵敏度分析方法，解决了传统方法在微观尺度上灵敏度分析效率低下的问题。

目前，多胞结构设计方法大多依赖于均匀化方法的思想，在材料线弹性范围内，其性能在设计空间与制造空间表达不一致的问题可忽略。但在均匀化方法所设计的多胞结构中，单胞间的材料连通性较差[34]，所设计的多胞构型只能存在于设计空间，不具备可制造性。整体来看，多胞结构由不同几何特征拼装组合而成，其几何特征既塑造着结构的性能，也决定着结构制造的难易程度。从设计层面，利用几何特征演化可使胞体结构表现出不同的力学性能；从制造层面，利用几何特征形体演化可实现单胞与多胞结构的构建。因此，从几何特征出发，利用单胞构型的空间位姿变化以及不同性能单胞的组合，可实现多胞结构宏观构型及其力学性能的设计。

为了解决均匀化方法中尺度分离问题，本章提出了单胞数据驱动的多胞结构拓扑优化方法，从单胞几何特征出发，以单胞内部几何特征的空间位姿变化组合为手段，实现多胞结构的设计。因此，本章基于第 3 章中建立的单胞代理模型，通过单胞法凝聚单胞内部网格自由度，减小其刚度矩阵规模，从而提高多胞结构在迭代优化过程中的计算效率。同时，利用代理模型中自定义构型的多胞结构构型，设定多胞结构的宏观尺度与单胞结构尺度之间的尺度映射关系，以实现多胞结构性能设计的尺度关联。同时，利用单胞构型的定制配置，可进一步提高多胞结构设计构型设计灵活性以及设计结构的可制造性，为其结构性能在设计层面和制造层面的匹配提供理论依据和方法支撑。

4.2 设计变量与单胞矩阵

由于单胞的构型与其密度相关，密度控制单胞内部材料分布的同时，也通过插值方法重建单胞对应的刚度矩阵，其关系如图 4.3 所示。因此，在基于单胞的优化方法中，其设计变量也为单胞的密度。设置单胞的密度为优化设计变量，有两个方面的优势：一方面是利用密度变量，可控制宏观多胞结

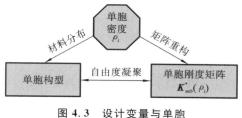

图 4.3 设计变量与单胞

构的材料用量,进而调配材料在单胞间的分布以获得目标构型;另一方面是利用密度变量可设置单胞在一定材料含量下的最佳构型,获得在当前力学条件下的最佳单胞构型。

基于第 3 章所建立的单胞优化代理模型,由于单胞样本来自一系列有限元网格自由度的凝聚,在宏观尺度上,其设计变量的数量与设计域所凝聚的单胞数量相等。而在单胞构型的设计中,由于单胞凝聚的同时,内部材料的分布已确定,即不需要考虑单胞内部网格中材料的分布,因此在微观尺度上单胞的构型变化可通过单胞密度控制。因此,在基于单胞代理模型的优化设计中,仅需考虑宏观尺度上单胞间密度的调配,而微观尺度上与单胞构型相关的密度设计变量已在其凝聚过程中得到了定义,在优化过程中无须重复考虑。

在单胞凝聚后的刚度矩阵中,刚度矩阵维度与传统的单元刚度矩阵不同,其大小与单胞的边界自由度相关,单胞内部所包含的有限元网格越多,则其边界的自由度节点越多,从而凝聚后的刚度矩阵规模也越大。当设计域内单胞数量的划分以及单胞的大小,均会影响整体刚度矩阵的组装及求解时,太大的整体刚度矩阵将会消耗大量的计算资源。而在多胞结构的设计中,为了得到更精细的宏观结构,其设计域往往会尽可能多地划分单元。因此,在利用单胞优化代理模型设计多胞结构时,需要综合考虑多胞结构及单胞构型中所划分的有限元网格数,以便获得更适合的多胞结构和单胞构型。

为了提高多胞结构优化过程中的计算效率,在此我们定义了一个缩减矩阵 $\boldsymbol{C}$,通过减小单胞样本刚度矩阵的维度大小,以提高计算效率。实验证明,在多胞结构的最小柔度设计中,利用这种减小矩阵规模的方法所带来的迭代计算误差可以忽略不计。该缩减矩阵 $\boldsymbol{C}$ 定义如下:

$$\boldsymbol{C} = \{C_{ij}\} = \begin{cases} 1, & j = 1,2,\cdots,t, \quad i = H(j-1)+1 \\ 0, & \text{其他} \end{cases} \tag{4.1}$$

式中: $C_{ij} = 1$ 表示节点 ij 需要参与刚度矩阵缩减运算;t 为单胞样本刚度矩阵缩减后的维度;常量系数 H 为单胞边界节点选择因子,如图 4.4 中缩减后的节点(黑色空心节点),$H = 4$ 表示缩减后单胞边界节点从第一个开始每距离两个节点选取一个节点作为缩减刚度矩阵的节点。其中 $t = n/H$,n 为凝聚后刚度矩阵的所有节点,通过式(4.1)缩减后,其缩减矩阵的规模为原来的 $1/H^2$。

缩减后,单胞的凝聚刚度矩阵 $\boldsymbol{K}(\rho_i)$ 与未缩减的刚度矩阵 $\boldsymbol{K}_{\text{sub}}^*(\rho_i)$ 的关系可定义为

$$\boldsymbol{K}(\rho_i) = \boldsymbol{C}^{\text{T}} \boldsymbol{K}_{\text{sub}}^*(\rho_i) \boldsymbol{C} \tag{4.2}$$

在不影响计算误差的情况下,利用单胞刚度矩阵缩减可以舍弃一些边界节点,以减小单胞力学矩阵规模。需要注意的是,该缩减仅在设计最大结构柔度情况下使用,在后续的优化计算中,仍然选择非缩减矩阵进行优化,以便获得更准确的设计结果。

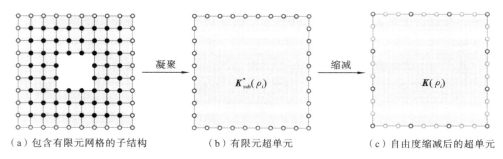

图 4.4 单胞刚度矩阵的缩减

4.3 多胞结构优化模型

利用结构拓扑优化方法,其结构柔度最小化的优化模型可定义为

$$\min: \quad c(\rho) = \boldsymbol{U}^{*\mathrm{T}}\boldsymbol{K}^{*}\boldsymbol{U}^{*}$$

$$\mathrm{s.t.} \quad \boldsymbol{K}^{*}\boldsymbol{U}^{*} = \boldsymbol{F}^{*}$$

$$\frac{V}{V_{\max}} = \sum_{i=1}^{N}\rho_i V_i \Big/ V_{\max} \leqslant v \tag{4.3}$$

$$0 < \rho_{\min} \leqslant \rho_i \leqslant 1$$

式中:$\boldsymbol{K}$ 为通过单胞刚度矩阵组装的多胞结构整体刚度矩阵;$\boldsymbol{U}$、$\boldsymbol{F}$ 分别为整体位移向量与外载荷向量;V 为当前设计域所有单胞中的材料总体积;$V_{\max}$ 为多胞结构中所允许的最大材料体积;v 为多胞结构所有材料体积与许用体积之比或体积分数;$\rho_{\min}$ 为单胞最小密度,为了避免空材料单胞的全零刚度矩阵在计算过程中导致的奇异问题,我们设定了该值,该值通常被设置为 0.001。

在此模型中,优化目标是最小化多胞结构的柔度。

基于结构柔度最小化优化模型(式(4.3)),通过单胞优化代理模型,多胞结构的最小化柔度优化模型可定义为

$$\max: \quad c(\rho) = \sum_{i=1}^{N_s}\boldsymbol{U}_{\mathrm{sub},i}^{\mathrm{T}}\boldsymbol{K}_{\mathrm{sub},i}\boldsymbol{U}_{\mathrm{sub},i}$$

$$\mathrm{s.t.} \quad \boldsymbol{K}\boldsymbol{U} = \sum_{i=1}^{N_s}\boldsymbol{K}_{\mathrm{sub},i}\boldsymbol{U} = \boldsymbol{F}$$

$$\frac{V}{V_{\max}} = \sum_{i=1}^{N_s}\rho_i V_i \Big/ V_{\max} \leqslant v \tag{4.4}$$

$$0 < \rho_{\min} \leqslant \rho_i \leqslant 1$$

式中：$\boldsymbol{K}_{\mathrm{sub},i}$ 为凝聚后的单胞刚度矩阵；$\boldsymbol{U}_{\mathrm{sub},i}$ 为凝聚后单胞边界节点的位移向量；N_s 为设计域中单胞划分数量；$\boldsymbol{F}$ 为设计域中所有单胞边界节点对应的外载荷向量。

对多胞结构优化模型的目标函数计算密度的导数，可得

$$\frac{\partial c(\rho)}{\partial \rho_i} = \frac{\partial \sum\limits_{i=1}^{N_s} \boldsymbol{U}_{\mathrm{sub},i}^{\mathrm{T}} \boldsymbol{K}_{\mathrm{sub},i} \boldsymbol{U}_{\mathrm{sub},i}}{\partial \rho_i} = \boldsymbol{U}^{\mathrm{T}} \sum\limits_{i=1}^{N_s} \frac{\partial \boldsymbol{K}_{\mathrm{sub},i}}{\partial \rho_i} \boldsymbol{U} \tag{4.5}$$

根据单胞优化代理模型，式（4.5）中单胞凝聚刚度矩阵可表示为

$$\boldsymbol{K}_{\mathrm{sub},i} := \rho_i^p \boldsymbol{K}_{\mathrm{sub},i}(\rho_i) \approx \rho_i^p \sum\limits_{k=1}^{s} \widetilde{\alpha}_k(\rho_i) [\boldsymbol{\phi}_k] \tag{4.6}$$

其中单胞刚度矩阵对密度的导数可表示为

$$\frac{\partial \boldsymbol{K}_{\mathrm{sub},i}}{\partial \rho_i} = p\rho_i^{(p-1)} \boldsymbol{K}_{\mathrm{sub},i}(\rho_i) + \rho_i^p \frac{\partial \boldsymbol{K}_i^*(\rho_i)}{\partial \rho_i} = \frac{p}{\rho_i} \boldsymbol{K}_{\mathrm{sub},i}(\rho_i) + \rho_i^p \sum\limits_{k=1}^{s} \frac{\partial \widetilde{\alpha}_k(\rho_i)}{\partial \rho_i} [\boldsymbol{\phi}_k]$$
$$\tag{4.7}$$

根据式（4.5）和式（4.7）可知，式（4.4）定义的多胞结构优化模型的灵敏度可表示为

$$\frac{\partial c(\rho)}{\partial \rho_i} = \boldsymbol{U}^{\mathrm{T}} \sum\limits_{i=1}^{N_s} \left[\frac{p}{\rho_i} \boldsymbol{K}_{\mathrm{sub},i}(\rho_i) + \rho_i^p \sum\limits_{k=1}^{s} \frac{\partial \widetilde{\alpha}_k(\rho_i)}{\partial \rho_i} [\boldsymbol{\phi}_k] \right] \boldsymbol{U} \tag{4.8}$$

式中：p 为惩罚因子；$\widetilde{\alpha}_k$ 为插值映射系数；s 为单胞凝聚刚度矩阵样本总数或保留的特征值个数。

4.4　变量更新方法

在优化迭代计算中，设计变量会根据其灵敏度值进行更新，使优化问题向某一个结构柔度收敛。在设计变量变化更新的同时，优化目标的值会随着波动，其优化的拓扑结构构型也会发生相应的变化。合适的优化结果，与变量更新策略有很大关系。在基于单胞代理优化模型的多胞结构优化设计中，变量更新策略采用传统的优化准则（optimality criterion，OC）方法，则变量更新策略可表示为[35]

$$\rho_i^{\mathrm{new}} = \begin{cases} \max(\rho_{\min}, \rho_i - \varepsilon), & \rho_i D_i^{\eta} \leqslant \max(\rho_{\min}, \rho_i - \varepsilon) \\ \rho_i D_i^{\eta}, & \max(\rho_{\min}, \rho_i - \varepsilon) \leqslant \rho_i D_i^{\eta} \leqslant \min(1, \rho_i + \varepsilon) \\ \min(1, \rho_i + \varepsilon), & \min(1, \rho_i + \varepsilon) \leqslant \rho_i D_i^{\eta} \end{cases} \tag{4.9}$$

在 OC 方法中，ε 是变量迭代步长，$\eta = 0.5$，而优化条件 D_i 可由单胞的目标函数和体积导数定义如下：

$$D_i = \frac{\dfrac{\partial c}{\partial \rho_i}}{\kappa \dfrac{\partial V}{\partial \rho_i}} \tag{4.10}$$

式中:κ 为拉格朗日因子,该因子可通过分半算法强制使设计域的材料满足体积约束;体积导数 $\partial V/\partial \rho_i = v_i$ 为每个单胞的体积约束,在此与单胞当前的材料体积相等。

在优化迭代计算中,通过 OC 方法进行变量更新,每个单胞的初始体积约束均相等,整个设计域在整个优化过程中的材料体积与初始设置的体积约束相等,即材料体积始终保持不变,优化过程只是在每个单胞中寻找材料的最优分配比例,进而达到最优设计。当单胞构型相对固定时,这种优化方法可设计出不同密度的晶格材料。若需要对单胞构型进行重新优化,则该算法就不能完全满足设计需要。因此,我们在此介绍另外一种算法:移动渐近线方法(method of moving asymptotes,MMA)。

相比于 OC 方法,移动渐近线方法(MMA)[36] 更适于处理目标函数复杂且具有多约束的拓扑优化问题,只要求约束函数对设计变量的微分可以通过解析或者数值方法求得,对复杂的拓扑优化问题,MMA 具有更好的适应性。MMA 的主要原理是通过引入移动渐近线将原多目标优化问题转化为移动渐近子问题,即将隐式的优化问题转化成一系列显式的凸的近似子优化问题,在每一步迭代中,通过求解一个近似凸的子问题来获得新的设计变量,而不像 OC 方法那样直接通过一种显式的启发式的迭代格式来获得新的设计变量。具体做法是:将结构响应函数在当前设计点处进行一阶泰勒展开,用对偶方式或初始对偶内点算法求解近似的凸子问题[37]。

MMA 求解连续体结构拓扑的数学模型为

$$\min_{\rho}: \quad f_0(x) + a_0 z + \sum_{i=1}^{m} \left[c_i y_i + \frac{1}{2} d_i y_i^2 \right]$$

$$\text{s. t.} \begin{cases} f_i(x) - a_i z - y_i \leqslant 0, & i = 1,2,\cdots,m \\ x_j^{\min} \leqslant x_j \leqslant x_j^{\max}, & j = 1,2,\cdots,n \\ y_i \geqslant 0, \quad z \geqslant 0, \quad a_i \geqslant 0, \quad c_i \geqslant 0, \quad d_i \geqslant 0 \end{cases} \quad (4.11)$$

式中:设计变量 $x = (x_1, x_2, \cdots, x_n)^T \subset \mathbb{R}^n$,$y = (y_1, y_2, \cdots, y_m)^T \subset \mathbb{R}^m$ 为附加设计变量;$z \in \mathbb{R}$;f_0 和 $f_i(i=1,2,\cdots,m)$ 均为连续可微的实函数;$x_j^{\min}$ 和 $x_j^{\max}$ 为设计变量的上、下限;a_0, a_i, c_i, d_i 为实数。

将目标函数和约束函数在 $1/(u_j - x_j)$ 和 $1/(x_j - l_j)$ 按泰勒公式展开,构造移动渐近子问题并求解,即可得到原问题的近似解。因此,式(4.4)中的优化问题的移动渐近问题可表示为

$$\min_{\rho}: \quad \widetilde{f}_0^k(\rho) + a_0 z + \sum_{i=1}^{m} \left[c_i y_i + \frac{1}{2} d_i y_i^2 \right]$$

$$\text{s. t.} \begin{cases} \widetilde{f}_i^k(\rho) - a_i z - y_i \leqslant 0, & i = 1,2,\cdots,m \\ \alpha_j^k \leqslant \rho_j \leqslant \beta_j^k, & j = 1,2,\cdots,n \\ y_i \geqslant 0, \quad z \geqslant 0 \end{cases} \quad (4.12)$$

式中　　　　$\widetilde{f}_i^k(\rho) = \sum_{j=1}^{n} \left[\dfrac{p_{ij}^k}{(u_j^k - \rho_j^k)} - \dfrac{q_{ij}^k}{(\rho_j^k - l_j^k)} \right] + r_i^k,\ i = 1,2,\cdots,m$

$$p_{ij}^k = (u_j^k - \rho_j^k)^2 \left[\left(\dfrac{\partial f_i}{\partial \rho_j}(\rho^k) \right)^+ + k_{ij}^k \right]$$

$$q_{ij}^k = (\rho_j^k - l_j^k)^2 \left[\left(\dfrac{\partial f_i}{\partial \rho_j}(\rho^k) \right)^- + k_{ij}^k \right]$$

$$\alpha_j^k = \max\{\rho_j^{\min}, 0.9 l_j^k + 0.1 \rho_j^k\}$$

$$\beta_j^k = \min\{\rho_j^{\max}, 0.9 u_j^k + 0.1 \rho_j^k\}$$

$$\left(\dfrac{\partial f_i}{\partial \rho_j}(\rho^k) \right)^+ = \max\left\{ 0, \dfrac{\partial f_i}{\partial \rho_j}(\rho^k) \right\}$$

$$\left(\dfrac{\partial f_i}{\partial \rho_j}(\rho^k) \right)^- = \max\left\{ 0, -\dfrac{\partial f_i}{\partial \rho_j}(\rho^k) \right\}$$

u_j^k 和 l_j^k 为近似解的上、下界,随着迭代次数的变化而变化,其迭代公式为

$$u_j^k = \rho_j^k + s_j^k (u_j^{k-1} - \rho_j^{k-1}) \tag{4.13}$$

$$l_j^k = \rho_j^k - s_j^k (\rho_j^{k-1} - l_j^{k-1}) \tag{4.14}$$

根据 $\partial f_i / \partial \rho_j (\rho^k)$ 的符号可判断,p_{ij}^k 和 q_{ij}^k 不能同时为零。

　　在基于单胞优化代理模型的优化方法中,上述两种设计变量更新方法均可得到最优的拓扑结构设计,可根据实际需要选择合适的更新策略。

4.5　单胞数据驱动的结构优化方法

　　基于单胞优化代理模型的多胞结构设计,可分为两个方面进行设计:一方面是单胞优化代理模型的构建;另一方面是多胞结构迭代优化计算。由于单胞优化代理模型需要建立对应的单胞构型样本,因此单胞优化代理模型的构建可预先设计,即不占用多胞结构的宏观优化进程。本章提出的基于单胞数据驱动的多胞结构拓扑优化框架如图 4.5 所示。在该优化框架中,单胞设计可以依赖于整体框架,也可以独立于优化过程,因此把单胞设计称为单胞构型线下设计;而多胞结构设计必须依赖于设置的优化参数,只能在优化过程中实时计算。因此,该优化框架也可以称为多胞结构的线上、线下协同设计。

　　在多胞结构的拓扑设计中,对设计域的网格划分是优化计算的基础,同样也是构建单胞对应超单元的依据。因此,在单胞的构建中,其每个单胞均与设计域的网格划分一一对应,单胞中所包含的网格均来自设计域的初始网格划分。通过单胞划分,原设计域被分割为多个子设计域,每个子设计域即为一个单胞,也是一个超单元。因此,在所建立的多胞结构优化设计框架中,多胞结构与单胞构型的精细程度、计算结果的精确程度,均与设计域的初始网格相关。

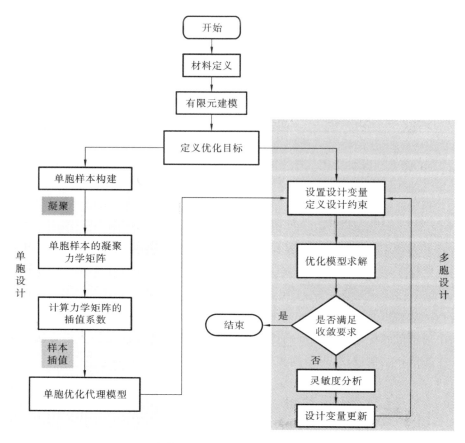

图 4.5 单胞数据驱动的多胞结构拓扑优化框架

　　然而,在实际的基于单胞优化代理模型的优化过程中,其宏观多胞结构的网格划分往往不是必须要考虑的,在设计域中仅考虑单胞结构划分即可。把传统的单元刚度矩阵替换为所建立的单胞凝聚刚度矩阵,即可实现多胞结构的设计。

4.6 优化实例

4.6.1 优化代理模型计算精度

　　为了验证所建立的单胞优化代理模型的计算精度,我们以悬臂梁的计算为例,利用不同密度下的单胞优化代理模型计算结果,全面验证其计算误差。模型大小为 $L_1 \times L_2 = 2 \times 1$,其左侧固定,右上角承受 $F = 1$ N 的垂直向压力,如图 4.6 所示。

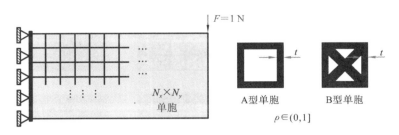

图 4.6   悬臂梁模型

在该实例中,根据单胞优化代理模型的构建过程,我们自定义两种不同构型的单胞,计算在不同密度下悬臂梁的形变能。在此,我们假设每个单胞中的网格大小为 $n_1 \times n_2 = 100 \times 100$,而悬臂梁所划分的单胞数量为 $N_1 \times N_2 = 8 \times 4$、$N_1 \times N_2 = 16 \times 8$ 和 $N_1 \times N_2 = 32 \times 16$,即悬臂梁的原有限元模型的网格数分别为 800×400、1600×800 和 3200×1600,其宏观结构与单胞的长度比例分别为 $1/4$、$1/8$ 和 $1/16$。该模型在不同密度的单胞下,基于单胞划分后重构的有限元模型如图4.7 和图 4.8 所示。

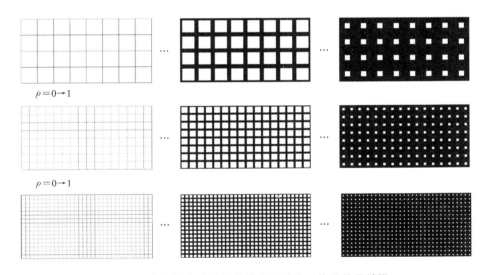

图 4.7   在不同密度桁架带孔方形单胞下构建的悬臂梁

利用有限元方法和单胞优化代理模型,计算悬臂梁的总体应变能,计算结果如图 4.9 所示。

从图 4.9 可看出,在相同的网格数量下,对于不同类型的单胞,其模型的计算结果与有限元的计算结果相同。模型密度越小,其应变能就越大;当密度等于 1 时,其应变能最小。对于不同类型的单胞所构建的超单元模型,当密度相等时,其

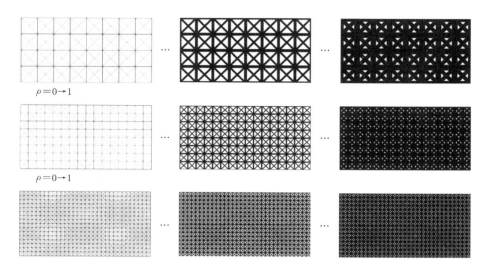

图 4.8 在不同密度桁架方形单胞下构建的悬臂梁

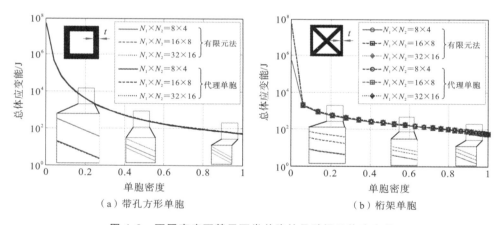

（a）带孔方形单胞   （b）桁架单胞

图 4.9 不同密度下基于两类单胞的悬臂梁总体应变能

总体应变能相差很小。随着设计域中单胞划分数量的增多，其计算的总体应变能会稍微减小，即越接近于精确解，这种变化趋势与有限元的计算结果相同。与有限元总体应变能的计算结果相比，基于单胞凝聚产生的超单元的总体应变能与有限元方法的相等，这也说明单胞代理优化模型可替代原有限元模型。

假设每种密度下的有限元模型的应变能 E_F 为精确值，其与对应的超单元模型计算的应变能 E_S 的误差可定义为

$$\varepsilon = \frac{E_F - E_S}{E_F} \tag{4.15}$$

结合图 4.9 的计算结果，利用有限元方法和单胞优化代理模型，其计算结果误差如图 4.10 所示。

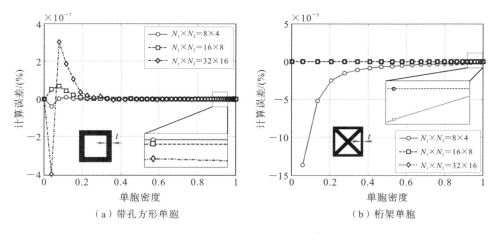

图 4.10 悬臂梁总体应变能计算误差

从图 4.10 的误差分析可知,当模型的密度较小时,其单胞优化代理模型与有限元的计算误差波动较大,随着密度的增大,其波动越小,最终收敛于 0 值附近。在整个密度空间内,两种方法的计算结果误差均很小。综合图 4.9 和图 4.10 的计算结果,可以得出结论:在计算过程中,单胞优化代理模型的计算精度与有限元方法的计算精度接近;在实际计算中,单胞优化代理模型可作为多胞结构设计的基础。

在上述悬臂梁的计算过程中,每个单胞内部网格划分是相同的。在优化计算过程中,设计域所划分的单胞数量越多,则意味着原设计域中网格越多。然而,在传统的有限元计算过程中,过多的网格意味着会增大计算资源的消耗,也会在计算过程中增大计算误差。因此,在该实例中,我们把设计域所划分的网格数限制为 400×200,对应的单胞大小为 $n_1 \times n_2 = 50 \times 50$、$n_1 \times n_2 = 20 \times 20$ 和 $n_1 \times n_2 = 10 \times 10$,则设计域中设置的单胞数量分别为 $N_1 \times N_2 = 8 \times 4$、$N_1 \times N_2 = 20 \times 10$ 和 $N_1 \times N_2 = 40 \times 20$,其宏观结构与单胞的长度比例分别为 1/4、1/10 和 1/20。

根据单胞优化代理模型的定义,每类单胞中,单胞的密度分布均为 0 到 1。在固定有限元网格下,A 型单胞和 B 型单胞所对应的模型如图 4.11 所示。从图中可看出,随着单胞所含单元数的增多,即单胞变大,设计域所划分的单胞总数越少。

根据有限元方法和代理单胞模型的计算方法,上述定义的不同大小单胞下的悬臂梁的总体应变能如图 4.12 所示。

从图 4.12 中可看出,在相同单胞大小设置下,有限元方法的计算结果与代理单胞计算的总体应变能相同;在不同密度下,A 型、B 型两类单胞的优化代理模型与有限元方法所计算的总体应变能相同,与单胞大小无关。在两种计算方法下,计算误差如图 4.13 所示。

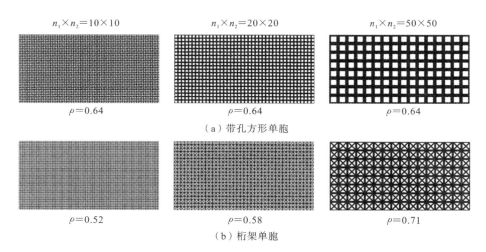

（a）带孔方形单胞

（b）桁架单胞

图 4.11 不同大小的单胞下的超单元模型

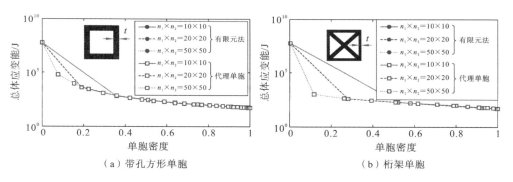

（a）带孔方形单胞

（b）桁架单胞

图 4.12 不同大小单胞下的悬臂梁的总体应变能

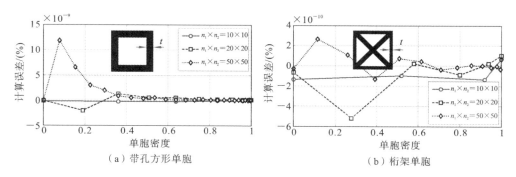

（a）带孔方形单胞

（b）桁架单胞

图 4.13 不同大小单胞下的悬臂梁总体应变能计算误差

从误差分析可看出,对于固定网格数量的原始有限元模型,利用不同大小的单胞重建设计域模型,其计算结果与有限元方法的结果几乎相等,其误差接近于0。对于带孔方形单胞与桁架单胞的误差对比,桁架单胞的误差波动比较大,但整体小于带孔方形单胞优化代理模型的计算结果。这是由于桁架单胞内部的十字形结构使单胞样本数量偏少,导致计算误差较大。

4.6.2 二维悬臂梁结构设计

把 4.6.1 小节的单胞验证的实例作为优化实例,优化目标为:使结构柔度最小,采用所设计的 A 型、B 型两类单胞,建立对应的优化代理模型。体积约束设置为 0.3,每个单胞划分有限元网格数为 $n_1 \times n_2 = 120 \times 120$。在该优化实例中,设计域设置以下三种单胞数:$N_x \times N_y = 8 \times 4$、$N_x \times N_y = 16 \times 8$ 和 $N_x \times N_y = 32 \times 16$。惩罚因子初始设置为 $p=1$,即不对单胞的密度进行惩罚。灵敏度的过滤半径设置为 1,即不对单胞灵敏度进行过滤。

在两类单胞优化代理模型下,不同单胞数设置下的优化结果如图 4.14 所示。从优化结果中,可推断出两个结论:① 相同数目的单胞,优化时采用的单胞优化代理模型不同,其最终优化的多胞结构拓扑构型也不同;② 在同一种单胞下,无论所设置的单胞数是多少,最终优化的多胞拓扑构型是相似的。在该优化实例中,尽管设置带孔方形单胞优化代理模型的惩罚因子为 $p=1.0$,优化的多胞构型可自动凝聚为"黑白"模型,有较明显的杆系结构。而在相同的优化条件下,桁架单胞优化代理模型所设计的多胞拓扑构型没有明显的杆系特征,而是单胞在整个设计域内布满,具有许多中间密度单胞。

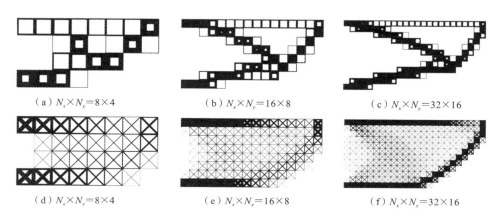

（a）$N_x \times N_y = 8 \times 4$ （b）$N_x \times N_y = 16 \times 8$ （c）$N_x \times N_y = 32 \times 16$

（d）$N_x \times N_y = 8 \times 4$ （e）$N_x \times N_y = 16 \times 8$ （f）$N_x \times N_y = 32 \times 16$

图 4.14　两类单胞下的悬臂梁优化结果

两类单胞下的目标函数的收敛过程如图 4.15 所示。可以看出,设计域中设置的单胞数越多,则最终优化的多胞结构的目标函数值越小,同时优化代理过程中的迭代步数越多。在相同的单胞网格数情况下,桁架单胞优化代理模型所优化出的多胞结构的目标函数值要小于带孔方形单胞优化代理模型所设计的值。整体来看,在桁架单胞下,目标函数的收敛速度快,迭代步数少,耗时较少。这是由于相比于带孔方形单胞,桁架单胞具有较多的内部构型,可通过较多的中间密度单胞寻找较为合适的优化构型。

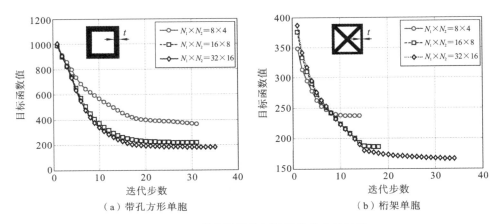

（a）带孔方形单胞　　　　　　　　　　（b）桁架单胞

图 4.15　两类单胞下的目标函数值收敛过程

在带孔方形单胞下,设计域划分为 $N_x \times N_y = 32 \times 16$ 的拓扑结构优化过程如图 4.16 所示,随着优化迭代的进行,设计域中由单胞构建的多胞结构的杆系结构特征也越来越明显。

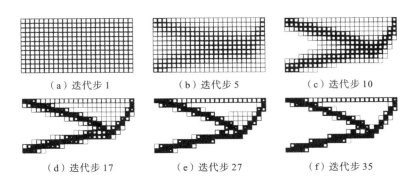

（a）迭代步 1　　　　　　（b）迭代步 5　　　　　　（c）迭代步 10

（d）迭代步 17　　　　　　（e）迭代步 27　　　　　　（f）迭代步 35

图 4.16　设计域划分为 $N_x \times N_y = 32 \times 16$ 的结构拓扑优化过程

在图 4.16(f)所示情形下,惩罚因子为 $p=1.0$,优化拓扑结构中存在许多中间密度单胞,使得其失去了杆系结构特征。为了得到更为精细的局部结构特征,在此把惩罚因子改为 $p=1.5$ 和 $p=2.0$,其优化的拓扑结果如图 4.17 所示。在优化迭代计算过程中,优化设计变量的灵敏度过滤半径为单胞长度的 1.1 倍。

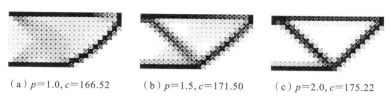

（a）$p=1.0$, $c=166.52$　　（b）$p=1.5$, $c=171.50$　　（c）$p=2.0$, $c=175.22$

图 4.17　不同惩罚因子下的拓扑优化结果

从图 4.17 所示的多胞优化结果可以看出，当优化的惩罚因子增大时，其优化结果目标函数值也会相应增大，意味着多胞结构柔度增大，其优化的拓扑结构也逐渐显示杆系结构特征。尤其是当惩罚因子 $p=2.0$ 时，其优化的局部结构特征更为明显。在多胞结构设计中，密度较大的单胞外围分布着许多密度较小的单胞，这些密度较小的单胞可以使多胞结构具有较小的结构柔度。

从上述的单胞优化代理模型的计算精度和优化实例中，可以看出，单胞优化代理模型的计算结果与有限元方法计算结果相同，在优化迭代计算中可以利用优化代理模型替代有限元，从而实现多胞结构的跨尺度设计。

4.6.3　三维简支梁结构设计

以三维简支梁的设计为例，如图 4.18 所示，设计域大小为 $L_1 \times L_2 \times L_3 = 2 \times 1 \times 0.2$，其左右两侧底边固定，底面中点承受 $F=1$ N 的垂直向拉力。所选用材料的弹性模量为 $E_0 = 1$ Pa，泊松比 $\mu_0 = 0.3$。优化模型的许用体积约束为 0.4。

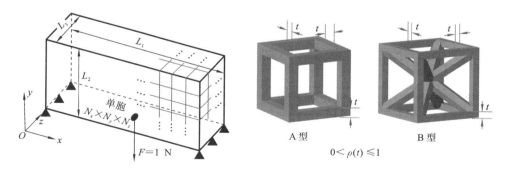

图 4.18　简支梁模型与两类单胞

为了保证单胞间材料的连通性，定义了两类同构型的单胞结构，其中形状参数 t 确定组成单胞的杆的宽度，两种单胞构型的相对密度与形状参数 $t(t \geqslant 0)$ 的关系可根据单胞内部的几何关系确定。假设单胞中每个方向上划分为 N 个单元，则每个单胞中有 N^3 个网格，当 $t=0$ 时，组成单胞的杆的宽度为 0，此时该单胞的相对密度为 0；当 t 为某一个特定值时，组成单胞的所有杆紧密地挨在一起，此时整个单胞内部均充满材料,该单胞的相对密度为 1。

对于图 4.18 中所定义的两类单胞,其相对密度如下。

A 型单胞: $\rho(t) = 1 - (1-2t)^2(1+4t)$, $0 \leqslant t \leqslant 0.5$

B 型单胞: $\rho(t) = 1 - \dfrac{(1-2t)(1-4t)(5+8t)}{3}$, $0 \leqslant t \leqslant 0.25$

式中:参数 $t = B/N$,B 为单胞边宽度方向上的网格数,N 为当前单胞某维度上的网格总数。

为了减小计算规模,本实例中每个单胞划分网格大小为 $n_1 \times n_2 \times n_3 = 10 \times 10 \times 10$,简支梁的设计域单胞为:$N_1 \times N_2 \times N_3 = 20 \times 10 \times 2$,在此,我们仅保留单胞 12 条边上的节点,因此每个单胞凝聚后的节点个数为 $11 \times 4 + 9 \times 8 = 116$,其自由度为 $3 \times 116 = 348$,则对应的刚度矩阵规模大小为 348×348。

在该三维优化实例中,我们通过一系列单胞构建对应 A 型、B 型单胞的优化代理模型,其插值方法采用弥散插值方法与分段三次样条插值方法。由于弥散插值方法存在截断误差,其计算效率与其截断误差阈值相关,但太小的截断误差将会消耗更多的计算资源。为了减小单胞优化代理模型的两类插值方法在三维模型设计计算过程中的迭代计算误差,我们把弥散插值的截断误差设置为 10^{-15},经过计算,两类单胞优化代理模型只需要保留 4 阶模态即可达到误差要求。利用分段三次样条插值方法构建的单胞优化代理模型,不需要通过截断实现特定阈值下的计算精度,而是采用样本单胞凝聚矩阵的最大线性无关组,构建全域密度下的刚度矩阵等力学矩阵。在两种插值方法下,该优化实例的刚度矩阵重构计算耗时如表 4.1 所示。

表 4.1   基于弥散插值方法与分段三次样条插值方法的刚度矩阵重构计算耗时

方法	单胞刚度矩阵大小	总单胞数/个	平均消耗时间/s	加速比/(%)
弥散插值方法	348×348	$20 \times 10 \times 2$	117.8	137.6
分段三次样条插值方法	348×348	$20 \times 10 \times 2$	85.6	

表 4.1 仅列出了整体刚度矩阵的平均构建时间。由于在同一种插值方法下两种构型的单胞优化代理模型构建刚度矩阵的方法相同,其所消耗时间基本相同。经过分析可知,基于分段三次样条插值的代理模型的计算效率是基于弥散插值方法的 1.37 倍。基于弥散插值方法构建刚度矩阵的过程中,需要根据相对密度先对插值映射系数进行插值,再利用截断后保留的模态重构相应密度下的刚度矩阵。而基于分段三次样条插值方法构建刚度矩阵的过程中,则直接对单胞刚度矩阵样本进行分段插值,省略了映射系数的计算过程,因此可减少刚度矩阵重构过程中的计算时间消耗。

利用所建立的三维单胞优化代理模型进行简支梁结构的设计,优化步长设置为 0.1,当两次迭代计算的目标函数值的差值小于 0.001 时,所获得优化构型即为目标结果。优化变量灵敏度过滤半径设置为 1.0,当惩罚因子大于 1.0 时,过滤半径设置为单胞边长的 1.1 倍。在不同惩罚因子下,获得的优化构型如图 4.19 和图 4.20 所示。

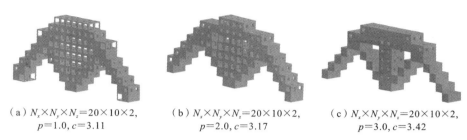

　　（a）$N_x \times N_y \times N_z = 20 \times 10 \times 2$,　　　（b）$N_x \times N_y \times N_z = 20 \times 10 \times 2$,　　　（c）$N_x \times N_y \times N_z = 20 \times 10 \times 2$,
　　　　$p=1.0, c=3.11$　　　　　　　　　　$p=2.0, c=3.17$　　　　　　　　　　$p=3.0, c=3.42$

图 4.19　基于构型 A 的优化结果

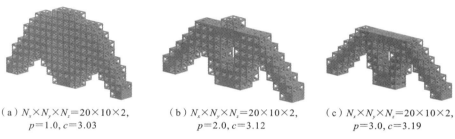

　　（a）$N_x \times N_y \times N_z = 20 \times 10 \times 2$,　　　（b）$N_x \times N_y \times N_z = 20 \times 10 \times 2$,　　　（c）$N_x \times N_y \times N_z = 20 \times 10 \times 2$,
　　　　$p=1.0, c=3.03$　　　　　　　　　　$p=2.0, c=3.12$　　　　　　　　　　$p=3.0, c=3.19$

图 4.20　基于构型 B 的优化结果

　　从两类单胞下的优化结果可推断出:① 单胞数相同时,利用不同类构型单胞建立的优化代理模型所优化的结果不同;② 随着惩罚因子的增大,优化的多胞构型杆系特征越明显,结构的柔度也越大。

　　整体来看,B 型桁架单胞优化代理模型所优化获得的多胞结构柔度均小于 A 型方孔单胞优化代理模型所优化的构型。由于可适当调整材料在 B 型桁架单胞内部的分布,从而获得力学性能更好的单胞,因此代理内部构型的单胞在设计多胞结构时具有明显的优势。当惩罚因子为 1 时,优化的多胞结构存在大量的中间密度单胞,由于 B 型桁架单胞内部存在较为复杂的十字形结构,因此基于 B 型桁架单胞所设计的多胞结构的中间密度单胞要比 A 型方孔单胞多。当惩罚因子大于 1.0 时,材料在单胞间进一步聚集,此时实体单胞(相对密度为 1 的单胞)数量增多,多胞结构变得紧凑。尽管较大的惩罚因子可获得清晰的多胞结构,但内部单胞的相对密度变大,使得结构柔度也增大。

4.6.4　三维悬臂梁设计

　　三维悬臂梁及其单胞划分如图 4.21 所示。悬臂梁右端面固定,左侧上边沿中部承受集中载荷。在该实例中,选择 A 型和 B 型两类单胞构型建立对应的单胞优化代理模型,每个单胞内部划分为 $20 \times 20 \times 20$ 个 8 节点单元,其不同密度单胞样本由单胞形状控制参数 t 设置。许用材料约束设置为 30%。

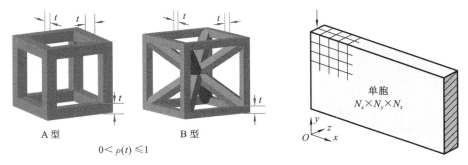

0 < $\rho(t)$ ≤ 1

图 4.21 三维悬臂梁及其单胞划分

在此,设计域中设置了两类不同数量的单胞:$24 \times 12 \times 2$ 个和 $30 \times 10 \times 2$ 个。当惩罚因子为 1.0 时,即不对单胞的密度进行惩罚,在两类单胞下的优化结果如图 4.22 和图 4.23 所示。

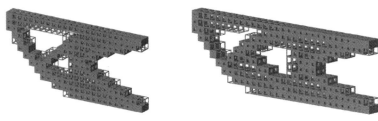

（a）$N_x \times N_y \times N_z = 24 \times 12 \times 2, c = 12.11$ （b）$N_x \times N_y \times N_z = 30 \times 10 \times 2, c = 26.09$

图 4.22 A 型单胞下的优化结果

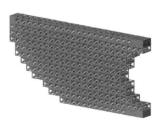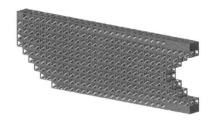

（a）$N_x \times N_y \times N_z = 24 \times 12 \times 2, c = 11.77$ （b）$N_x \times N_y \times N_z = 30 \times 10 \times 2, c = 25.13$

图 4.23 B 型单胞下的优化结果

从设计结果来看,A 型单胞结构下设计的多胞结构材料分布更紧凑,而 B 型单胞下设计的多胞结构存在大量的中间密度单胞。在不同构型单胞下,设计的多胞结构的宏观结构基本相似。由于在设计过程中采用的单胞大小是固定不变的，设计域中设置的单胞数量越多，则意味着模型越大，在相同优化参数下的设计构型的结构柔度越大。

由于惩罚因子为 1.0 时，B 型单胞下的设计结果存在大量的中间密度单胞，因此把惩罚因子增加到 3.0，所设计的多胞结构如图 4.24 所示。

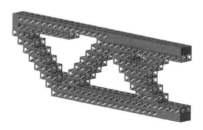

（a）$N_x \times N_y \times N_z = 24 \times 12 \times 2, c=12.69$　　　（b）$N_x \times N_y \times N_z = 30 \times 10 \times 2, c=26.80$

图 4.24　惩罚因子为 3.0 时的多胞结构设计结果

在惩罚因子增大后，设计的多胞结构的材料分布更为紧凑，结构柔度有小幅度增加。

4.7　本章小结

本章在带惩罚的简化子结构近似（ARSP）模型的基础上，进一步建立了用于多胞结构设计的单胞优化代理模型。该代理模型的构建分为四步：单胞样本构建、力学矩阵缩减、插值系数计算和单胞密度惩罚。利用所建立的单胞优化代理模型，可以直接避免均匀化方法设计多胞结构时面临的材料连通性和尺度分离问题，提高所设计的多胞结构的可制造性。通过多个优化实例证明，单胞的构型和单胞的划分均对多胞结构设计有重要影响。通过调整惩罚因子，可以获得不同复杂程度构型的多胞结构。本章所建立的优化方法的主要特点是设计的多胞结构具有良好的可制造性，不用额外设置程序或人工处理优化多胞结构而损失其性能。

本章的研究工作可为多胞结构的可制造性设计、大规模多胞结构设计提供应用基础和方法途径，正如本章中的三维设计实例，可以直接设计复杂的三维多胞结构。另外，该方法还可以考虑多类单胞构型样本综合下的多胞构型设计。

参考文献

[1] Zhu J H, Zhou H, Wang C, et al. A review of topology optimization for additive manufac-

turing：Status and challenges[J]. Chinese Journal of Aeronautics，2021，34(1)：91-110.

[2] Wu H，Fahy W P，Kim S，et al. Recent developments in polymers/polymer nanocomposites for additive manufacturing[J]. Progress in Materials Science，2020，111，100638.

[3] 廖中源,王英俊,王书亭. 基于拓扑优化的变密度点阵结构体优化设计方法[J].机械工程学报，2019，55(8)：65-72.

[4] Lakes R. Foam structures with a negative Poisson's ratio[J]. Science，1987,235(4792)：1038-1040.

[5] Sigmund O. Materials with prescribed constitutive parameters：an inverse homogenization problem[J]. International Journal of Solids and Structures，1994，31(17)：2313-2329.

[6] Gibiansky L V，Sigmund O. Multiphase composites with extremal bulk modulus[J]. Journal of the Mechanics and Physics of Solids，2000，48(3)：461-498.

[7] Sigmund O. A new class of extremal composites[J]. Journal of the Mechanics and Physics of Solids，2000，48(2)：397-428.

[8] Wu Z J，Xia L，Wang S T，Shi T L. Topology optimization of hierarchical lattice structures with substructuring[J]. Computer Methods in Applied Mechanics and Engineering，2019，345：602-617.

[9] Huang X D，Zhou S W，Sun G Y，et al. Topology optimization for microstructures of viscoelastic composite materials[J]. Computer Methods in Applied Mechanics and Engineering，2015，283：503-516.

[10] Rodrigues H，Guedes J M，Bendsøe M P. Hierarchical optimization of material and structure[J]. Structural and Multidisciplinary Optimization，2002，24：1-10.

[11] Cadman J E，Zhou S W，Chen Y H，et al. On design of multi-functional microstructural materials[J]. Journal of Materials Science，2013,48：51-66.

[12] Xia L，Breitkopf P. Design of materials using topology optimization and energy-based homogenization approach in Matlab[J]. Structural and Multidisciplinary Optimization，2015，52：1229-1241.

[13] Zhang W H，Sun S P. Scale-related topology optimization of cellular materials and structures[J]. International Journal for Numerical Methods in Engineering，2006，68(9)：993-1011.

[14] Su W Z，Liu S T. Topology design for maximization of fundamental frequency of couplestress continuum[J]. Structural and Multidisciplinary Optimization，2016,53：395-408.

[15] Yan J，Hu W B，Wang Z H，et al. Size effect of lattice material and minimum weight design[J]. Acta Mechanica Sinica，2014,30：191-197.

[16] 田李昊,吕琳,彭昊,等. 单材料几何微结构设计研究综述[J].机械工程学报，2023，46(5)：960-986.

[17] Ha C S，Plesha M E，Lakes R S. Chiral three-dimensional lattices with tunable Poisson's ratio[J]. Smart Materials and Structures，2016，25(5)：054005.

[18] Lu Z，Wang Q，Li X，et al. Elastic properties of two novel auxetic 3D cellular structures

[J]. International Journal of Solids and Structures，2017，124：46-56.

[19] Panetta J，Rahimian A，Zorin D. Worst-case stress relief for microstructures[J]. ACM Transactions on Graphics (TOG)，2017，36(4)：1-16.

[20] Tian L，Lu L，Chen W，et al. Organic open-cell porous structure modeling[C]//Proceedings of the 5th Annual ACM Symposium on Computational Fabrication，2020：1-12.

[21] Gorguluarslan R M，Gandhi U N，Mandapati R，et al. Design and fabrication of periodic lattice-based cellular structures[J]. Computer-Aided Design and Applications，2016，13(1)：50-62.

[22] Choi J B，Lakes R S. Nonlinear analysis of the Poisson's ratio of negative Poisson's ratio foams[J]. Journal of Composite Materials，1995，29(1)：113-128.

[23] Tancogne-Dejean T，Diamantopoulou M，Gorji M B，et al. 3D plate-lattices：an emerging class of low-density metamaterial exhibiting optimal isotropic stiffness[J]. Advanced Materials，2018，30(45)：1803334.

[24] Yoo D J. Porous scaffold design using the distance field and triply periodic minimal surface models[J]. Biomaterials，2011，32(31)：7741-7754.

[25] Feng J，Fu J，Shang C，et al. Porous scaffold design by solid T-splines and triply periodic minimal surfaces[J]. Computer Methods in Applied Mechanics and Engineering，2018，336：333-352.

[26] Hu J，Li M，Yang X，et al. Cellular structure design based on free material optimization under connectivity control[J]. Computer-Aided Design，2020，127：102854.

[27] Kuipers T，Wu J，Wang C C L. CrossFill：foam structures with graded density for continuous material extrusion[J]. Computer-Aided Design，2019，114：37-50.

[28] Bonatti C，Mohr D. Mechanical performance of additively-manufactured anisotropic and isotropic smooth shell-lattice materials：Simulations & experiments[J]. Journal of the Mechanics and Physics of Solids，2019，122：1-26.

[29] Andreassen E，Lazarov B S，Sigmund O. Design of manufacturable 3D extremal elastic microstructure[J]. Mechanics of Materials，2014，69(1)：1-10.

[30] Kaur M，Yun T G，Han S M，et al. 3D printed stretching-dominated micro-trusses[J]. Materials & Design，2017，134：272-280.

[31] Lieu Q X，Lee J. A multi-resolution approach for multi-material topology optimization based on isogeometric analysis[J]. Computer Methods in Applied Mechanics and Engineering，2017，323：272-302.

[32] Wang Y J，Xu H，Pasini D. Multiscale isogeometric topology optimization for lattice materials[J]. Computer Methods in Applied Mechanics and Engineering，2017，316：568-585.

[33] Zhao J P，Yoon H，Youn B D. An efficient decoupled sensitivity analysis method for multiscale concurrent topology optimization problems[J]. Structural and Multidisciplinary Optimization，2018，58：445-457.

[34] Schumacher C，Bickel B，Rys J，et al. Microstructures to control elasticity in 3D printing

[J]. ACM Transactions on Graphics（TOG），2015，34(4)：1-13.

［35］Bendsøe M P，Sigmund O. Topology optimization：theory，methods and applications［M］. Berlin：Springer-Verlag，2003.

［36］Svanberg K. Two primal-dual interior-point methods for the MMA subproblems［J］. Technical Report TRITA/MAT-98-OS12，Department. of Mathematics，KTH，Stockholm，1998.

［37］Svanberg K. The method of moving asymptotes：a new method for structural optimization ［J］. International Journal for Numerical Methods in Engineering，1987，24(2)：359-373.

5

多胞结构的频率响应
性能设计方法

本章在所建立的单胞数据驱动的多胞结构拓扑优化设计方法的基础上，探讨基于单胞几何特征的质量矩阵构建方法，讨论以结构基频最大等为优化目标的多胞结构设计方法，重点论述连续密度下的单胞分布与其宏观多胞结构的力学性能的调控机理，研究不同材料模型下多胞结构的频率响应性能差别，为高性能的多胞结构设计提供新的方法或途径。

5.1 引言

多胞结构具有高比强度、高比刚度、高韧性、抗冲击等优良力学性能，以及减振、隔热、降噪等特性[1]，已应用于航空航天、船舶、汽车等工业领域的重要结构件设计。目前，多胞结构跨尺度的协同设计方法及其多功能结构的研制是结构拓扑优化设计方法研究热点[2]。学者们提出并发展了密度投影法[3]、大规模杆梁法[4]、材料结构一体化法[5]等设计方法，实现了承载、减振、吸能、热传导等性能的集成设计[6][7]。目前，多功能集成设计与高效的迭代计算是拓扑优化设计的主要发展方向[8][9]。

基于拓扑优化技术的结构多功能集成设计是优化领域关注的热点[10]。通过不同的约束函数和设计目标[11][12]，可最大限度地发挥材料结构的优势[13][14]。从结构功能设计而言，多胞结构的性能是材料-几何-结构在宏观层面的功能具体化[15]。因此，多胞结构的减振性能也是基于几何特征在微观和宏观尺度上空间位姿布局而表现出的吸能、抗冲击等特性[16]。

为了实现结构的承载与吸能等功能的集成设计，学者们基于均匀化方法等实现了结构的多功能设计[17][18]。Arabnejad 等[19]验证了晶格材料渐进均匀化方法的准确性，并确定了六种晶格拓扑结构在整个相对密度范围内的有效弹性模量和屈服强度。他的工作为我们选择合适的晶格来设计双尺度结构提供了指导。Vicente 等[20]提出了最小化多尺度系统频率响应的并行拓扑优化方法，并阐述了基于 BESO 方法的灵敏度分析方法。Liu 等[21]提出了一种并发双尺度拓扑优化算法，利用 BESO 方法最大化结构的固有频率。Long 等[22]提出了一种基于不同泊松比微观结构的复合宏观结构频率最大化的并行拓扑优化方法。Zhao 等[23]提出了模态叠加与模型阶次削减（model order reduction，MOR）相结合的方法，用于优化受谐波激励的具有比例阻尼的大型结构。Zhao 等[24]提出了一种基于链微分规则的高效解耦灵敏度分析方法，同时，基于模态叠加与 MOR 的组合，提出了一种针对频率响应问题的增强型解耦灵敏度分析方法[25]，并利用改进的阈值 Heaviside 投影法获得了"黑白"设计。

由于均匀化方法的尺度分离假设[26][27]，导致单胞之间的材料连通性差，使得所设计的多胞结构无法制造[28]。为了突破制造与多尺度拓扑优化之间的这一障碍，许多相关研究工作从微观结构设计出发，寻求拓扑方法集成制造。Osanov 等[29]提出了与周期性材料有关的若干基础性发现，并讨论了多尺度设计的可制造性。Wang 等[30]提出了一种基于形状变化的设计方法来优化蜂窝状晶格结构，设计出的结构可直接通过快速成型制造。Wang 等[31]在 IGA 中提出了一种周期性晶格材料优化方法，详细研究了该方法的精度和效率。Wang 等[32]进一步研究了设计髋关节植入物的无梯度拓扑优化方法，该方法解决了应力屏蔽问题，降低了假体周围骨折的风险和翻修手术的概率。Cheng 等[33]重点研究了晶格结构的导热性，并提出了一种基于边界条件优化晶格填充物和与设计相关的可移动特征的并行方法，解决了晶格间材料不连接的问题。

在多胞结构的频率响应结构优化及其应用方面，许多学者作出了具有开创性的工作，为多胞结构的应用作出了重要贡献。Huang 等[34]提出了一种改进的 SIMP 模型，并开发了一种新的双向进化结构优化方法，该方法结合了严格的最优性准则，用于拓扑频率优化问题。Maeda 等[35]提出了以最大化本征频率为优化目标的拓扑优化方法，设计结构所需的本征频率和本征模形状，有效避免了机械结构中的共振现象。Jung 等[36]以广义位移泛函为目标函数，研究了几何和材料非线性结构的拓扑优化问题，根据有效应力与应变之间的关系推导出本构方程，利用伴随方法推导了广义位移泛函的灵敏度分析结果。Nguyen 等[37]提出了一种多材料拓扑优化方法，在质量、刚度、频率和应力等多重约束下，使用 SIMP 方法设计二维结构，并结合密度过滤避免了多材料设计时产生的灰色单元与应力突变等问题。Ramadani 等[38]提出了一种通过修改齿轮本体结构来减少齿轮振动和重量的新方法,利用晶格结构代替实心齿轮体,通过优化晶格结构的空间布局,可使齿轮体的振动显著减小。Picelli 等[39] 将拓扑优化的进化方法扩展到声学结构系统的自由振动问题,建立了最大化声学结构模型。Min 等[40] 利用多目标优化方法生成满足静态和振动性能指标的结构,将范数方法产生的冲突目标加权,从而生成最优折中解决方案,推导了双准则问题的最优性条件。Tan 等[41] 以刚度和随机振动响应为目标,结合多目标优化方法设计了视频卫星主支撑结构的振动性能。Wang 等[42] 提出了基于快速多边形点(PIP)算法,和裁剪元素的任意几何约束等几何拓扑优化方法,使用非均匀有理基样条(NURBS)进行水平集函数(LSF)参数化和目标函数计算,获得了比传统密度方法更高计算精度和效率的结构拓扑优化方法。

由于拓扑优化设计维度的扩展[43][44],计算复杂度已大幅提升,因此在有限的算力条件下提高结构的设计效率,已成为实现理论到实际工程应用必须要跨越的一个过程[15]。目前已有许多学者致力于提高优化计算效率方面的研究。Yoon 等[45] 详细研究模态叠加、里茨矢量和准静态里茨矢量等模态缩减计算方法,比较并验证了基于这些计算方法的拓扑优化模型简化方案的优化效率和可靠性。Zhang 等[46] 为了提高结构抵抗静载荷和随机振动载荷的能力,延长疲劳寿命,提出了一种随机振动动静耦合拓扑优化方法,通过直接使用随机振动载荷,避免了梯度信息计算带来的巨大工作量。Kim 等[47] 提出了一种新的高效收敛准则,在优化过程中根据每个设计变量的历史参数自适应地减少设计变量的数量,通过将快速收敛的设计变量剔除,从而提高计算效率。Ma 等[48] 针对结构的自由振动问题,提出了一种使用最优材料分布概念的拓扑优化技术,使用凸广义线性化方法通过与拉格朗日乘数相对应的移位参数和对偶方法,改进了特征值优化问题的求解。Du 等[49] 以最小化从结构表面辐射到周围声介质中的声功率为设计目标,讨论了具有不同边界和载荷条件的板状和管状结构的振动特性,通过忽略声介质与结构的反馈耦合大大降低了计算成本。Liu 等[50] 提出了一种新的基于深度学习的优化方法,用于快速优化基于声子晶体的元结构拓扑,利用元结构特征的学习消除了对预优化数据的需求,并形成一个可避免误判的规则泛化域,该方法所需要的计算时间仅为遗传算法的万分之一。

为进一步突破设计域对结构设计的限制[51],Rong 等[52] 提出一种可同时优化材料分布和设计空间形状的 ADD(adaptive design domain)拓扑优化技术。该技术通过设置较小的初始设计域和并行开发策略,实现了设计域的自动演化和边界条件的实时更新,不仅降低了计算成本,也大幅提高了结构性能。方喆等[53] 基于变密度拓扑理论及子结构凝聚理论,提出了一种多层级结构拓扑优化方法,使子结构分布更合理,进一步提升结构的性能。张横等[54] 提出了自适应贴体网格的拓扑优化并行计算框架,利用多 CPU 可有效处理大规模计算问题,并基于水平集函数实现了所见即所得的结构拓扑优化设计。

与基于均匀化的拓扑方法相比,基于网格的优化方法有两个优势。首先,是宏观和微观尺度之间的尺度相关性,微观单胞之间的材料连通性好,宏观结构具有更好的可制造性。其次,单胞构型可自定义,从而实现宏观结构性能的定制。在多胞结构的频率响应设计中,我们基于带惩罚的简化子结构近似模型,设计了多胞结构的最大化基频值。组成多胞结构的单胞构型由一系列密度不同但拓扑骨架相同的空间形体组成,可通过单胞的自定义构型实现多胞结构在两个不同尺度上的信息关联。本章研究首次探索了基于子结构单胞的多尺度频率响应结构拓扑优化方法,从多胞结构的可制造性出发,研究多胞结构的设计与制造的融合方法。

然而,这种基于子结构的 ARSP 模型存在两个缺点:截断误差和较低计算效率。为了平衡基于 POD 与漫反射近似的代理模型的计算效率和精度,我们在本章中放弃了计算样本单胞矩阵特征值截断方式的弥散插值方法,选择基于分段样条插值方法对样本矩阵进行直接插值计算,以便在重构单胞力学矩阵时保持较高的计算精度,并获得较高的计算效率。

5.2　单胞结构力学矩阵重构

在有限元超单元方法中,含方孔的典型四边形单元网格的模型,可以把内部自由度凝聚成一个超单元网格。用对应的边界节点表示内部节点位移等向量,如图 5.1 所示,图中空心圆圈表示该超单元的边界节点。

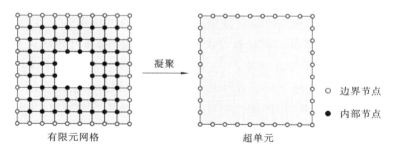

有限元网格　　　　　　　　　超单元

○ 边界节点
● 内部节点

图 5.1　有限元超单元构建

考虑自由振动,对应的振动方程可写为

$$M\ddot{U}+KU=0 \tag{5.1}$$

在此,应用自由度方法,频率响应 U 可用边界节点表示为

$$U=\begin{bmatrix}U_{\mathrm{m}}\\U_{\mathrm{s}}\end{bmatrix}=\begin{bmatrix}I\\T\end{bmatrix}U_{\mathrm{m}}=T^{*}U_{\mathrm{m}} \tag{5.2}$$

式中：U_m 与 U_s 分别为边界节点(或主节点)与内部节点(或从节点)对应响应的子矩阵。假设从节点与主节点之间存在变换矩阵 T，则 $U_s = TU_m$。

把式(5.2)代入式(5.1)得

$$M^* \ddot{U}_m + K^* U_m = 0 \tag{5.3}$$

式中：$M^* = (T^*)^T M T^*$；$K^* = (T^*)^T K T^*$。

根据边界节点和内部节点，振动方程(式(5.1))可以表示为

$$KU = \begin{bmatrix} K_{mm} & K_{ms} \\ K_{sm} & K_{ss} \end{bmatrix} \begin{bmatrix} U_m \\ U_s \end{bmatrix} = \begin{bmatrix} 0 \\ 0 \end{bmatrix} \tag{5.4}$$

式中：K_{mm} 与 K_{ss} 为超单元边界节点与内部节点对应的子矩阵；K_{sm} 和 K_{ms} 分别为边界节点与内部节点耦合的子矩阵。

把式(5.2)代入式(5.4)，此时变换矩阵 T 可通过刚度子矩阵表示为

$$T = -K_{ss}^{-1} K_{sm} \tag{5.5}$$

把式(5.5)代入式(5.2)和式(5.3)，对应超单元凝聚的刚度矩阵与质量矩阵可利用内部节点与边界节点的子矩阵表示为

$$K^* = K_{mm} - K_{sm}^T K_{ss}^{-1} K_{sm} \tag{5.6a}$$

$$M^* = M_{mm} - K_{sm}^T K_{ss}^{-1} M_{sm} - M_{ms} K_{ss}^{-1} K_{sm} - K_{sm}^T K_{ss}^{-1} M_{ss} K_{ss}^{-1} K_{sm} \tag{5.6b}$$

显然，凝聚刚度矩阵 K^* 和凝聚质量矩阵 M^* 的规模要远小于原始刚度矩阵 K 和质量矩阵 M。基于上述单元自由度凝聚方法，可以将包含任意形状的单元簇凝聚为超级单元，形成对应的子结构，这为基于单胞的频率结构设计提供了方法基础。利用单元凝聚的方法设计结构的频率特征有三个优势：第一个优势是可以通过自由配置超单元内部构型实现结构功能的定制；第二个优势是可以设定宏观和微观尺度的比值，更准确地设计对应结构性能，也为制造者提供了尺度依据；第三个优势是通过自由度凝聚可以减小参与计算的矩阵规模，有利于提高优化迭代计算效率。

根据式(5.6)可以获得一系列不同密度或是不同构型的凝聚超单元，构成设计多胞结构的单胞样本。

在此，假设有 R 个不同密度 $0 < \rho_i \leqslant 1 (i=1,2,\cdots,R)$ 但构型相同的凝聚质量矩阵 M^* 样本，每个凝聚的质量矩阵大小均为 N^2。为了计算方便，把每个样本矩阵变换为长度为 N^2 的列向量 $m^*(\rho_i)$。此时这一系列的凝聚质量矩阵 M^* 可组成为一个 $N^2 \times R$ 的组合样本矩阵 $[m_1^*(\rho_1), m_2^*(\rho_2), \cdots, m_R^*(\rho_R)](0 < \rho_i \leqslant 1; i=1, 2,\cdots,R)$。

在组合样本矩阵中，假设其最大线性无关组为 $\tilde{M} = [m_1, m_2, \cdots, m_x](x \leqslant R)$。此时，原样本矩阵 $m^*(\rho_i)$ 可利用线性无关组重新表示为

$$m^*(\rho_i) \approx \sum_{i=1}^{x} \alpha_i(\rho_i) m_i \qquad (5.7)$$

式中：$\alpha_i(\rho_i)$ 为与设计变量密度 ρ 相关的插值系数。此时，任意密度下凝聚质量矩阵 $M^*(\rho_i)$ 可表示为

$$M^*(\rho_i) = \alpha\widetilde{M} \approx \alpha_1(\rho_i)[m_1] + \alpha_2(\rho_i)[m_2] + \cdots + \alpha_x(\rho_i)[m_x] \qquad (5.8)$$

系数 $\alpha_k(k=1,2,\cdots,x)$ 对应矩阵 α 可近似表示为

$$\alpha = M^* \widetilde{M}^{-1} \qquad (5.9)$$

为了避免拟合的截断误差，在此利用分段三次样条插值方法计算任意密度 $\rho_i \subset [0,1]$ 对应的插值系数 α_k，有

$$\alpha_k = f(\rho_k) = c_3\rho_k^3 + c_2\rho_k^2 + c\rho_k + c_0, \qquad 0 \leqslant \rho_k \leqslant 1 \qquad (5.10)$$

其中约束方程为

$$f''(0) = f''(1) = 0, \qquad f(\rho_i) = \alpha_i, \qquad f(\rho_{i+1}) = \alpha_{i+1}$$
$$f'(\rho_i) = f'(\rho_{i+1}), \qquad f''(\rho_i) = f''(\rho_{i+1})$$

在任意密度区间 $[\rho_i, \rho_{i+1}]$ 内，可获得式（5.10）对应的插值系数，其任意密度下的凝聚质量矩阵 $M^*(\rho_i)$ 可通过样本质量矩阵线性无关组显性表示为

$$M^*(\rho_i) \approx \alpha_1(\rho_i)[m_1] + \alpha_2(\rho_i)[m_2] + \cdots + \alpha_x(\rho_i)[m_x] \qquad (5.11a)$$

根据相同的方法，任意密度下的凝聚刚度矩阵 $K^*(\rho_i)$ 可表示为

$$K^*(\rho_i) = \widetilde{\alpha}\widetilde{K} \approx \widetilde{\alpha_1}(\rho_i)[k_1] + \widetilde{\alpha_2}(\rho_i)[k_2] + \cdots + \widetilde{\alpha_z}(\rho_i)[k_z] \qquad (5.11b)$$

值得注意的是，上述质量矩阵与刚度矩阵重构时，系数均不相同，即 $\alpha \neq \widetilde{\alpha}$。

与隐式插值或线性插值不同，三次样条插值在整个插值空间具有二阶连续性、良好的收敛性和数值稳定性。由于三次插值误差估计的复杂性，工程中经常使用以下公式来估计插值误差。

$$|f^{(k)}(\rho) - F^{(k)}(\rho)| \leqslant C_k h^{4-k} M_4, \qquad k = 0,1,2 \qquad (5.12)$$

式中：$M_4 = \max\limits_{0 \leqslant \rho \leqslant 1} |F^{(4)}(\rho)|$；$h = \max\limits_{0 \leqslant i \leqslant x-1} |\rho_{i+1} - \rho_i|$；$C_0 = 5/384, C_1 = 1/24, C_2 = 1/8$；$F^{(k)}(\rho)$ 为精确的曲线；$f^{(k)}(\rho)$ 为插值获得的近似曲线。

5.3　单胞优化模型构建

在传统的拓扑优化中，为了快速地获得所谓的"黑白"设计，需要在材料模型上增加惩罚因子，以便快速收敛。然而，不合适的惩罚因子将会让设计域中包含大量的中间密度单元，尽管中间密度单元具有明确的物理意义，但缺乏明确的结构构型将使得结构的制造性能较差。因此，我们在所获得的重构凝聚刚度矩阵和质量矩阵前增加惩罚项，同时也避免单胞密度很小时引起的局部振动问题。

单胞的刚度矩阵与质量矩阵优化插值模型可表示为

$$\boldsymbol{K}^{*} := \frac{\rho}{1+p(1-\rho)} \boldsymbol{K}^{*}(\rho) \approx \frac{\rho}{1+p(1-\rho)} \sum_{i=1}^{x} \tilde{\alpha}_{i}(\rho)[\boldsymbol{k}_{i}] \qquad (5.13)$$

$$\boldsymbol{M}^{*} := \frac{\rho}{1+p(1-\rho)} \boldsymbol{M}^{*}(\rho) \approx \frac{\rho}{1+p(1-\rho)} \sum_{i=1}^{x} \alpha_{i}(\rho)[\boldsymbol{m}_{i}] \qquad (5.14)$$

式中：$p \geqslant 1.0$ 为优化模型惩罚因子，该值越大，则单胞中材料聚集越快。

5.4 多胞结构频率响应设计优化模型

本章中，我们对多胞结构的基频进行设计，研究目标为最大化结构基频。根据子结构的单胞优化模型，多胞结构的一阶频率值最大化的拓扑优化模型可定义为

$$\begin{aligned}
\max: \quad & c = \lambda \\
\text{s. t.} \quad & (\boldsymbol{K} - \lambda \boldsymbol{M})U = 0 \\
& V = \sum_{i=1}^{N} \rho_{i} V_{i} \leqslant V_{\max} \\
& 0 < \rho_{\min} \leqslant \rho_{i} \leqslant 1, \quad i = 1,2,\cdots,N
\end{aligned} \qquad (5.15)$$

式中：$\boldsymbol{K}, \boldsymbol{M}$ 分别为多胞结构的整体刚度矩阵和整体质量矩阵；优化的目标 c 为最大化结构的某阶角频率；ρ_{i} 既为单胞密度，也为设计变量；$V_{\max}$ 为多胞结构的许用材料体积约束，各个单胞体积总和 $V = \sum_{i=1}^{N} \rho_{i} V_{i}$；$\rho_{\min}$ 为单胞的最小密度，该值的设置是为了避免单胞密度等于 0 时引起的矩阵奇异而导致计算误差问题；U 为频率响应。

在基于子结构的多胞结构频率响应性能设计中，设计域被划分为 N_{sub} 个单胞，此时上述优化模型可重新表示为

$$\begin{aligned}
\max: \quad & J = \lambda \\
\text{s. t.} \quad & (\boldsymbol{K} - \lambda \boldsymbol{M})U = 0 \\
& V = \sum_{i=1}^{N_{\text{sub}}} \rho_{i} V_{i} \leqslant V_{\max} \\
& 0 < \rho_{\min} \leqslant \rho_{i} \leqslant 1, \quad i = 1,2,\cdots,N_{\text{sub}}
\end{aligned} \qquad (5.16)$$

模型中多胞整体刚度矩阵和质量矩阵可表示为

$$\boldsymbol{K} = \sum_{j=1}^{N_{\text{sub}}} \frac{\rho_{j}}{1+p(1-\rho_{j})} \boldsymbol{K}^{*}(\rho_{j}) \approx \sum_{j=1}^{N_{\text{sub}}} \frac{\rho_{j}}{1+p(1-\rho_{j})} \sum_{i=1}^{z} \tilde{\alpha}_{i}(\rho_{j})[\boldsymbol{k}_{i}]$$

$$(5.17a)$$

$$\boldsymbol{M} = \sum_{j=1}^{N_{\text{sub}}} \frac{\rho_j}{1 + p(1 - \rho_j)} \boldsymbol{M}^*(\rho_j) \approx \sum_{j=1}^{N_{\text{sub}}} \frac{\rho_j}{1 + p(1 - \rho_j)} \sum_{i=1}^{x} \alpha_i(\rho_j)[\boldsymbol{m}_i]$$

$$(5.17\text{b})$$

式中:惩罚因子 $p \geqslant 1.0$。当惩罚因子 $p = 0$ 时,即不对单胞间的材料进行调配。

5.5　灵敏度分析

从优化模型(式(5.16))中可知,结构的频率可用刚度矩阵与质量矩阵表示,其结构频率最大化的优化目标可表示为

$$\lambda = \frac{\boldsymbol{K}}{\boldsymbol{M}} \tag{5.18}$$

在式(5.18)中,分子、分母同乘响应 $\boldsymbol{U}^{\text{T}}$ 和 $\boldsymbol{U}$,则其目标函数可表示为

$$c = \lambda = \frac{\boldsymbol{U}^{\text{T}} \boldsymbol{K} \boldsymbol{U}}{\boldsymbol{U}^{\text{T}} \boldsymbol{M} \boldsymbol{U}} \tag{5.19}$$

对优化目标求密度 ρ_i 的导数,可得

$$\frac{\partial c}{\partial \rho_i} = \frac{-\partial \frac{\boldsymbol{U}^{\text{T}} \boldsymbol{K} \boldsymbol{U}}{\boldsymbol{U}^{\text{T}} \boldsymbol{M} \boldsymbol{U}}}{\partial \rho_i} = -\frac{(\boldsymbol{U}^{\text{T}} \partial \boldsymbol{K}/\partial \rho_i \boldsymbol{U})(\boldsymbol{U}^{\text{T}} \boldsymbol{M} \boldsymbol{U}) - (\boldsymbol{U}^{\text{T}} \boldsymbol{K} \boldsymbol{U})(\boldsymbol{U}^{\text{T}} \partial \boldsymbol{M}/\partial \rho_i \boldsymbol{U})}{(\boldsymbol{U}^{\text{T}} \boldsymbol{M} \boldsymbol{U})^2}$$

$$(5.20)$$

根据式(5.17),整体刚度矩阵与质量矩阵对密度的导数可表示为

$$\frac{\partial \boldsymbol{K}}{\partial \rho_j} = \frac{\partial \sum_{j=1}^{N_{\text{sub}}} \frac{\rho_j}{1 + p(1 - \rho_j)} \boldsymbol{K}^*(\rho_j)}{\partial \rho_j}$$

$$= \sum_{j=1}^{N_{\text{sub}}} \frac{1}{1 + p(1 - \rho_j)} \left[\frac{(1+p)\boldsymbol{K}^*(\rho_j)}{1 + p(1 - \rho_j)} + \rho_j \frac{\partial \boldsymbol{K}^*(\rho_j)}{\partial \rho_j} \right] \tag{5.21}$$

$$\frac{\partial \boldsymbol{M}}{\partial \rho_j} = \frac{\partial \sum_{j=1}^{N_{\text{sub}}} \frac{\rho_j}{1 + p(1 - \rho_j)} \boldsymbol{M}^*(\rho_j)}{\partial \rho_j}$$

$$= \sum_{j=1}^{N_{\text{sub}}} \frac{1}{1 + p(1 - \rho_j)} \left[\frac{(1+p)\boldsymbol{M}^*(\rho_j)}{1 + p(1 - \rho_j)} + \rho_j \frac{\partial \boldsymbol{M}^*(\rho_j)}{\partial \rho_j} \right] \tag{5.22}$$

式中

$$\frac{\partial \boldsymbol{K}^*(\rho_j)}{\partial \rho_j} = \sum_{i=1}^{z} \frac{\partial \tilde{\alpha}_i(\rho_j)}{\partial \rho_j} [\boldsymbol{k}_i] \tag{5.23a}$$

$$\frac{\partial \boldsymbol{M}^*(\rho_j)}{\partial \rho_j} = \sum_{i=1}^{x} \frac{\partial \alpha_i(\rho_j)}{\partial \rho_j} [\boldsymbol{m}_i] \tag{5.23b}$$

事实上,在频率优化中,在响应正则化后,其与质量矩阵的乘积为 1,即

$$\boldsymbol{U}^{\text{T}} \boldsymbol{M} \boldsymbol{U} = 1 \tag{5.24}$$

因此,目标函数对密度的导数可简化为

$$\frac{\partial c}{\partial \rho_j} = -\frac{\partial U^{\mathrm{T}} K U}{\partial \rho_j} = -U^{\mathrm{T}} \frac{\partial K}{\partial \rho_j} U \qquad (5.25)$$

对于设计变量的更新策略和变量过滤半径请参考第 4 章。在实际多胞结构的一阶频率最大化设计中,结构基频目标函数值 c 在每次迭代时均需重新计算,由于单胞密度在优化过程中会不断迭代更新,在此,我们假设当相邻两迭代步的目标函数值的差值小于 0.001 时,其拓扑优化迭代过程即可停止,得到的拓扑构型即为基频最大化的构型。

5.6 单胞优化代理模型构建与分析

本章考虑两类不同的单胞下的计算结果与有限元的计算误差:带孔方形单胞和桁架单胞,如图 5.2 所示。每一类单胞随着参数 $t \in \mathbb{Z}$ 的改变而改变,生成一系列的不同密度的单胞,从而形成[0,1]全域密度样本。考虑到每个单胞矩阵的规模,每个单胞划分成 $n_1 \times n_2 = 100 \times 100$ 个有限平面单元。根据参数 t 及单胞大小,所得到的带孔方形单胞样本大小为 51,桁架单胞的样本大小为 26。

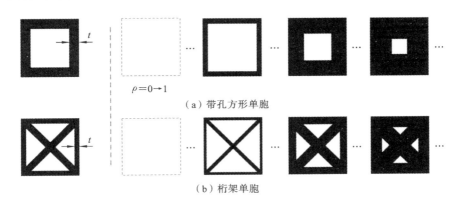

(a)带孔方形单胞

(b)桁架单胞

图 5.2 单胞构型

我们将所有压缩刚度和质量矩阵转换为矢量形式,并利用式(5.9)求解相应的投影系数。在图 5.3 与图 5.4 分别给出了带孔方形单胞在分段样条插值、弥散插值两种方法下的部分插值系数的近似值。从插值系数可以看出,模态阶数越高,插值系数的振荡越大。同时,在两种插值方法下,插值系数的绝对值基本相等。

在此,利用第 4 章中的弥散插值方法,我们计算了这两类单胞刚度矩阵与质量矩阵的重构截断误差,如图 5.5 所示。

随着特征向量阶数的增加,单胞刚度矩阵与质量矩阵的重构系数表现出更剧

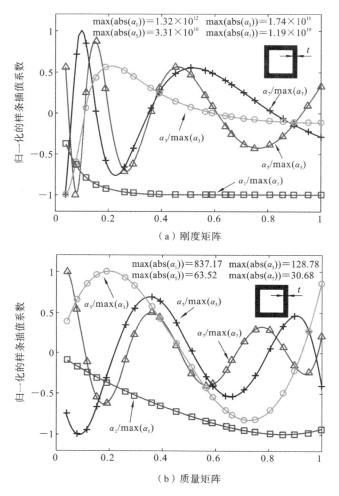

图 5.3 带孔方形单胞的分段样条插值系数

烈的波动,这种波动在计算矩阵对密度的导数时引入了突变,进而给灵敏度的计算带来误差。从截断误差图来看,应把截断误差阈值设置为 10^{-9}。对于带孔方形单胞,刚度矩阵的重构需要保留 16 阶特征向量,质量矩阵的重构需要保留 19 阶特征向量;而对于桁架单胞,刚度矩阵的重构需要保留 17 阶特征向量,重构质量矩阵需要保留 18 阶特征向量。在计算过程中,保留的特征向量越多意味着计算重构的矩阵越耗时,因此在单胞的矩阵重构中,满足计算精度的情况下,应尽可能地保留较少的特征向量。

图 5.6 所示的为分段三次样条插值方法与弥散插值方法的矩阵重构误差。可以看出,分段三次样条插值方法的计算精度高于弥散插值方法。在采用样条插值方法的情况下,拟合曲线能够准确通过样本点,因此相应的计算误差等于 0。然

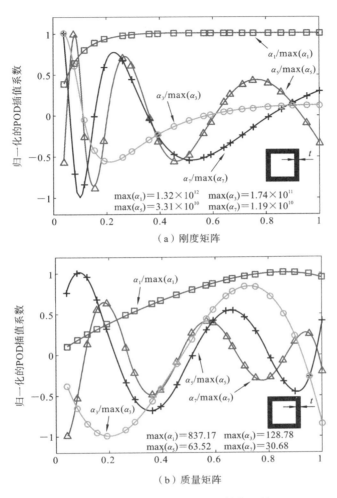

（a）刚度矩阵

（b）质量矩阵

图 5.4　带孔方形单胞的弥散插值系数

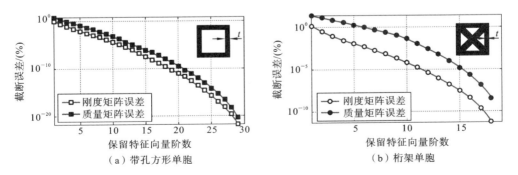

（a）带孔方形单胞　　　　　　　　　（b）桁架单胞

图 5.5　两类单胞的弥散插值截断误差

而,受弥散插值方法的截断模式影响,H^1 和 L^2 误差均大于样条插值方法。当然,也可以通过保留更多的阶数来提高弥散插值的计算精度,但也需要消耗更多的计算资源。

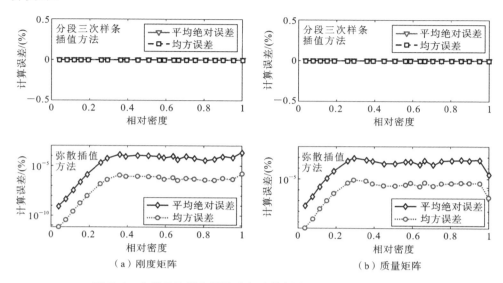

（a）刚度矩阵　　　　　　　　　　（b）质量矩阵

图 5.6　分段三次样条插值法与弥散插值方法的矩阵重构误差

不同密度下,质量矩阵和刚度矩阵重构所消耗的时间如图 5.7 所示。从时间对比可看出,在分段三次样条插值方法下,单胞重构矩阵消耗的时间要远小于弥散插值方法下所消耗的时间。另外,在分段三次样条插值方法下,单胞质量矩阵与刚度矩阵所消耗的时间基本相同,这是由于在插值过程中所用的样本矩阵数量均相同;然而,在弥散插值方法下,单胞质量矩阵重构所消耗的时间与刚度矩阵重构所消耗的时间不一致,这是由于刚度矩阵与质量矩阵所用的样本矩阵存在不同的特征值和特征向量,在相同计算误差阈值下参与计算的特征值阶数不同。

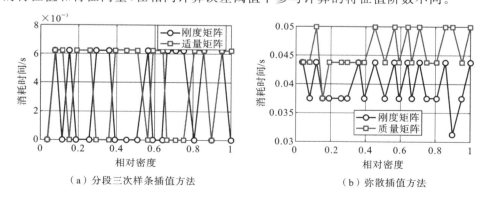

（a）分段三次样条插值方法　　　　（b）弥散插值方法

图 5.7　矩阵重构消耗时间

为了进一步研究代理模型在频率计算中与有限元方法的差值,我们利用悬臂梁的自由模态进行验证,如图 5.8 所示。模型大小为 2×1,左侧固定,右上角施加集中质量 $m_c=1560\times\mathrm{vol}$(单位为 kg),其中 vol 为整个模型中包含的实体材料体积分数,原始有限元网格大小设置为 10。

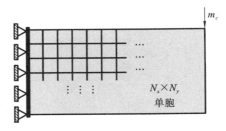

图 5.8 悬臂梁模态验证模型

根据所设定的两类单胞,每个单胞大小设置为 $250\ \mathrm{mm}\times250\ \mathrm{mm}$,即每个单胞中包含 25×25 个有限元,则原始有限元网格模型中所划分的单胞数为 $N_x\times N_y=8\times4$。不同密度下的设计域单胞划分如图 5.9 所示。当单胞密度为 0 时,所有单胞对应的刚度矩阵与质量矩阵均为零矩阵,为了避免奇异矩阵,在此把最小单胞密度设置为 0.001。

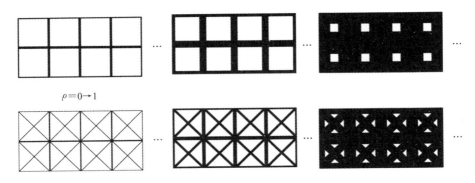

$\rho=0\to1$

图 5.9 不同密度下的设计域单胞划分

不同密度下,设计模型在有限元方法和单胞代理模型下进行计算,其前 6 阶频率如图 5.10 和图 5.11 所示。从图中可看出,随着密度的增大,各阶频率也逐渐增大。当密度为 1 时,两类单胞下计算的频率相等。同时,由于桁架单胞比带孔方形单胞有更好的稳定性,因此在较小单胞密度下,桁架单胞的各阶频率均要大于带孔方形单胞的各阶频率。

在整个密度区间$[0,1]$内,在有限元方法和单胞代理模型下,各阶频率的误差 ε 可定义为

$$\varepsilon=\frac{f_{\mathrm{fem}}-f_{\mathrm{sub}}}{f_{\mathrm{fem}}} \tag{5.26}$$

式中:f_{fem}、f_{sub} 分别为模型在有限元方法和单胞代理模型下所计算的频率。其在不同类型单胞下的各阶频率误差如图 5.12 所示。从图 5.12 中可看出,同类型单胞,基于单胞优化代理模型计算的各阶频率与有限元方法计算的频率值基本相

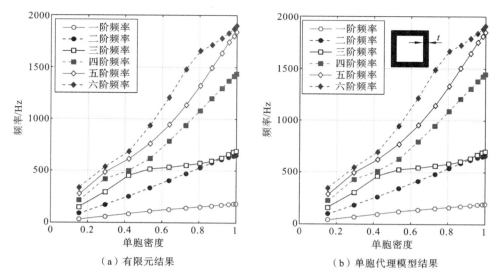

（a）有限元结果　　　　　　　　　　（b）单胞代理模型结果

图 5.10　带孔方形单胞在不同密度下模型前 6 阶频率

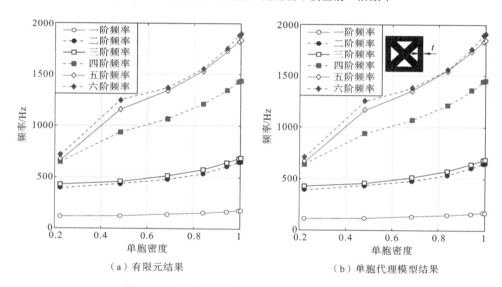

（a）有限元结果　　　　　　　　　　（b）单胞代理模型结果

图 5.11　桁架单胞在不同密度下模型前 6 阶频率

同。因此，在计算中，可以利用本章所建立的单胞优化代理模型计算模型的各阶频率。

　　在带孔方形单胞密度为 0.64、桁架单胞密度为 0.84 时，基于两类单胞优化代理模型的前 6 阶频率与有限元的计算结果如图 5.13 和图 5.14 所示。

　　从上述的各阶频率及其计算误差和各阶频率响应的分析可知，书中建立的单胞优化代理模型也完全适用于频率计算及优化。

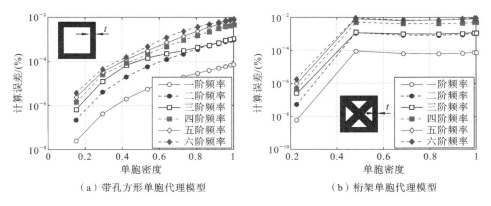

（a）带孔方形单胞代理模型　　　　　　　（b）桁架单胞代理模型

图 5.12　不同类型单胞下模型的各阶频率误差

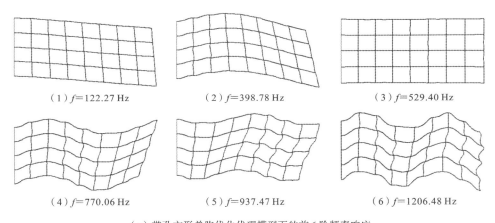

（1）*f*=122.27 Hz　　　　　（2）*f*=398.78 Hz　　　　　（3）*f*=529.40 Hz

（4）*f*=770.06 Hz　　　　　（5）*f*=937.47 Hz　　　　　（6）*f*=1206.48 Hz

（a）带孔方形单胞优化代理模型下的前 6 阶频率响应

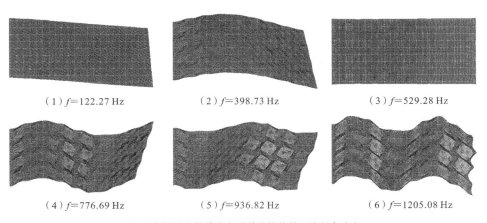

（1）*f*=122.27 Hz　　　　　（2）*f*=398.73 Hz　　　　　（3）*f*=529.28 Hz

（4）*f*=776.69 Hz　　　　　（5）*f*=936.82 Hz　　　　　（6）*f*=1205.08 Hz

（b）有限元法的带孔方形单胞结构前 6 阶频率响应

图 5.13　密度 ρ＝0.64 时带孔方形单胞的频率响应

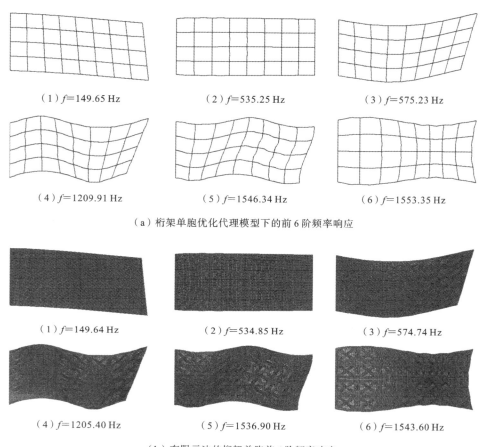

（1）$f=149.65$ Hz　（2）$f=535.25$ Hz　（3）$f=575.23$ Hz

（4）$f=1209.91$ Hz　（5）$f=1546.34$ Hz　（6）$f=1553.35$ Hz

（a）桁架单胞优化代理模型下的前6阶频率响应

（1）$f=149.64$ Hz　（2）$f=534.85$ Hz　（3）$f=574.74$ Hz

（4）$f=1205.40$ Hz　（5）$f=1536.90$ Hz　（6）$f=1543.60$ Hz

（b）有限元法的桁架单胞前6阶频率响应

图 5.14　密度 $\rho=0.84$ 时桁架单胞的频率响应

在两类单胞下的计算耗时比（有限元与当前单胞计算耗时的比值）如图 5.15 所示。从图中可看出，有限元计算耗时（约 140 s）约是单胞代理模型计算耗时（约

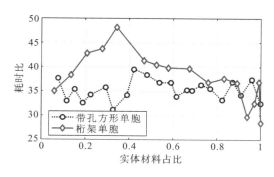

图 5.15　计算耗时比

4 s)的 35 倍。因此,单胞代理模型在最大化频率结构设计方面具有明显的效率和精度优势。

5.7 优化计算实例

5.7.1 两端固定梁的频率设计

两端固定梁的模型如图 5.16 所示。设计域大小为 5 m×1 m×1 m,位于设计域中央的集中质量块为 m_c = 1170 kg,优化时体积约束设定为 0.3。

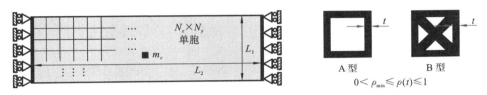

图 5.16 两端固定梁的模型

在设计模型中,我们把设计域设置为以下三种不同数量的单胞:$N_x \times N_y$ = 20×4,$N_x \times N_y$ = 30×6 和 $N_x \times N_y$ = 60×12。惩罚因子分别设置为 1.0、5.0、9.0 和 11.0,过滤半径设置为单胞边长的 1.1 倍。在两类单胞代理优化模型下,优化结果如图 5.17 和图 5.18 所示。

从优化结果中可以得出两个结论:① 对于相同的单胞数量设置,不同构型的

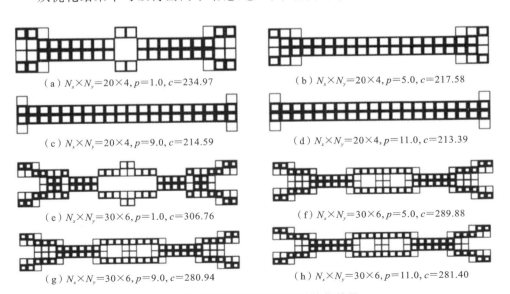

(a) $N_x \times N_y$=20×4,p=1.0,c=234.97

(b) $N_x \times N_y$=20×4,p=5.0,c=217.58

(c) $N_x \times N_y$=20×4,p=9.0,c=214.59

(d) $N_x \times N_y$=20×4,p=11.0,c=213.39

(e) $N_x \times N_y$=30×6,p=1.0,c=306.76

(f) $N_x \times N_y$=30×6,p=5.0,c=289.88

(g) $N_x \times N_y$=30×6,p=9.0,c=280.94

(h) $N_x \times N_y$=30×6,p=11.0,c=281.40

图 5.17 基于带孔方形单胞的优化结果

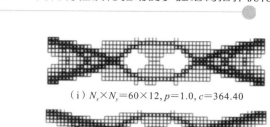

（i）$N_x \times N_y=60 \times 12, p=1.0, c=364.40$

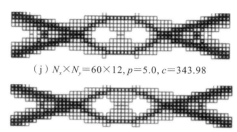

（j）$N_x \times N_y=60 \times 12, p=5.0, c=343.98$

（k）$N_x \times N_y=60 \times 12, p=9.0, c=337.86$

（l）$N_x \times N_y=60 \times 12, p=11.0, c=340.43$

续图 5.17

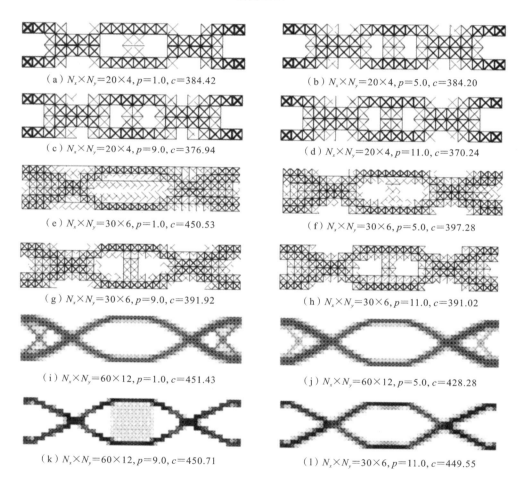

（a）$N_x \times N_y=20 \times 4, p=1.0, c=384.42$

（b）$N_x \times N_y=20 \times 4, p=5.0, c=384.20$

（c）$N_x \times N_y=20 \times 4, p=9.0, c=376.94$

（d）$N_x \times N_y=20 \times 4, p=11.0, c=370.24$

（e）$N_x \times N_y=30 \times 6, p=1.0, c=450.53$

（f）$N_x \times N_y=30 \times 6, p=5.0, c=397.28$

（g）$N_x \times N_y=30 \times 6, p=9.0, c=391.92$

（h）$N_x \times N_y=30 \times 6, p=11.0, c=391.02$

（i）$N_x \times N_y=60 \times 12, p=1.0, c=451.43$

（j）$N_x \times N_y=60 \times 12, p=5.0, c=428.28$

（k）$N_x \times N_y=60 \times 12, p=9.0, c=450.71$

（l）$N_x \times N_y=30 \times 6, p=11.0, c=449.55$

图 5.18　基于桁架单胞的优化结果

单胞结构会产生不同的设计结果；② 对于相同构型的单胞结构，无论设计域设置为多少个单胞，最终的最优设计结果都基本相似；③ 惩罚因子越大，则所设计的结果杆系特征越明显。从优化模型目标函数值可看出，采用桁架单胞构型代理模型设计的基频最大化结构的一阶频率要大于带孔方形单胞代理模型的结果值,也说明富有复杂内部构型的单胞更适合获得较大基频的结构。从获得的设计结果分析,单胞之间的材料连接紧密,避免了均匀化方法中的尺度分离问题,设计构型可直接用于制造,无须对结构的可制造性进行二次分析。

在优化方法中,我们采用了 RAMP 方法的材料模型,因此惩罚因子应选择较大的值以便获得更紧凑的设计构型。随着惩罚因子的增大,最优拓扑结构变得更加紧凑,结构模式更加清晰,结构的一阶频率也略有减小。

图 5.17(e) 与图 5.18(g) 对应情形的一阶频率优化迭代过程如图 5.19 所示。

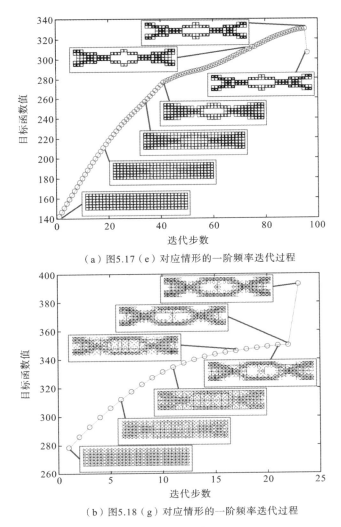

(a) 图5.17(e) 对应情形的一阶频率迭代过程

(b) 图5.18(g) 对应情形的一阶频率迭代过程

图 5.19　一阶频率优化迭代过程

为了获得最终设计构型的真实一阶频率,我们在获得最优构型后增加一次计算,即把单胞优化代理模型的惩罚因子设置为1.0,在不对单胞的密度进行惩罚的条件下计算了最终设计构型的频率值。因此,在图5.19所示的优化构型迭代过程中,最后一个迭代步的目标函数值不同于迭代收敛过程中的目标函数值。

为了检测所提方法是否依赖于单胞划分,我们基于该优化计算实例,计算了在不同长宽比例下,设计构型的变化状态。我们设置了四种不同大小的长宽比,即$L_2:L_1=1:1$、$L_2:L_1=2:1$、$L_2:L_1=3:1$和$L_2:L_1=4:1$。在优化参数中,不同大小的长宽比体现在长度与宽度方向上的单胞数量设置上。不同长宽比设置下的优化结果如图5.20和图5.21所示。

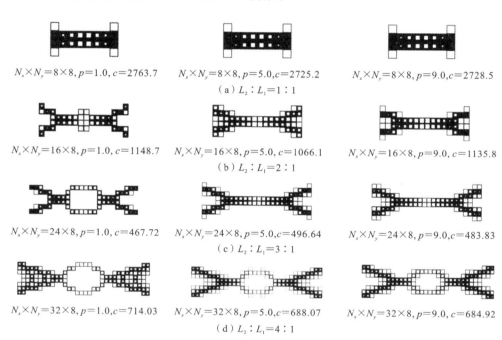

$N_x \times N_y = 8 \times 8, p=1.0, c=2763.7$ $N_x \times N_y = 8 \times 8, p=5.0, c=2725.2$ $N_x \times N_y = 8 \times 8, p=9.0, c=2728.5$

(a) $L_2:L_1=1:1$

$N_x \times N_y = 16 \times 8, p=1.0, c=1148.7$ $N_x \times N_y = 16 \times 8, p=5.0, c=1066.1$ $N_x \times N_y = 16 \times 8, p=9.0, c=1135.8$

(b) $L_2:L_1=2:1$

$N_x \times N_y = 24 \times 8, p=1.0, c=467.72$ $N_x \times N_y = 24 \times 8, p=5.0, c=496.64$ $N_x \times N_y = 24 \times 8, p=9.0, c=483.83$

(c) $L_2:L_1=3:1$

$N_x \times N_y = 32 \times 8, p=1.0, c=714.03$ $N_x \times N_y = 32 \times 8, p=5.0, c=688.07$ $N_x \times N_y = 32 \times 8, p=9.0, c=684.92$

(d) $L_2:L_1=4:1$

图5.20 带孔方形单胞下不同长宽比的优化结果

从优化结果可看出:① 在相同长宽比例下,不同构型单胞优化代理模型所设计的构型基本相似;② 在相同构型单胞优化代理模型下,随着长宽比例的增大,结构的一阶频率呈减小趋势,其多胞结构构型在长度方向上的结构也越复杂。

5.7.2 悬臂梁结构设计

对悬臂梁的一阶频率最大化的优化实例模型定义如图5.22所示,同时也定义了两类子结构。该模型的设计域大小为8 m×4 m,其体积约束设置为0.3,模型右上角的集中质量m_c设置为模型整体质量的1/10。

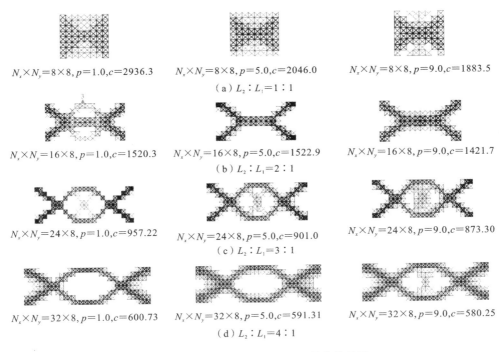

$N_x \times N_y = 8 \times 8, p=1.0, c=2936.3$　　　$N_x \times N_y = 8 \times 8, p=5.0, c=2046.0$　　　$N_x \times N_y = 8 \times 8, p=9.0, c=1883.5$

（a）$L_2 : L_1 = 1 : 1$

$N_x \times N_y = 16 \times 8, p=1.0, c=1520.3$　　　$N_x \times N_y = 16 \times 8, p=5.0, c=1522.9$　　　$N_x \times N_y = 16 \times 8, p=9.0, c=1421.7$

（b）$L_2 : L_1 = 2 : 1$

$N_x \times N_y = 24 \times 8, p=1.0, c=957.22$　　　$N_x \times N_y = 24 \times 8, p=5.0, c=901.0$　　　$N_x \times N_y = 24 \times 8, p=9.0, c=873.30$

（c）$L_2 : L_1 = 3 : 1$

$N_x \times N_y = 32 \times 8, p=1.0, c=600.73$　　　$N_x \times N_y = 32 \times 8, p=5.0, c=591.31$　　　$N_x \times N_y = 32 \times 8, p=9.0, c=580.25$

（d）$L_2 : L_1 = 4 : 1$

图 5.21　桁架单胞下不同长宽比的优化结果

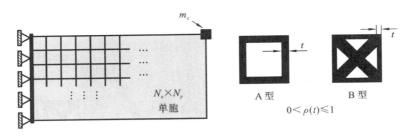

图 5.22　悬臂梁模型

　　设计域划分为三种不同数量的单胞 $N_s = N_x \times N_y$，即 $N_x \times N_y = 8 \times 4$，$N_x \times N_y = 16 \times 8$ 和 $N_x \times N_y = 32 \times 16$，$N_x$、$N_y$ 分别为 x 向、y 向所划分的单胞数目，惩罚因子设置为 $p=1.0$。根据所定义的两类单胞的优化代理模型，一阶频率最大时所对应的结构如图 5.23 所示。从优化的结构来看，可得到如下结论：① 一阶频率最大化所对应的拓扑构型，随着单胞代理模型选用的子结构构型的不同而不同；② 对于同一类型的单胞，无论设计域划分的单胞数目是多少，最终优化拓扑构型基本相似。在优化过程中，根据多构建的单胞优化代理模型的重构刚度矩阵和质量矩阵的定义可知，当某个单胞的密度接近于 0 时，由其计算出来的频率会有较大的波动。因此,在拓扑优化迭代过程中,将每个单胞对应的优化密度变量的最小值设置为 0.03,以避免出现单胞密度较小而引起宏观优化结构的剧烈变化。

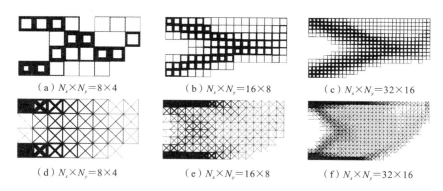

（a）$N_x \times N_y = 8 \times 4$ （b）$N_x \times N_y = 16 \times 8$ （c）$N_x \times N_y = 32 \times 16$

（d）$N_x \times N_y = 8 \times 4$ （e）$N_x \times N_y = 16 \times 8$ （f）$N_x \times N_y = 32 \times 16$

图 5.23   两类单胞优化代理模型下的频率优化结果

悬臂梁一阶频率 ω_1（$\omega_1^2 = \lambda_1$）最大化优化迭代过程如图 5.24 所示。从图中可看出,桁架单胞下的拓扑优化迭代步数少于带孔方形单胞模型。在不同的单胞构型下,其最终优化的频率基本相同。对于带孔方形单胞模型,其拓扑优化结果的一阶频率 ω_1 从初始的 86.0 Hz 到约为 190.0 Hz,频率增大了约 1.2 倍。对于桁架单胞模型,其一阶频率 ω_1 从初始的 170.0 Hz 到约为 360.0 Hz,频率增大了约 1.1 倍。

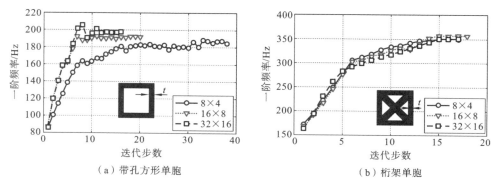

（a）带孔方形单胞   （b）桁架单胞

图 5.24   一阶频率优化分布

从图 5.24 的优化结果来看,由于惩罚因子设置为 1.0,拓扑优化结果存在大量的中间密度单胞,其中间密度单胞几乎布满了整个设计域。为了得到更为清晰的拓扑构型,在此增大惩罚因子为 $p=1.5$、$p=2.0$ 和 $p=3.0$,其一阶频率最大化的优化结果如图 5.25 所示。从拓扑优化结果来看,随着惩罚因子的增大,拓扑构型的局部特征也变得明显。从优化的目标频率来看,随着惩罚因子的增大,一阶频率的最大化值有所增加,但增幅均在 3% 以内。

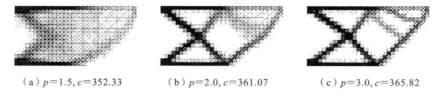

（a）$p=1.5, c=352.33$　　（b）$p=2.0, c=361.07$　　（c）$p=3.0, c=365.82$

图 5.25　设计域划分为 32×16 个单胞时在不同惩罚因子下的拓扑优化结果

5.7.3　三维支撑块结构的频率设计

三维支撑块结构模型如图 5.26 所示,设计域大小为 $D=1\ \text{m} \times 0.5\ \text{m} \times 1\ \text{m}$,底部四个边角固定,顶部中央有一个集中载荷 $m_c=120\ \text{kg}$。

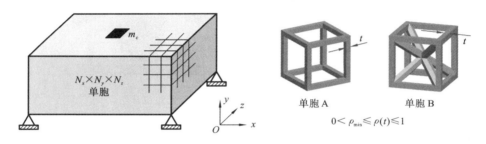

图 5.26　三维支撑块优化模型

在设计该结构的基频结构优化过程中,体积约束设置为 0.3。在该设计实例中,考虑两类单胞结构:带孔方形单胞和桁架单胞,每类单胞的结构相似,其单胞密度由形状参数 t 控制。在图 5.26 中所示的单胞均被划分为 $30 \times 30 \times 30$ 个 8 节点六面体单元。

设计域设置单胞数为 $N_x \times N_y \times N_z = 40 \times 20 \times 40$,$N_x$、$N_y$、$N_z$ 分别表示在 x、y、z 方向上的单胞数量。惩罚因子设置为 $p=3.0、5.0、7.0$ 和 9.0,过滤半径设置为单胞长度的 1.1 倍。在预设置的两类单胞下,建立相应的单胞优化代理模型,其优化结果如图 5.27 和图 5.28 所示。

为了便于看清结构,两类单胞下,当惩罚因子分别为 5.0 和 9.0 时设计构型的局部视图如图 5.29 和图 5.30 所示。从相应的结果来看,B 型单胞更有可能获得紧凑的拓扑结构模式,而 A 型单胞可产生大量的中等密度单胞,但两类单胞所优化出的结构的一阶频率大致相同。对于相同的惩罚因子,A 型单胞所设计的结构构型的频率略低于 B 型单胞。对于相同的晶格子结构类型,随着惩罚因子的增大,设计构型变得更加紧凑,但结构的一阶频率减小幅度很小。

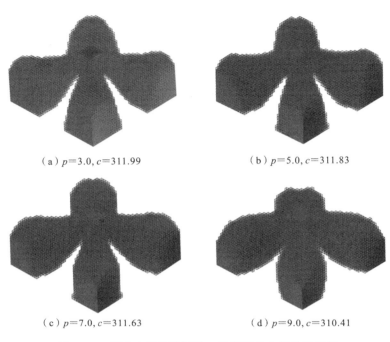

（a）$p=3.0, c=311.99$　　　　　　　（b）$p=5.0, c=311.83$

（c）$p=7.0, c=311.63$　　　　　　　（d）$p=9.0, c=310.41$

图 5.27　带孔方形单胞下的一阶频率最大化设计结果

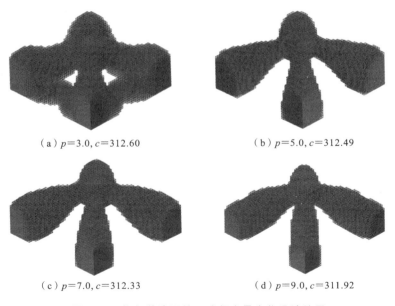

（a）$p=3.0, c=312.60$　　　　　　　（b）$p=5.0, c=312.49$

（c）$p=7.0, c=312.33$　　　　　　　（d）$p=9.0, c=311.92$

图 5.28　桁架单胞下的一阶频率最大化设计结果

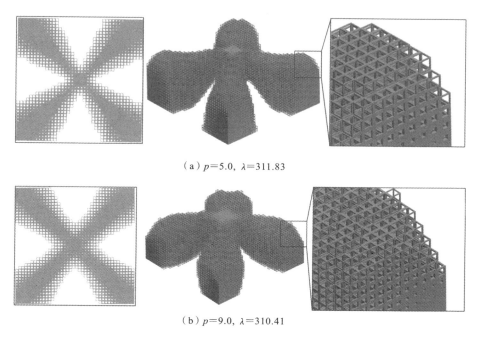

（a）$p=5.0$，$\lambda=311.83$

（b）$p=9.0$，$\lambda=310.41$

图 5.29 A 型单胞下惩罚因子分别为 5.0 和 9.0 时设计构型的局部视图

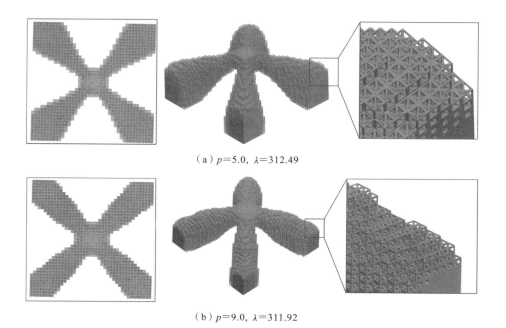

（a）$p=5.0$，$\lambda=312.49$

（b）$p=9.0$，$\lambda=311.92$

图 5.30 B 型单胞下惩罚因子分别为 5.0 和 9.0 时设计构型的局部视图

5.8 本章小结

本章提出了一种基于单胞优化代理模型设计结构基频的方法。该模型由三个部分组成:单胞构型、投影系数的分段三次样条插值和密度的惩罚因子。利用其自定义单胞构型,可以直接避免传统均匀化方法的连通性问题和尺度分离问题。在该方法中,利用分段三次样条插值方法重构了单胞凝聚的刚度矩阵和质量矩阵,避免了 POD 方法中的截断误差和奇异值分解问题,大大提高了代理模型的精度和效率。数值实例表明,该方法可用于设计二维和三维结构的频率响应问题。

参考文献

[1] 朱继宏,周涵,王创,等. 面向增材制造的拓扑优化技术发展现状与未来[J]. 航空制造技术,2020,63(10):24-38.

[2] Gao J, Luo Z, Li H, et al. Dynamic multiscale topology optimization for multi-regional micro-structured cellular composites[J]. Composite Structures, 2019, 211:401-417.

[3] Song G H, Jing S K, Zhao F L, et al. Design optimization of irregular cellular structure for additive manufacturing[J]. Chinese Journal of Mechanical Engineering, 2017, 30:1184-1192.

[4] Chen W J, Zheng X N, Liu S T. Finite-element-mesh based method for modeling and optimization of lattice structures for additive manufacturing[J]. Materials, 2018, 11(11):11112073.

[5] Wu Z J, Xia L, Wang S T, et al. Topology optimization of hierarchical lattice structures with substructuring[J]. Computer Methods in Applied Mechanics and Engineering, 2019, 345:602-617.

[6] Huang X D, Zhou S W, Sun G Y, et al. Topology optimization for microstructures of viscoelastic composite materials[J]. Computer Methods in Applied Mechanics and Engineering, 2015, 283:503-516.

[7] Vangelatos Z, Komvopoulos K, Grigoropoulos C. Vacancies for controlling the behavior of microstructured three-dimensional mechanical metamaterials[J]. Mathematics and Mechanics of Solids, 2019, 24(2):511-524.

[8] Wu H, Fahy W P, Kim S, et al. Recent developments in polymers/polymer nanocomposites for additive manufacturing[J]. Progress in Materials Science, 2020, 111, 100638.

[9] Plocher J, Panesar A. Review on design and structural optimisation in additive manufacturing:towards next-generation lightweight structures[J]. Materials & Design, 2019, 183, 108164.

[10] Liu J K, Gaynor A T, Chen S K, et al. Current and future trends in topology optimization for additive manufacturing[J]. Structural and Multidisciplinary Optimization, 2018, 57:

2457-2483.

[11] 李取浩. 考虑连通性与结构特征约束的增材制造结构拓扑优化方法[D]. 大连：大连理工大学，2017.

[12] Zhang K Q，Cheng G D，Xu L. Topology optimization considering overhang constraint in additive manufacturing[J]. Computers & Structures，2019，212：86-100.

[13] Zhu J H，Zhou H，Wang C，et al. A review of topology optimization for additive manufacturing：status and challenges[J]. Chinese Journal of Aeronautics，2021，34(1)：91-110.

[14] 黄毓. 弹性波带隙材料/结构优化设计[D]. 大连：大连理工大学，2014.

[15] Aage N，Andreassen E，Lazarov B S，et al. Giga-voxel computational morphogenesis for structural design[J]. Nature，2017，550：84-86.

[16] Zhang W H，Zhou Y，Zhu J H. A comprehensive study of feature definitions with solids and voids for topology optimization[J]. Computer Methods in Applied Mechanics and Engineering，2017，325：289-313.

[17] Vogiatzis P，Chen S K，Wang X，et al. Topology optimization of multi-material negative Poisson's ratio metamaterials using a reconciled level set method[J]. Computer-Aided Design，2017，83：15-32.

[18] Liang X，Du J B. Concurrent multi-scale and multi-material topological optimization of vibro-acoustic structures[J]. Computer Methods in Applied Mechanics and Engineering，2019，349：117-148.

[19] Arabnejad S，Pasini D. Mechanical properties of lattice materials via asymptotic homogenization and comparison with alternative homogenization methods[J]. International Journal of Mechanical Sciences，2013，77：249-262.

[20] Vicente W M，Zuo Z H，Pavanello R，et al. Concurrent topology optimization for minimizing frequency responses of two-level hierarchical structures[J]. Computer Methods in Applied Mechanics and Engineering，2016，301：116-136.

[21] Liu Q M，Chan R，Huang X D. Concurrent topology optimization of macrostructures and material microstructures for natural frequency[J]. Materials & Design，2016，106：380-390.

[22] Long K，Dan H，Gu X G. Concurrent topology optimization of composite macrostructure and microstructure constructed by constituent phases of distinct Poisson's ratios for maximum frequency[J]. Computational Materials Science，2017，129：194-201.

[23] Zhao X Q，Wu B S，Li Z G，et al. A method for topology optimization of structures under harmonic excitations[J]. Structural and Multidisciplinary Optimization，2018，58：475-487.

[24] Zhao J P，Yoon H，Youn B D. An efficient decoupled sensitivity analysis method for multiscale concurrent topology optimization problems[J]. Structural and Multidisciplinary Optimization，2018，58：445-457.

[25] Zhao J P，Yoon H，Youn B D. An efficient concurrent topology optimization approach for frequency response problems[J]. Computer Methods in Applied Mechanics and Engineer-

ing，2019，347：700-734.

[26] Da D C，Yvonnet J，Xia L，et al. Topology optimization of periodic lattice structures taking into account strain gradient[J]. Computers & Structures，2018，210：28-40.

[27] Xia L，Breitkopf P. Multiscale structural topology optimization with an approximate constitutive model for local material microstructure[J]. Computer Methods in Applied Mechanics and Engineering，2015，286：147-167.

[28] Geers M G D，Yvonnet J. Multiscale modeling of microstructure-property relations[J]. MRS Bulletin，2016，41：610-616.

[29] Osanov M，Guest J K. Topology optimization for architected materials design[J]. Annual Review of Materials Research，2016,46：211-233.

[30] Wang Y Q，Zhang L，Daynes S，et al. Design of graded lattice structure with optimized mesostructures for additive manufacturing[J]. Materials & Design，2018,142:114-123.

[31] Wang Y J，Xu H，Pasini D. Multiscale isogeometric topology optimization for lattice materials[J]. Computer Methods in Applied Mechanics and Engineering，2017,316:568-585.

[32] Wang Y J，Arabnejad S，Tanzer M，et al. Hip implant design with three-dimensional porous architecture of optimized graded density[J]. J. Mech. Des.，2018，140 (11)：111406.

[33] Cheng L，Liu J K，Liang X，et al. Coupling lattice structure topology optimization with design-dependent feature evolution for additive manufactured heat conduction design[J]. Computer Methods in Applied Mechanics and Engineering，2018，332：408-439.

[34] Huang X，Zuo Z H，Xie Y M. Evolutionary topological optimization of vibrating continuum structures for natural frequencies[J]. Computers & Structures，2010，88(5-6)：357-364.

[35] Maeda Y，Nishiwaki S，Izui K，et al. Structural topology optimization of vibrating structures with specified eigenfrequencies and eigenmode shapes[J]. International Journal for Numerical Methods in Engineering，2006，67(5)：597-628.

[36] Jung D，Gea H C. Topology optimization of nonlinear structures[J]. Finite Elements in Analysis and Design，2004，40(11)：1417-1427.

[37] Nguyen M N，Lee D. Design of the multiphase material structures with mass，stiffness，stress，and dynamic criteria via a modified ordered SIMP topology optimization[J]. Advances in Engineering Software，2024，189：103592.

[38] Ramadani R，Belsak A，Kegl M，et al. Topology optimization based design of lightweight and low vibration gear bodies[J]. International Journal of Simulation Modelling，2018，17(1)：92-104.

[39] Picelli R，Vicente W M，Pavanello R，et al. Evolutionary topology optimization for natural frequency maximization problems considering acoustic-structure interaction[J]. Finite Elements in Analysis and Design，2015，106：56-64.

[40] Min S，Nishiwaki S，Kikuchi N. Unified topology design of static and vibrating structures using multiobjective optimization[J]. Computers & Structures，2000，75(1)：93-116.

[41] Tan L, Li L, Gu S, et al. Multi-objective topology optimization to reduce vibration of micro-satellite primary supporting structure[J]. Journal of Vibroengineering, 2017, 19(2): 831-843.

[42] Wang Y J, Benson D J. Geometrically constrained isogeometric parameterized level-set based topology optimization via trimmed elements[J]. Frontiers of Mechanical Engineering, 2016, 11: 328-343.

[43] 杜义贤, 尹鹏, 李荣, 等. 兼具吸能和承载特性的梯度结构宏细观跨尺度拓扑优化设计[J]. 机械工程学报, 2020, 56(7): 171-180.

[44] 廖中源, 王英俊, 王书亭. 基于拓扑优化的变密度点阵结构体优化设计方法[J]. 机械工程学报, 2019, 55(8): 65-72.

[45] Yoon G H. Structural topology optimization for frequency response problem using model reduction schemes[J]. Computer Methods in Applied Mechanics and Engineering, 2010, 199(25-28): 1744-1763.

[46] Zhang X, Wang D, Huang B, et al. A dynamic-static coupling topology optimization method based on hybrid cellular automata[C]//Structures. Elsevier, 2023, 50: 1573-1583.

[47] Kim S Y, Kim I Y, Mechefske C K. A new efficient convergence criterion for reducing computational expense in topology optimization: reducible design variable method[J]. International journal for numerical methods in engineering, 2012, 90(6): 752-783.

[48] Ma Z, Kikuchi N, Cheng H, et al. Topological Optimization Technique for Free Vibration Problems[J]. ASME Journal of applied mechanics, 1995, 62(1): 200-207.

[49] Du J, Olhoff N. Minimization of sound radiation from vibrating bi-material structures using topology optimization [J]. Structural and Multidisciplinary Optimization, 2007, 33: 305-321.

[50] Liu C X, Yu G L, Liu Z. Fast topology optimization of phononic crystal-based metastructures for vibration isolation by deep learning[J]. Computer-Aided Civil and Infrastructure Engineering, 2024, 39(5): 776-790.

[51] 占金青, 王云涛, 刘敏, 等. 考虑混合约束的柔顺机构拓扑优化设计[J]. 振动与冲击, 2022, 41(4): 159-166,222.

[52] Rong Y, Zhao Z L, Feng X Q, et al. Structural topology optimization with an adaptive design domain[J]. Computer Methods in Applied Mechanics and Engineering, 2022, 389: 114382.

[53] 方喆, 耿达, 周明东. 基于子结构凝聚的多层级拓扑优化设计理论与应用[J]. 机械设计与研究, 2021, 37(1): 1-5.

[54] 张横, 李昊, 丁晓红, 等. 基于贴体网格的高分辨率三维结构拓扑优化研究[J]. 机械工程学报, 2022, 58(5): 136-143.

6

周期性多胞结构拓扑
设计优化方法

本章基于单胞优化代理模型的多胞结构拓扑优化框架,探讨如何利用有限元子结构的凝聚与反求技术,来处理在周期性多胞结构中单胞密度设计变量的问题,进而实现周期性多胞设计在宏观层面与单胞内部微观层面的构型协同设计,从而为可定制单胞数量的周期性多胞结构设计提供处理方法。

6.1 周期性结构设计概述

周期性结构设计是现代结构设计的重要分支[1],已广泛应用于航空航天[2]、汽车设计[3]、海洋船舶等领域的功能性结构设计。周期性结构不仅承载能力强、重量轻[4][5],还具有隔热[6]、隔音[7]等多功能物理特性,因其独特的结构组成形式和良好的设计加工性能,展现了巨大的研究价值和广阔的应用前景[8][9]。

周期性结构设计是一种多尺度的拓扑优化设计,方法上可分为两类:一类是基于均匀化方法[10];另一类是基于周期性约束的方法[11]。在基于均匀化方法的周期性结构设计方法中,周期性位移边界条件施加在单胞上,并假设结构的应力和应变在宏观结构上是周期性变化的。而基于周期性约束的方法中,宏观结构被均匀地划分成若干个具有特定长度比例大小的单元胞体,基于假设"宏观结构中任意两个周期性结构具有相同的单元密度和相等的灵敏度值"进行结构设计[12]。这两类方法相比,尽管都能获得相近的优化构型,但基于周期性约束的方法的计算效率要低于均匀化方法,不过随着单元胞体的细化,其优化结果逐渐近似于均匀化方法的设计结果。

均匀化方法设定材料的宏观结构由微观尺度的单胞周期性拓展而形成。周期性结构的单胞具有周期性应力和应变边界条件,从而获取单胞内部材料的最优分布,实现不同结构性能的周期性单胞设计。Vogiatzis 等[13]基于水平集方法提出了单相和多相负泊松比材料的设计方法,通过施加周期性的 Dirichlet 位移边界条件得到周期性微结构,并采用最速下降法构建微观结构内部构型。Fantoni 等[14]提出了一种多场渐进均匀化方法,用以分析具有周期性微观结构的压电材料。该方法通过利用周期摄动函数,考虑了具有代表性的微观结构非均匀性对材料性能的影响。Huang 等[15]将双向进化结构优化方法推广到具有最佳黏弹性的复合材料微观结构设计中,基于均匀化方法计算复合材料的性能参数,通过 BESO 方法实现了单胞内部材料的重新分配。贾娇等[16]研究了宏观传导条件对材料微观结构的影响,并提出了基于宏观传导条件的周期性结构传热材料的研究方向,进而构建了基于变密度方法的周期性传热结构模型。杜义贤等[17][18]利用能量均匀化方法建立了基于宏观力学性能的微观点阵结构的优化模型,以周期性单胞为研究对象,采用材料用量和力学方程等为约束条件,获得了边界清晰的周期性点阵结构,并在其后的研究中,结合负泊松比表征吸能特性,提出了兼具吸能和承载特性的周期性宏观、微观结构多尺度优化方法。Li 等[19][20]提出了基于维度缩减的代理模型设计周期性结构,这种结构降低了结构频率带隙计算的计算资源消耗。Zheng 等[21]基于不确定性负载的高斯分布提出了周期结构鲁棒拓扑优化框架,研究了周期结构设计空间小的结构对不确定性载荷的敏感度。He 等[22]针对不规则有限元网格提出了一种周期性结构优化方法,用非结构设计点来清晰地描述周期结构的拓扑特征。Riva 等[23]提出了一种基于波在细胞界面反射和传输的纯解析方法,该方法可判断所提出的解决方案是否具有最优性。Chen 等[24]提出了一种用于结构和蜂窝材料拓扑并行设计的 MIST(moving iso-surface threshold)方法,利用均匀化理论道出了宏观结构和微观周期性单元两个维度的物理响应函数。Cheng 等[25]研究了周期性均质多孔材料板和均匀加筋实心板的最大面外屈曲载荷设计,并基于渐进均匀化方法建立了结构宏观和微观设计变量的灵敏度分析方法。Dahlberg 等[26]通过引入周期性结构单元获得了具有更高对称性的结构,提出了利用高对称性设计导频结构,该结构大大减少了低频电波传输时的漏波现象。赵清海等[27][28]基于周期性约束提出了多材料结构稳态热传导拓扑优化设计方法,并结合 Ordered-RAMP 材料插值方法,获得了周期性热传导拓扑构型。焦洪宇等[29][30][31]利用 SIMP 方法,通过增加周期性约束条件,提出了各向同性微观结构材料的周期性拓扑优化方法,并在其随后的研究中,对循环对称结构、梯形结构等进行了周期性布局优化研究。

周期性微观单胞与宏观结构设计是相互耦合的设计过程,微观结构力学性能对宏观结构性能进行评估的同时,宏观结构的计算结果也影响微观结构的构型优化[32]。采用均匀化方法进行周期性结构设计,其尺度分离假设会带来两个问题:一个是微观结构单胞间材料的连通性[33],其微观结构单胞优化是一个独立的优化过程,宏观位移或应力的变化往往引起微观结构间材料不连通,使得所优化的结果只有理论构型,不具备可制造性[34];另一个是均匀化方法假设微观结构与宏观结构的尺度比例约为 10^{-9},当该比例接近于 1 时往往得不到合适的优化构型[35][36]。在基于 BESO 方法的周期性结构设计中[37],需要在整个设计域中求解具有周期性边界约束的方程,这导致了计算量大的问题[38]。

在周期性结构的设计过程中,通常将周期性单胞布满整个设计域,即在设计域中不考虑材料在周期性单胞中的调配。由于每个单胞的材料含量、受力状态均相同,因此对周期性结构的优化设计,即为对周期性单胞构型的设计,也称为周期单尺度结构设计[39],如图 6.1 所示。因此在设计过程中,必须把优化约束引入到周期性单胞构型设计中,这在一定程度上限制了宏观构型演化对周期性结构力学性能的贡献。Liu 等[40]结合 SIMP 方法与 PAMP 方法,在微观尺度上采用 SIMP 方法设计微观周期性单胞构型,在宏观尺度上采用 PAMP 方法设计宏观结构,并以最小柔度为优化目标实现了周期性多胞结构的协同设计。Wang 等[41]基于水平集方法提出了周期性结构的宏观、微观双尺度优化方法。这类方法同时涉及周期性结构的微观单胞构型和宏观结构,通过运用双尺度协同设计的优化思想同时优化周期性结构的微观和宏观结构,如图 6.2 所示,进一步拓宽了周期性单尺度结构设计方法的设计空间,可获得性能更优的周期性结构。

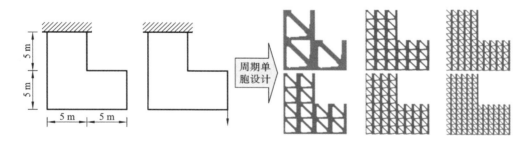

图 6.1 周期单尺度结构设计[39]

在周期性多胞结构设计中,还有利用分区或分层设计思想的周期性双尺度设计方法。Zhang 与 Sun[42]引入了新的设计单元理念,使用两种求解策略在微观单胞层面设计不同构型的周期性结构,所设计的结构在其中一个方向上单胞的分布具有周期性,在另外一个方向上呈现不同单胞的分层变化特性,在力学性能表达方面具有功能梯度分布规律,如图 6.3 所示。

相比于周期性单尺度结构设计与周期性双尺度结构设计而言,利用分层或分区的周期性结构设计在一定程度上拓宽了结构整体的设计空间,但对设计域的预

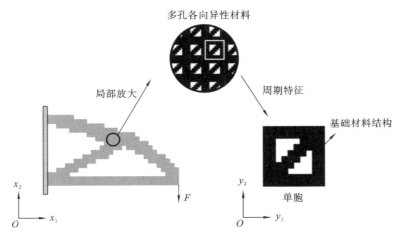

图 6.2　周期性双尺度结构设计[40]

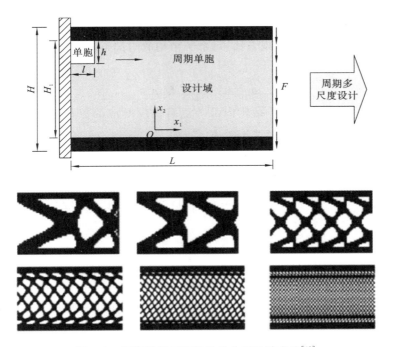

图 6.3　周期性双尺度结构的分层设计方法[42]

先划分也限制了结构的周期性,既增加了设计过程中的复杂程度,也带来了分层或分区交界面的材料连通性问题,影响了结构的整体力学性能。但总体来说,上述三种周期性结构设计理念,所设计出来的周期性单胞间具有很好的材料连通性,可制造性高。

为了在宏观、微观两个尺度上对周期性结构进行设计,进一步提高周期性结构性能,同时也为了解决均匀化方法的尺度分离问题和宏观周期性约束设计方法中计算量过大的问题[43],本章提出基于子结构方法的周期性结构的宏观、微观设计方法。结合子结构自由度缩减,实现宏观结构构型的快速设计;利用子结构内部自由度反求,完成周期性单胞内部材料的布局设计;同时,利用固体各向同性材料惩罚(solid isotropic material with penalization,SIMP)方法和子结构方法,构建基于子结构的周期性结构宏观、微观协同设计框架,分析宏观结构与微观周期性单胞的材料体积变化关联关系,并分析两个尺度上的惩罚因子、变量过滤半径等优化参数的匹配关系,结合周期性单胞之间的密度调配实现了材料在微观单胞间的调配,提高了周期性结构的力学性能,并利用悬臂梁实例验证了所提方法的合理性和正确性。

6.2　子结构凝聚与反求

根据有限元的自由度缩减方法,每个子结构的内部节点自由度 a_i 可由边界节点自由度 a_b 表示

$$a_i = K_{ii}^{-1}(P_i - K_{ib}a_b) \tag{6.1}$$

式中:向量 a_i 和 P_i 分别是子结构内部节点自由度对应的位移向量和载荷向量;K_{ii}、K_{ib} 为子结构刚度矩阵 $K = \begin{bmatrix} K_{bb} & K_{bi} \\ K_{ib} & K_{ii} \end{bmatrix}$ 的子矩阵;边界节点自由度对应的位移向量和载荷向量分别用 a_b 和 P_b 表示。

根据子结构主从自由度缩减方法,子结构的方程可用其边界节点自由度进行表示:

$$K_{bb}^* a_b = P_b^* \tag{6.2}$$

式中:

$$K_{bb}^* = K_{bb} - K_{bi}K_{ii}^{-1}K_{ib} \tag{6.3}$$

$$P_b^* = P_b - K_{bi}K_{ii}^{-1}P_b \tag{6.4}$$

此时,K_{bb}^* 为子结构凝聚后的超单元刚度矩阵。在计算过程中,方程(6.2)中的 K_{bb}^* 与 P_b^* 均可同构凝聚前的刚度矩阵,因此利用该方程可以获得子结构边界节点的位移场。由于凝聚之后,边界自由度远小于内部自由度,实现了以极少自由度计算其位移场。同时,也可利用方程(6.1)反求子结构内部自由度的位移场。

6.3　周期性多胞结构优化模型

在基于子结构的周期性结构设计中,其优化问题可定义为

$$\text{Find:} \quad X(\rho)$$

$$\text{min:} \quad c(\rho) = \boldsymbol{U}^{\mathrm{T}}\boldsymbol{K}\boldsymbol{U} = \sum_{i=1}^{N}\boldsymbol{U}_{bb,i}^{\mathrm{T}}\boldsymbol{K}_{bb,i}^{*}\boldsymbol{U}_{bb,i}$$

$$\text{s.t.} \quad \boldsymbol{K}\boldsymbol{U} = \boldsymbol{F} \tag{6.5}$$

$$V \leqslant \upsilon$$

$$\rho_i \in [0,1]; \quad i = 1,2,\cdots,N$$

式中：$\boldsymbol{K}$、$\boldsymbol{F}$ 分别为子结构对应超单元组装的整体刚度矩阵与外载荷向量；$\boldsymbol{U}_{bb,i}$ 为第 i 个超单元的位移向量；V 为当前周期性子结构所含的材料体积；N 为宏观结构的子结构总数。

式(6.5)的优化目标是得到宏观周期性结构的最小化柔度。

6.3.1 宏观结构优化模型

基于子结构方法，优化模型(式(6.5))中刚度矩阵可表示为

$$\boldsymbol{K} = \sum_{i=1}^{N}\boldsymbol{K}_{bb,i}^{*} \tag{6.6}$$

为保证超单元计算结果的正确性，在宏观结构的优化过程中，通过式(6.8)计算各个超单元位移时，引入了惩罚因子 $p=0$ 以进行调整，即

$$\boldsymbol{K} = \varepsilon^{p}\sum_{i=1}^{N}\boldsymbol{K}_{bb,i}^{*} \tag{6.7}$$

此时，所优化的结构将分布在整个宏观设计域中。在宏观结构计算过程中，其构建刚度矩阵的周期性子结构均有相同构型，对应的每个超单元凝聚矩阵均相同，即 $\boldsymbol{K}_{bb,t}^{*} = \boldsymbol{K}_{bb,s}^{*}$，$t \neq s$。

6.3.2 周期性单胞构型设计模型

在周期性单胞构型的优化中，需要增加惩罚因子 p 对拓扑优化设计变量的密度进行惩罚，使其收敛于设定的密度上下界，从而获得子结构的"黑白"设计：

$$\boldsymbol{K}_{bb,i}^{*} := \rho^{p}\boldsymbol{K}_{\mathrm{sub}} = \sum_{j=1}^{n}\rho_{j}^{p}\boldsymbol{K}_{0} \tag{6.8}$$

式中：p 为惩罚因子，$p \geqslant 1$ 表明具有中间密度 $0 < \rho_j < 1$ 的子结构的刚度矩阵会被惩罚，该惩罚因子的值越大，其优化结构杆系特征越明显；n 表示该子结构内部的有限元单元总数；$\boldsymbol{K}_0$ 为实体材料的有限元单元刚度矩阵，如图 6.4 所示。

与传统的 SIMP 方法不同，此时的惩罚因子 p 对子结构刚度矩阵的惩罚，不是凝聚后的超单元对应的刚度矩阵，而是子结构内所有单元对应的单元刚度矩阵。在子结构构型优化结束后，需对其进行二次凝聚，从而在宏观结构中计算每个子结构边界的位移，进而实现宏观、微观结构的下一次迭代计算。

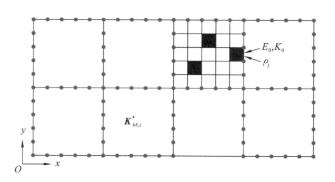

图 6.4　周期性单胞构型

6.4　灵敏度分析

根据所建立的子结构代理优化模型,上述基于子结构的周期性结构设计问题可重新定义为

$$\text{Find:}\quad X(\rho_j)$$

$$\text{min:}\quad c(\rho) = \sum_{i=1}^{N} \boldsymbol{U}_{bb,i}^{\text{T}} \boldsymbol{K}_{bb,i}^{*} \boldsymbol{U}_{bb,i}$$

$$\text{s. t.}\quad \sum_{i=1}^{N} \boldsymbol{K}_{bb,i}^{*} \boldsymbol{U}_{bb,i} = \boldsymbol{F} \tag{6.9}$$

$$\frac{V}{V_{\max}} = \sum_{j=1}^{n} \rho_j V_j \Big/ V_{\max} \leqslant \upsilon$$

$$0 < \rho_{\min} \leqslant \rho_j \leqslant 1$$

式中:$V_{\max}$ 为优化周期性子结构中所允许的最大材料体积;υ 为设定的体积分数;$\rho_{\min}$ 为预防奇异问题而设定的最小密度,$\rho_{\min}=0.001$。

对设计变量求导,可得

$$\frac{\partial c(\rho)}{\partial \rho_j} = \frac{\partial \sum\limits_{i=1}^{N} \boldsymbol{U}_{bb,i}^{\text{T}} \boldsymbol{K}_{bb,i}^{*} \boldsymbol{U}_{bb,i}}{N \partial \rho_j} = \frac{1}{N} \boldsymbol{U}_{bb,i}^{\text{T}} \sum_{i=1}^{N} \frac{\partial \boldsymbol{K}_{bb,i}^{*}}{\partial \rho_j} \boldsymbol{U}_{bb,i} \tag{6.10}$$

$$\frac{\partial \boldsymbol{K}_{bb,i}^{*}}{\partial \rho_j} := \sum_{j=1}^{n} p(\rho_j)^{p-1} \boldsymbol{K}_0 \tag{6.11}$$

根据第 6.3 节的子结构优化模型可知,对设计变量的偏导即为对子结构内部的所有单元进行计算。由于每个单元刚度矩阵 $\boldsymbol{K}_0$ 相同,因此灵敏度计算仅需在子结构内部单元刚度矩阵 $\boldsymbol{K}_0$ 的基础上乘以对应的材料密度系数。

在基于子结构的周期性结构优化方法中,变量更新策略采用传统的优化准则

(optimality criteria，OC)方法，在优化迭代计算中，每个子结构的初始体积约束均相等，整个设计域在优化过程中的材料体积与初始设置的体积约束相等，即材料体积始终不变，优化过程只在周期性子结构中寻找材料的最优分配比例，进而达到最优设计。

6.5 周期性多胞结构的设计方法

在该宏观、微观结构协同优化中，通过子结构自由度凝聚和反求计算，分别可以获得设计域上所有子结构边界节点和内部节点的位移场。通过式（6.10）和式（6.11）计算对应的宏观结构和微观结构的灵敏度。由于微观周期性结构构型会影响宏观子结构凝聚的刚度矩阵，因此在进行变量更新时，应先更新周期性结构的设计变量，然后更新宏观结构的设计变量。其对应优化设计流程如图 6.5 所示。

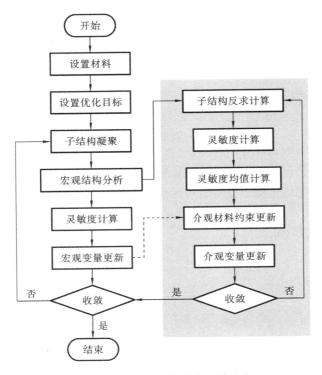

图 6.5 周期性结构优化设计流程

周期性结构设计需要同时关注微观单胞的构型演化和宏观结构中的材料调配，其周期性结构设计算法如下。

```
DeginMacroStructure() //宏观结构设计
    while(判断是否收敛)
    {
        substrcutureMacro(网格划分参数); //根据优化参数获得凝聚的子结构有限元
                                         //模型
        calcMacroModel(边界条件); //计算宏观设计域的有限元模型
        for 1:N
            iSensitivityMacro(); //计算宏观结构每个子结构的设计变量灵敏度
        updatingMacro(); //根据灵敏度的值更新设计变量
        DeginMicroStructure(); //微观结构设计
    }
DeginMicroStructure() //微观结构设计
    while(判断是否收敛)
    {
        for 1:N {
            calcsubstrcutureMicro(单胞内部节点编号); //反求单胞内部节点位移场
            iSensitivityMicro (); //计算宏观结构每个子结构的设计变量灵敏度
            }
        updatingMicro(); //根据灵敏度的值更新微观结构设计变量
    }
```

在该周期性结构设计算法中,每一次迭代均会判断宏观、微观结构是否收敛。而在微观结构优化过程中,其材料约束受宏观子结构分布限制。因此,微观结构优化需要从宏观结构中更新微观材料约束。

6.6 优化实例

6.6.1 悬臂梁结构设计

悬臂梁的设计域大小为 $L_1 \times L_2 = 2 \times 1$,其左侧固定,设计域右上方角点承受 $F = 1$ N 的垂直向压力,如图 6.6 所示。所选用材料的弹性模量为 $E_0 = 1$ Pa,泊松比 $\mu_0 = 0.3$,宏观结构的材料体积约束为 0.4。

把宏观设计域划分为 320×160 个四边形平面单元,利用 SIMP 方法计算其结构的最小柔度,不考虑周期性单胞约束,其优化结构和对应的结构柔度如图 6.7 所示。

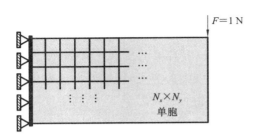

图 6.6 悬臂梁设计域及子结构划分

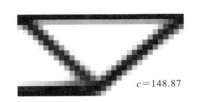

图 6.7 非周期性结构设计方法下的
宏观结构与结构柔度

基于子结构方法,把设计域划分为以下三种不同数量的单胞子结构:$N_x \times N_y$ $=2 \times 1$、$N_x \times N_y =4 \times 2$ 和 $N_x \times N_y =8 \times 4$;每个子结构均为周期性单胞,大小分别为 160×160、80×80 和 40×40 的四边形单元集合体,由于宏观结构的材料体积约束为 0.4,则每个单胞的体积约束均为 0.4。为了避免惩罚因子过大而导致单胞构型或宏观结构过早收敛的问题,在此分别设置惩罚因子 $p=1.0$ 和 $p=2.0$,灵敏度的过滤半径设置为单胞边长的 1.2 倍,优化迭代步长设置为 0.02。相邻两次目标函数值相对误差小于 10^{-4} 时所得拓扑构型即为最优结构,其优化结构如表 6.1 所示。

表 6.1 悬臂梁的优化结果与单胞构型

$N_x \times N_y$	$p=1.0$		目标函数值	$p=2.0$		目标函数值
	宏观结构	周期性单胞		宏观结构	周期性单胞	
2×1			82.23			97.59
4×2			105.30			141.42
8×4			112.16			167.19

从表 6.1 的优化结果中可以看出：① 当惩罚因子设置为 1.0，即对单胞密度不做任何惩罚，所优化的周期性单胞结构拓扑构型中存在大量的中间密度单元，没有明显的杆系结构特征，随着惩罚因子的增大，其杆系特征逐渐明显；② 在相同单胞划分数量下，优化目标值随着惩罚因子的增大而变大，可推断出单胞中大量的中间密度单元可获得更好的结构柔度；③ 在相同惩罚因子下，结构柔度随着单胞数量的增多而增大，这是由于周期性单胞不能确保材料在宏观尺度上的最优分布。

从优化结构来看，所得到的宏观结构及其对应的单胞构型的材料具有很好的连通性，因此所得构型具有良好的可制造性。需要注意的是，SIMP 方法中惩罚因子的影响，使得子结构内部有限元单元的相对密度不是离散的 0 或 1。尽管通过子结构方法可获得具有良好材料连通性的优化结构，但是所产生的中间密度单元给制造带来了困难。

为了避免周期性结构布满整个设计域，在此我们对悬臂梁实例的周期性单胞中材料的分布作了约束，即单胞间的材料可自由调配，仅需确保宏观结构内所有单胞的材料总和不超过许用材料约束即可。

结合本章提出的周期性结构拓扑优化设计流程，我们区分了宏观结构设计与微观单胞构型设计：利用宏观结构设计实现单胞间的材料的调配，利用微观单胞构型设计实现周期性结构单胞设计。沿用悬臂梁实例设计域的网格划分，其单胞构型与宏观结构设计参数如表 6.2 所示。

表 6.2　单胞构型与宏观结构设计参数

$N_x \times N_y$	宏观		单胞		单胞大小
	惩罚因子	过滤因子	惩罚因子	过滤因子	
2×1	2.0	1	3.0	1.1	160×160
8×4	2.0	1	3.0	1.1	40×40
16×8	2.0	1	3.0	1.1	20×20
32×16	2.0	1	3.0	1.1	10×10

宏观结构设计中，惩罚因子设置为 2.0，即减少单胞间的密度调配，避免宏观结构设计过程中单胞间密度调配过快，影响单胞构型设计；且过滤因子设置为 1，即宏观结构设计允许出现独立的周期性的单胞。在单胞构型设计参数设置中，惩罚因子设置为 3.0，使材料在单胞内部快速获得最佳构型，过滤因子设置为 1.1，从而避免了在单胞构型设计过程中出现棋盘格等问题而获得不合理的单胞构型。在表 6.2 所示的参数下，对应的设计结构及单胞构型如图 6.8 所示。

从优化结果来看，设计域中所划分的单胞数量越多，则其宏观结构的杆系特

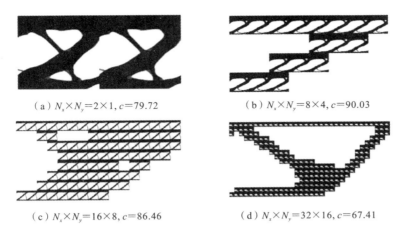

（a）$N_x \times N_y = 2 \times 1$, $c = 79.72$ （b）$N_x \times N_y = 8 \times 4$, $c = 90.03$

（c）$N_x \times N_y = 16 \times 8$, $c = 86.46$ （d）$N_x \times N_y = 32 \times 16$, $c = 67.41$

图 6.8 不同单胞数量下的周期性单胞结构设计结果

征越明显，对应的单胞构型基本相似。从优化结果图 6.8(d)中可看出，当设置的单胞数量太多时，尽管有材料的单胞越来越集中，杆系特征明显，但由于单胞中含有的单元数少，材料在单胞间调配时会逐渐聚集到各个单胞内部，很难得到具有清晰构型的周期性单胞结构。因此，在利用本章所提方法进行周期性结构设计时，需要注意宏观结构单胞划分数量与单胞大小设置之间的平衡。

6.6.2 双端固支梁结构设计

以双端固支梁的拓扑优化设计为例，如图 6.9 所示，设计域大小为 $L_1 \times L_2 = 2 \times 1$，设计域中央承受 $F = 1$ N 的垂直向集中载荷，所选用材料的弹性模量为 $E_0 = 1$ Pa，泊松比 $\mu_0 = 0.3$，体积约束为 0.3。

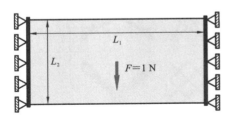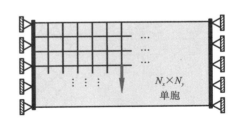

图 6.9 双端固支梁设计域及子结构划分

在宏观设计域中，不再固定其网格数量，而是设置三种不同数量单胞：$N_x \times N_y = 2 \times 1$、$N_x \times N_y = 4 \times 2$ 和 $N_x \times N_y = 8 \times 4$；单胞分别设置为 30×30、50×50 两类不同单元数的单元集合。

首先，假设周期性单胞分布在整个设计域上，即不对单胞间的密度进行调配，仅对单胞内部构型进行设计。单胞的体积约束沿用宏观体积约束（为 0.3）。在宏观结构设置层面,允许出现大量中间密度单元的单胞,因此惩罚因子设置为 1.0,过滤半径设置为 1;在单胞构型设计层面,单胞结构内部需要获得清晰的杆系特征结构,其惩罚因子设置为 $p=3.0$,迭代优化步长设置为 0.02,为了避免周期性单胞构型出现棋盘格现象,其灵敏度过滤半径设置为 1.5。在优化过程中,相邻两次优化目标函数值的相对误差小于 0.0001 时所得拓扑构型即为最优周期性结构,其优化结果如表 6.3 所示。

表 6.3　不同单胞划分下的优化结果与单胞构型

宏观结构划分	单胞大小	宏观结构	周期性单胞	目标函数值
$N_x \times N_y = 2 \times 1$	30×30			10.59
	50×50			9.79
$N_x \times N_y = 4 \times 2$	30×30			19.54
	50×50			16.32
$N_x \times N_y = 8 \times 4$	30×30			21.94
	50×50			18.40

从优化结果可推断出以下结论：① 相同的宏观结构子结构划分，优化时所选取的子结构大小不同，其最终的优化拓扑构型也不同，其宏观结构柔度随着子结构单元数增多而减小；② 在同一大小的子结构下，宏观结构子结构划分不同，最终优化的周期性子结构构型基本相似，其宏观结构柔度随着子结构单元数增多而逐渐增大。当子结构所含单元数增多时，意味着设计域的有限元网格更为细化，所得到的宏观优化结构特征越精细，其优化结构柔度越小。

从优化结果看，微观结构边界间具有的良好的材料连通性，改变了由应变场突变引起的微观结构间材料不连通的情况，这为其结构加工制造提供了模型基础。同时，设计过程中宏观结构与微观构型间具有明确的尺度比例关系，保证了设计的结构性能与实际制造的结构性能的一致性，避免了均匀化方法中因尺度分离引起的结构设计与制造的性能误差。

在此，我们允许单胞间的材料根据需要进行自由调配，即不在整个设计域上设计周期性单胞结构，而是在宏观层面允许单胞的自由分布，我们设置与 6.6.1节中实例相同的优化参数，其优化构型如图 6.10 所示。

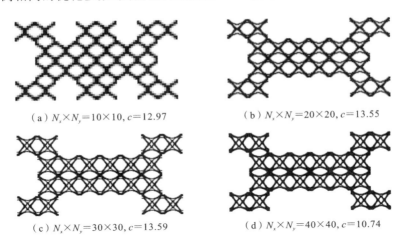

（a）$N_x \times N_y = 10 \times 10, c = 12.97$　　　　（b）$N_x \times N_y = 20 \times 20, c = 13.55$

（c）$N_x \times N_y = 30 \times 30, c = 13.59$　　　　（d）$N_x \times N_y = 40 \times 40, c = 10.74$

图 6.10　不同大小单胞下的周期性结构宏观构型优化结果

从优化结果来看，在不同大小单胞下，固支梁的宏观优化构型基本相似，其结构柔度值随着单胞数量的增多先增大后减小。从单胞构型来看，在宏观单胞数量一定的情况下，单胞大小越大，则周期性单胞构型越清晰，其不同尺度单胞的周期性结构如图 6.11 所示。

从单胞构型变化来看，本章利用子结构内部自由度反求的方法，获得了结构精细的周期性单胞构型，相比于第 4 章提出的 ARSP（approximation of reduced substructure with penalization）方法，本章的方法设计了子结构的内部结构，扩宽

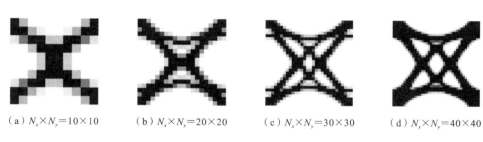

（a）$N_x \times N_y = 10 \times 10$ （b）$N_x \times N_y = 20 \times 20$ （c）$N_x \times N_y = 30 \times 30$ （d）$N_x \times N_y = 40 \times 40$

图 6.11 周期性单胞构型

了设计空间,其优化目标的柔度也更小一些。图 6.10（d）对应的优化收敛过程如图6.12 所示。在优化过程中,利用 SIMP 方法,尽管周期性单胞构型一直在变迁,但宏观结构的材料占比始终保持不变。

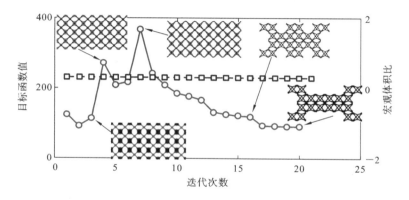

图 6.12 40×40 单胞下的收敛过程

在本章提出的周期性结构优化设计方法中,微观单胞构型的设计嵌入到宏观结构的优化过程中。因此,周期性单胞构型的设计依赖于宏观结构优化参数的设定。在优化过程中,为了避免因宏观结构构型剧变引起周期性单胞构型演变的波动而影响整个周期性结构的收敛效率,周期性单胞的迭代步长设置应小于宏观结构的迭代步长。

通过对比上述两个实例,为了避免由于宏观子结构单元数增多而导致周期性单胞大小减小,从而使得材料在周期性单胞中过度集中,难以获得具有明显杆系特征的周期性单胞,我们采取了相应的措施。在利用本章所提方法进行周期性结构设计时,尽量选择含有限网格数多的周期性单胞进行设计,既可避免材料在宏观层面的调配时周期性单胞构型发生剧变,也可提供更大的单胞构型设计空间,以便获得杆系特征清晰的周期性单胞构型。

6.7　本章小结

本章提出了基于子结构方法的周期性微观构型的宏观、微观协同设计方法，根据子结构凝聚和反求构建对应的宏观、微观优化模型。基于 SIMP 方法的优化框架，利用子结构的自由度凝聚来实现结构的宏观构型设计，同时利用子结构内部自由度反求来实现周期性微观构型设计。此外，本书还提供了该优化方法的灵敏度计算和变量更新迭代方法。通过两个实例验证了所提方法的合理性。

相比于传统基于均匀化的周期性结构优化方法，基于子结构的周期性结构优化方法能够利用子结构自由度凝聚来实现宏观结构的快速迭代。这种方法通过子结构内部自由度的反求能够设计周期性单胞构型。由于周期性单胞是宏观设计域的一部分，网格和节点之间是一一对应的，从而解决了均匀化方法的尺度分离问题。同时子结构自由度凝聚还提高了宏观结构的设计效率。

参考文献

[1] Zhu J H, Zhang W H, Beckers P. Integrated layout design of multi-component system[J]. International Journal for Numerical Methods in Engineering，2009,78(6)：631-651.

[2] Liu S, Hu R, Li Q, et al. Topology optimization-based lightweight primary mirror design of a large-aperture space telescope[J]. Applied Optics，2014, 53(35)：8318-8325.

[3] 刘宇锋. 周期性连续体结构的拓扑优化设计研究[D]. 南昌：南昌航空大学，2014.

[4] Liu C, Du Z L, Zhang W S, et al. Additive manufacturing-oriented design of graded lattice structures through explicit topology optimization[J]. Journal of Applied Mechanics，2017，84(8)：081008.

[5] Aremu A O, Brennan-Craddock J P J, Panesar A, et al. A voxel-based method of constructing and skinning conformal and functionally graded lattice structures suitable for additive manufacturing[J]. Additive Manufacturing，2017，13：1-13.

[6] Sigmund O, Torquato S. Design of materials with extreme thermal expansion using a three-phase topology optimization method[J]. Journal of the Mechanics and Physics of Solids，1997，45(6)：1037-1067.

[7] 陈文炯，刘书田. 周期性吸声多孔材料微结构优化设计[J]. 计算力学学报，2013,30,(1)：45-50.

[8] 蔡园武. 周期性板结构的渐近均匀化方法及微结构优化[D]. 大连：大连理工大学，2014.

[9] Yan J, Cheng G D, Liu S T, et al. Comparison of prediction on effective elastic property and shape optimization of truss material with periodic microstructure[J]. International Journal of Mechanical Sciences，2006，48(4)：400-413.

[10] Cadman J E, Zhou S W, Chen Y H, et al. On design of multi-functional microstructural materials[J]. Journal of Materials Science, 2013, 48: 51-66.

[11] Huang X, Xie Y M. Optimal design of periodic structures using evolutionary topology optimization[J]. Structural and Multidisciplinary Optimization, 2008, 36: 597-606.

[12] Xie Y M, Zuo Z H, Huang X, et al. Convergence of topological patterns of optimal periodic structures under multiple scales[J]. Structural and Multidisciplinary Optimization, 2012, 46: 41-50.

[13] Vogiatzis P, Chen S K, Wang X, et al. Topology optimization of multi-material negative Poisson's ratio metamaterials using a reconciled level set method[J]. Computer-Aided Design, 2017, 83: 15-32.

[14] Fantoni F, Bacigalupo A, Paggi M. Multi-field asymptotic homogenization of thermo-piezoelectric materials with periodic microstructure[J]. International Journal of Solids and Structures, 2017, 120: 31-56.

[15] Huang X D, Zhou S W, Sun G Y, et al. Topology optimization for microstructures of viscoelastic composite materials[J]. Computer Methods in Applied Mechanics and Engineering, 2015, 283: 503-516.

[16] 贾娇, 程伟, 龙凯. 基于 SIMP 法的周期性传热材料拓扑优化[J]. 北京航空航天大学学报, 2015, 41(6): 1042-1048.

[17] 杜义贤, 李涵钊, 田启华, 等. 基于能量均匀化的高剪切强度周期性点阵结构拓扑优化[J]. 机械工程学报, 2017, 53(18): 152-160.

[18] 杜义贤, 尹鹏, 李荣, 等. 兼具吸能和承载特性的梯度结构宏细观跨尺度拓扑优化设计[J]. 机械工程学报, 2020, 56(7): 171-180.

[19] Li M, Cheng Z B, Jia G F, et al. Dimension reduction and surrogate based topology optimization of periodic structures[J]. Composite Structures, 2019, 229: 111385.

[20] Li M, Jia G F, Cheng Z B, et al. Generative adversarial network guided topology optimization of periodic structures via Subset Simulation[J]. Composite Structures, 2021, 260: 113254.

[21] Zheng Y F, Xiao M, Gao L, et al. Robust topology optimization for periodic structures by combining sensitivity averaging with a semianalytical method[J]. International Journal for Numerical Methods in Engineering, 2019, 117(5): 475-497.

[22] He G Q, Huang X D, Wang H, et al. Topology optimization of periodic structures using BESO based on unstructured design points[J]. Structural and Multidisciplinary Optimization, 2016, 53: 271-275.

[23] Riva E, Cazzulani G, Belloni E, et al. An Optimal Method for Periodic Structures Design[C]//Smart Materials, Adaptive Structures and Intelligent Systems. American Society of Mechanical Engineers, 2017, 58264: V002T03A021.

[24] Chen W J, Tong L Y, Liu S T. Concurrent topology design of structure and material using a two-scale topology optimization[J]. Computers & Structures, 2017, 178: 119-128.

[25] Cheng G D, Xu L. Two-scale topology design optimization of stiffened or porous plate sub-

ject to out-of-plane buckling constraint[J]. Structural and Multidisciplinary Optimization，2016，54：1283-1296.

[26] Dahlberg O，Mitchell-Thomas R C，Quevedo-Teruel O. Reducing the dispersion of periodic structures with twist and polar glide symmetries[J]. Scientific Reports，2017，7：10136.

[27] 赵清海，张洪信，华青松，等. 周期性多材料结构稳态热传导拓扑优化设计[J]. 工程力学，2019，36(3)：247-256.

[28] Zhao Q H，Zhang H X，Hua Q Q S，et al. Multi-material topology optimization of steady-state heat conduction structure under periodic constraint[J]. Engineering Mechanics，2019，36(3)：247-256.

[29] 焦洪宇，李英，胡顺安，等. 基于导重法的结构类周期性布局优化方法研究[J]. 机械工程学报，2020，56(13)：218-230.

[30] Jiao H Y，Li Y，Hu S N，et al. Study of structural periodic-like layout optimization based on guide-weight method[J]. Journal of Mechanical Engineering，2020，56(13)：218-230.

[31] 焦洪宇，周奇才，李文军，等. 基于变密度法的周期性拓扑优化[J]. 机械工程学报，2013，49(13)：132-138.

[32] Xia L，Breitkopf P. Multiscale structural topology optimization with an approximate constitutive model for local material microstructure[J]. Computer Methods in Applied Mechanics and Engineering，2015，286：147-167.

[33] Sivapuram R，Dunning P D，Kim H A. Simultaneous material and structural optimization by multiscale topology optimization[J]. Structural and Multidisciplinary Optimization，2016，54：1267-1281.

[34] Li H，Luo Z，Gao L，et al. Topology optimization for functionally graded cellular composites with metamaterials by level sets[J]. Computer Methods in Applied Mechanics and Engineering，2018，328：340-364.

[35] Zhu Y C，Li S S，Du Z L，et al. A novel asymptotic-analysis-based homogenisation approach towards fast design of infill graded microstructures[J]. Journal of the Mechanics and Physics of Solids，2019，124：612-633.

[36] Li Q H，Xu R，Liu J，et al. Topology optimization design of multi-scale structures with alterable microstructural length-width ratios[J]. Composite Structures，2019，230：111454.

[37] Xia L，Xia Q，Huang X D，et al. Bi-directional evolutionary structural optimization on advanced structures and materials：a comprehensive review[J]. Archives of Computational Methods in Engineering，2018，25(2)：437-478.

[38] Fu J J，Xia L，Gao L，et al. Topology optimization of periodic structures with substructuring[J]. Journal of Mechanical Design，2019，141(7)：071403.

[39] 陈小前，赵勇，霍森林，等. 多尺度结构拓扑优化设计方法综述[J]. 航空学报，2023，44(15)：25-60.

[40] Liu L，Yan J，Cheng G D. Optimum structure with homogeneous optimum truss-like material[J]. Computers and Structures，2008，86(13-14)：1417-1425.

[41] Wang Y Q, Wang M Y, Chen F F. Structure-material integrated design by level sets[J]. Structural and Multidisciplinary Optimization, 2016, 54: 1145-1156.

[42] Zhang W H, Sun S P. Scale-related topology optimization of cellular materials and structures[J]. International Journal for numerical methods in Engineering, 2006, 68(9): 993-1011.

[43] Hou Y L, Zhao Q L, Sapanathan T, et al. Parameter identifiability of ductile fracture criterion for DP steels using bi-level reduced surrogate model[J]. Engineering Failure Analysis, 2019, 100: 300-311.

7

杆单胞驱动的
多胞结构设计

本章以杆单元为基元,讨论杆的空间位姿演变下不同单胞的构建方法,探索基于杆单元的二维、三维单胞的杆系空间位姿与其力学性能表征的关联关系,重点研究杆单元节点间的拓扑连接演变、多胞结构宏观拓扑及其力学性能之间的耦合规律,建立基于杆单元拓扑变迁的单胞、多胞结构设计方法,为基于杆系的桁架等结构设计提供方法基础和理论依据。

7.1 引言

随着拓扑优化技术与增材制造技术的快速发展,面向多维尺度、多功能耦合的结构设计与成形已成为高性能结构研制的热点[1]。拓扑优化技术通过设计材料在设计空间的布局实现了高性能结构复杂宏观、微观拓扑构型的设计[2]。增材制造技术利用材料分层叠加的成形方式实现了复杂结构的成形制造[3]。设计空间与制造空间协同关注结构的表达,可实现结构几何特征与其性能的耦合匹配[4][5],为结构创新设计及高性能构件的研制提供了理论途径和实现方法[6][7]。拓扑优化与增材制造技术的融合,已应用到了航空航天[8]、医疗[9]、新能源[10]等多个领域。

然而,设计空间结构的超高的几何特征复杂度和材料分布的高自由度难以匹配制造空间材料堆叠成形工艺约束限制[11][12],难以在无辅助支撑下直接表达封闭内孔[13]、大悬挑结构[14]等具有良好力学性能的结构。因此,在结构设计过程中,必须考虑其尺寸特征、悬垂结构等几何约束,以避免结构在制造过程中发生坍塌[15],同时确保结构的设计性能在制造空间的准确表达,实现设计即制造,这些是面向增材制造的结构拓扑优化设计必须突破的难点[16][17]。目前,面向增材制造的结构拓扑优化设计主要考虑尺寸约束[18]、悬垂约束[19][20]、连通性约束[21]、自支撑约束[22][23]等几个方面。然而,如何利用结构设计优化材料分布,来实现结构打印成形过程中的自支撑,依然是面向增材制造拓扑优化设计研究的重点[24][25]。

自支撑结构是利用下层材料支撑上层材料,无须辅助支撑的成形约束[26][27],所使用方法以密度方法、水平集方法为主。结构的自支撑设计提高了材料利用率,节省了结构的后处理时间成本,降低了因去除支撑结构而破坏结构的风险[28]。自支撑结构的拓扑优化设计方法有菱形结构填充方法[29]、基于桁架连接的设计方法、45°方法[14]等。由于不同材料允许的最小悬挑角和最大悬挑结构长度不同,45°方法的适应性较弱。结构填充方法需要增加额外的约束,会牺牲部分结构性能。相较而言,基于桁架连接的自支撑结构设计方法的自由度较高,且更贴近实际制造过程[30]。

许多学者从实体结构出发,在设计域中模拟材料的分层叠加,忽略支撑结构,完全利用实体材料实现结构的自支撑成形[31][32]。Liu 等[33]详细研究了材料属性、悬挑角及悬挑长度与结构成形的关联关系,指出了影响结构成形的多个因素。Guo 等[34]提出了变形组件和变形孔洞方法的拓扑优化方法,充分利用组件或孔洞的变形,使结构满足增材制造中的自支撑约束。Qian[35]构建了控制结构悬挑角约束的显示列式,利用单元密度梯度的调配实现了自支撑结构边界的设计。Langelaar[14]构建了一个密度过滤算子,通过过滤相邻单元密度实现材料在结构中的最优分布,并确保每个实体单元均有支撑单元,同时给出了 45°悬挑角的自支撑结构拓扑优化设计方法。Zou 等[36]基于各向同性固体材料(solid isotropic material with penalization,SIMP)模型讨论了结构自支撑约束条件下的材料分布问题,构建了显示自支撑约束的优化模型,并利用支撑结构的渐进演化实现了自支撑模型设计。Van de Ven 等[37]提出了模块化的悬垂滤波器,该滤波器通过结合几何特征反转、联合和相交等基本操作来实现结构的最小悬垂角度设计,该方法能有效提高零件性能,且具有更好的收敛性。Garaigordobil 等[38]为了避免局部区域中由于“水滴效应”导致的不可制造的几何特征出现及制造结构波动轮廓的产生,提出了“水滴效应”准则,利用严格的悬挑特征边界临域修正,设计出具有自支撑特性的拓扑构型。Xu 等[39]提出了连续体结构在薄壁特征和支撑结构约束条件下的最小柔度和最大基频的结构设计方法,并基于双向进化结构优化方法实现了薄壁特征和支撑结构约束的结构拓扑优化框架。Wang 等[40]提出了基于 B 样条的自支撑结构拓扑优化方法,利用 B 样条和 Heaviside 函数表示密度场,构建了结构边界的悬挑角约束和 V 形区域约束,实现了结构的自支撑设计。Xu 等[41]提出了具有壳层和晶格-晶格界面的多尺度结构设计方法,利用可变厚度片方法和基于投影的正则化机制,实现了有限数量的晶格微结构下的多尺度结构自由设计,提高了结构力学性能的同时也确保结构的可制造性。为了减少增材制造成形过程中的残余应力影响，Xu 等[42] 提出了基于固有应变法的有限元模型，探求分层成形过程中的复杂机械力学行为，建立了残余应力约束的结构自支撑拓扑优化算法，从而避免零件开裂、分层或翘曲等故障的发生。Zhang 等[43] 同时考虑自支撑、连通性、固相最小长度和空相最小长度四个约束条件，证明了连通性约束可以通过施加空相自支撑约束来实现，并给出了理论优化公式，该公式可以同时有效抑制小悬挑角边界、悬挂特征、尖角孔洞、细长组件、封闭孔洞等几何特征的出现，可实现自支撑结构的设计与成形[44]。

在结构成形制造过程中额外增加的支撑结构，通常会在后处理中被除去，然而这类结构也可以与实际结构一起设计，发挥其更多的作用。Luo 等[45] 基于非线性虚拟温度过滤方法提出了兼顾支撑结构设计的拓扑优化方法，该方法可同时实现封闭孔洞和无封闭空隙区域的直接成形。通过多孔填充物构型的再设计实现了封闭区域的成形支撑，从而进一步发挥支撑结构的力学性能，进而免除了移除支撑的后处理操作。Amir 等[46] 研究了实体与空材料的分布参数、八面体晶格的均匀化插值方法以及实体空材料与晶格同时设计的参数，在不损失结构力学性能的前提下，通过最少的支撑材料减少大悬挑结构，并建立了对应的并行计算优化设计框架。Zegard 等[47] 详细讨论了基于基结构和密度方法的拓扑优化方法，这种方法给出了设计模型向制造模型转换、设计模型制造过程中出现的一些问题的解决方案，还提供了检查生成增材制造模型的工具，为复杂几何构型的制造提供了工具支持。

随着增材制造技术的发展，已出现空间悬浮 3D 打印、材料反重力 3D 打印等先进的无支撑增材制造技术。目前，基于增材制造的拓扑优化结构已经在航空航天[48]、医学[49] 等领域得到了应用。但对于具有复杂几何特征拓扑的多尺度结构，其成形必须要增加额外的辅助支撑，避免这类结构在制造过程中坍塌[50]。然而，对于三维的多尺度结构成形，额外增加的辅助支撑难以有效去除，其制造后的结构性能往往达不到设计要求[51]。因此，如何突破增材制造的成形工艺限制，实现结构的自由成形，这需要做进一步研究。

本章从杆系结构出发，利用杆系的空间拓扑实现了多胞结构的设计，同时分析杆系的位姿与增材制造悬挑约束的匹配关系，建立了制造约束下的多胞结构杆系几何特征的演化规律，进而构建了基于杆几何特征的多胞结构设计与制造一体化方法。

7.2 考虑空间位姿的杆单元重构

基于增材制造技术打印多胞结构时，由于多胞结构中几何特征的多样空间位姿,难以避免辅助支撑结构。为实现多胞结构的自支撑成形,我们在此基于更容易直接成形的杆梁建立单胞[52],介绍单胞结构的设计方法。

由杆单元的单元刚度矩阵 $\boldsymbol{K}_e$ 定义可知:

$$\boldsymbol{K}_e = \boldsymbol{T}\boldsymbol{K}'_e\boldsymbol{T}^{\mathrm{T}} \tag{7.1}$$

式中:$\boldsymbol{K}'_e = \dfrac{EA}{L}\begin{bmatrix} 1 & -1 \\ -1 & 1 \end{bmatrix}$;$E$ 为杆材料的弹性模量;A 和 L 分别为杆单元的横截面积和杆长;变换矩阵 $\boldsymbol{T}$ 为

$$\boldsymbol{T} = \begin{bmatrix} \cos\alpha & \sin\alpha & 0 & 0 \\ 0 & 0 & \cos\alpha & \sin\alpha \end{bmatrix}^{\mathrm{T}} \quad \text{(二维单胞)} \tag{7.2a}$$

$$\boldsymbol{T} = \begin{bmatrix} \cos\alpha & \cos\beta & \cos\gamma & 0 & 0 & 0 \\ 0 & 0 & 0 & \cos\alpha & \cos\beta & \cos\gamma \end{bmatrix}^{\mathrm{T}} \quad \text{(三维单胞)} \tag{7.2b}$$

式中:α、β、γ 分别为杆的局部坐标系与空间坐标系对应轴的夹角。利用变换矩阵 $\boldsymbol{T}$ 可把杆所受的轴向力变换成对应坐标系的轴力分量。杆单元及其三角面片模型如图 7.1 所示。

图 7.1 杆单元及其三角面片模型

为了与优化设计变量进行关联,我们在此把杆单元的刚度矩阵改写为

$$\boldsymbol{K}'_e = \frac{EA}{L}\begin{bmatrix} 1 & -1 \\ -1 & 1 \end{bmatrix} = \tau E\begin{bmatrix} 1 & -1 \\ -1 & 1 \end{bmatrix} \tag{7.3}$$

式中:τ 等于杆单元横截面积与杆长的比,在本章中我们定义该参数为形状系数,$\tau = A/L$。

7.3 基于杆单元的单胞结构设计模型

杆单元在空间的叠加,可获得丰富的单胞构型。在此我们假设单胞均由杆单元组成,考虑到杆单元空间叠加后的可制造性问题,通常以四边形或六面体作为单胞模板,组成的单胞如图 7.2 所示。

图 7.2 中,单胞内部的灰色实心点表示杆单元节点,两个节点之间的黑色线段为组成单胞的杆单元,为了便于计算单胞的刚度矩阵,我们用数字表示该节点在单胞内部的编号。同时,我们在单胞内部也增加一个杆单元连接点,确保单胞的力学性能是可调的。为了方便区分,我们将单胞内部的杆单元连接点称为独享节点,即与该节点连接的杆单元在构建单胞刚度矩阵时完全属于当前单胞;其他节点称为共享节点,全由共享节点连接的杆单元在构建单胞刚度矩阵时,由相邻单胞共享这些杆单元。为了使所构建的单胞具有更灵活的几何形变能力以及杆

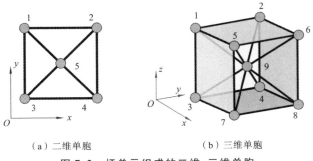

（a）二维单胞　　　　　　　　　（b）三维单胞

图 7.2　杆单元组成的二维、三维单胞

单元之间的空间干涉关系，对组成单胞的杆单元作以下限制：

（1）单胞内部所有杆单元的连接均由连接点控制，且两相邻连接点之间不允许有其他杆单元；

（2）单胞内部与独享节点连接的杆单元均由独立的几何控制参数进行形状调整；

（3）单胞间或共享杆单元可相互融合以形成更为复杂的几何体。

由杆单元组成的单胞，其单胞刚度矩阵可写为

$$\boldsymbol{K}_b = \sum_{i=1}^{n} \frac{EA_i}{L_i} \boldsymbol{T}_i \begin{bmatrix} 1 & -1 \\ -1 & 1 \end{bmatrix} \boldsymbol{T}_i^{\mathrm{T}} = \sum_{i=1}^{n} \tau_i E \boldsymbol{T}_i \begin{bmatrix} 1 & -1 \\ -1 & 1 \end{bmatrix} \boldsymbol{T}_i^{\mathrm{T}} \tag{7.4}$$

式中：二维单胞的 $n=8$；三维单胞的 $n=20$。

由单胞的形成过程可知，单胞由共享杆单元和独享杆单元组成，因此单胞的刚度矩阵可进一步表示为

$$\boldsymbol{K}_b = \sum_{j=1}^{mm} \tau_j \boldsymbol{T}_j \begin{bmatrix} 1 & -1 \\ -1 & 1 \end{bmatrix} \boldsymbol{T}_j^{\mathrm{T}} + \sum_{k=1}^{nn} \tau_k \boldsymbol{T}_k \begin{bmatrix} 1 & -1 \\ -1 & 1 \end{bmatrix} \boldsymbol{T}_k^{\mathrm{T}} \tag{7.5}$$

式中：nn 为单胞中共享杆单元的个数；mm 为单胞中含有独享杆单元的个数。在所定义的二维单胞中 $mm=4$，$nn=4$；三维单胞中 $nn=12$，$mm=8$。

结合方程（7.3）与方程（7.5），形状参数与独享连接点在单胞内部的空间位置有关，为了在单胞中寻找到合适的位置，使得当前单胞刚度矩阵最大，为此我们构建如下的单胞设计模型。

对于二维单胞，有

$$\begin{aligned} &\text{find} \quad (x, y) \\ &\max \quad \boldsymbol{K}_b = \sum_{i=1}^{8} \tau_i \boldsymbol{T}_i \begin{bmatrix} 1 & -1 \\ -1 & 1 \end{bmatrix} \boldsymbol{T}_i^{\mathrm{T}} \\ &\text{s. t.} \quad 0 < x < L_x \\ &\qquad\quad 0 < y < L_y \\ &\qquad\quad L_i = \sqrt{(x - x_i)^2 + (y - y_i)^2}, \quad i = 1, 2, \cdots, 8 \end{aligned} \tag{7.6a}$$

式中:(x_i,y_i)为二维单胞四个角点坐标;L_x、L_y分别为单胞的长、宽尺寸。

对于三维单胞,有

$$
\begin{aligned}
&\text{find}\quad (x,y,z)\\
&\text{max}\quad \boldsymbol{K}_b = \sum_{i=1}^{20}\tau_i\boldsymbol{T}_i\begin{bmatrix}1 & -1\\-1 & 1\end{bmatrix}\boldsymbol{T}_i^{\mathrm{T}}\\
&\text{s.\,t.}\quad 0<x<L_x\\
&\qquad\quad 0<y<L_y\\
&\qquad\quad 0<z<L_z\\
&\qquad\quad L_i=\sqrt{(x-x_i)^2+(y-y_i)^2+(z-z_i)^2},\quad i=1,2,\cdots,20
\end{aligned}
$$

(7.6b)

式中:(x_i,y_i,z_i)为三维单胞角点坐标;L_x、L_y、L_z为单胞的长、宽、高尺寸。

从单胞优化模型(7.6)可知,单胞刚度矩阵与其杆单元的形状系数相关。在此假设单胞内部所有杆的横截面积 A 相同,即单胞内部杆单元形状系数仅与杆长 L 相关,此时优化模型(7.6)可改写为

$$
\begin{aligned}
&\text{find}\quad (x,y)\\
&\text{min}\quad \sum_{i=1}^{8}L_i\\
&\text{s.\,t.}\quad 0<x<L_x\\
&\qquad\quad 0<y<L_y\\
&\qquad\quad L_i=\sqrt{(x-x_i)^2+(y-y_i)^2}
\end{aligned}
$$

(7.7a)

$$
\begin{aligned}
&\text{find}\quad (x,y,z)\\
&\text{min}\quad \sum_{i=1}^{20}L_i\\
&\text{s.\,t.}\quad 0<x<L_x\\
&\qquad\quad 0<y<L_y\\
&\qquad\quad 0<z<L_z\\
&\qquad\quad L_i=\sqrt{(x-x_i)^2+(y-y_i)^2+(z-z_i)^2}
\end{aligned}
$$

(7.7b)

假定单胞是边长为 1 的正方形或正方体单胞,则优化模型(7.7)的计算结果如图 7.3 所示。通过计算结果来看,当内部节点设置在单胞的正中心时,即 $(L_x/2,L_y/2)$ 或 $(L_x/2,L_y/2,L_z/2)$,所获得的单胞杆系总长度最短,意味着此时单胞的刚度矩阵最大、力学性能最佳。

为了计算方便,我们假设组成单胞的所有杆单元的横截面积相同,此时单胞刚度矩阵可写为

$$
\boldsymbol{K}_b = EA\sum_{i=1}^{n}\boldsymbol{T}_i/L_i
$$

(7.8)

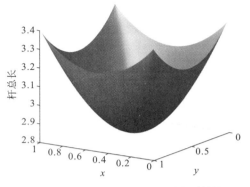
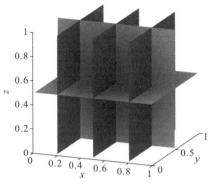

（a）正方形单胞内部节点位置优化计算结果　　（b）正方体单胞内部节点位置优化计算结果

图 7.3　单胞内部节点位置计算结果

为了便于优化,我们定义单胞的优化模型为

$$\boldsymbol{K}_c = \rho_c^p \boldsymbol{K}_b \tag{7.9}$$

式中:p 为惩罚因子;ρ_c 为单胞密度。

7.4　基于杆单元的连接矩阵

基于杆单元的单胞中,杆单元通过独享节点或共享节点相互连接,构成空间位姿各异的单胞结构。为了方便表示单胞内部各杆单元的相互连接关系,我们在此处定义了一个表示单胞内单元的连接拓扑矩阵 $\boldsymbol{C}_0$,其形式如下:

$$\boldsymbol{C}_0 = \left[c_{i,j}\right]_{N \times N}, \quad i \in \mathbf{Z}^+, j \in \mathbf{Z}^+, i \neq j \tag{7.10}$$

式中:i、j 分别为单胞内部节点的编号;N 为单胞内部的节点总数。

当 $c_{i,j} = 0$ 时,表示第 i 个节点与第 j 个节点之间没有杆单元连接;当 $c_{i,j} = 1$ 时,表示第 i 个节点与第 j 个节点之间有杆单元连接。

连接拓扑矩阵 $\boldsymbol{C}_0$ 具有稀疏性特点,若单胞内部所有节点均与其他节点之间有杆单元连接,则该拓扑矩阵是一个除了对角线元素为 0,其他元素均为 1 的方阵。

在多胞结构内,其所有节点的连接关系可以通过单胞的拓扑矩阵进行表达:

$$\boldsymbol{C} = \sum_{r=1}^{s} \boldsymbol{C}_0^r = \sum_{i=1}^{s} \left[c_{i,j}\right]_{N \times N}^r \tag{7.11}$$

式中:s 为多胞结构中单胞的总个数。

在利用拓扑矩阵表达单胞节点的连接关系时,多胞的拓扑矩阵中会出现大于 1 的元素,此时该值表示对应的杆单元由几个相邻单胞共享。如 7.3 节中二维单胞,其拓扑矩阵可写为

$$
C_0 = \begin{bmatrix} 0 & 1 & 1 & 0 & 1 \\ 1 & 0 & 0 & 1 & 1 \\ 1 & 0 & 0 & 1 & 1 \\ 0 & 1 & 1 & 0 & 1 \\ 1 & 1 & 1 & 1 & 0 \end{bmatrix} \tag{7.12}
$$

当两个单胞相邻连接时,对应的多胞拓扑矩阵的拓扑图及其矩阵如图 7.4 所示。

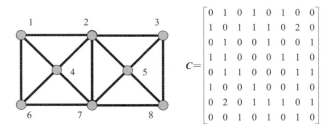

图 7.4　多胞结构的拓扑矩阵

从拓扑矩阵可看出,连接节点 2 与节点 7 的杆单元由两个单胞共享,因此拓扑矩阵中 $c_{2,7} = c_{7,2} = 2$。

7.5　杆单胞驱动的多胞结构设计

7.5.1　优化模型定义

基于杆系单胞的宏观结构优化模型,可定义如下:

$$
\begin{aligned}
&\text{Find:} \quad X(\rho) \\
&\text{min:} \quad c(\rho) = U^{\mathrm{T}} KU = \sum_{i=1}^{n_i \times n_j} U_i^{\mathrm{T}} K_c^i U_i \\
&\text{s.t.} \quad KU = F \\
&\qquad V \leqslant v \\
&\qquad 0 < \rho_{\min} \leqslant \rho_{i,j} \leqslant \rho_{\max} \\
&\qquad i = 1, \cdots, n_i, \quad j = 1, 2, \cdots, n_j
\end{aligned} \tag{7.13}
$$

式中:优化目标 $c(\rho)$ 为多胞结构的最小柔度,约束条件为杆系的空间占比不大于 v;参数 K、U、F 分别为模型的整体刚度矩阵、位移场和外部受力;n_i、n_j 分别为设计域在 x 向、y 向划分的单胞总数;$\rho_{i,j}$ 为杆系单胞密度,通过密度可转换为杆系的空间占比。

由式(7.5)与式(7.9)可知,单胞的密度或单胞杆系空间占比由组成单胞的各杆的横截面积与其长度的总和确定,即

$$\rho_c = \sum_{j=1}^{nn} \tau_j + \sum_{k=1}^{mn} \tau_k = \sum_{j=1}^{nn} \frac{A_j}{L_j} + \sum_{k=1}^{mn} \frac{A_k}{L_k} \tag{7.14}$$

在所构建的单胞中,单胞内部共享单元可能由多个单胞共有,如图 7.5(a)所示的两个相邻单胞中的共享单元 L_1 与 L_2,图 7.5(b)所示的三维单胞的杆单元 L_1、L_2、L_3 和 L_4。在拓扑优化中,每个单胞均有独立的密度设计变量,相邻单胞中的共享单元会打破设计变量的独立性,在此我们定义相邻单元的平均密度,进行单胞内部独享单元与共享单元密度的调配。

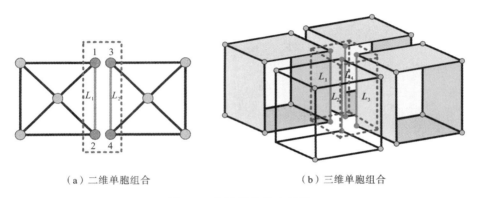

（a）二维单胞组合　　　　　　　　　（b）三维单胞组合

图 7.5　单胞间的共享单元

$$\sum_{j=1}^{nn} \frac{\overline{A}_j}{L_j} + \sum_{k=1}^{mn} \frac{\overline{A}_k}{L_k} = \frac{1}{S} \sum_{k=1}^{S} \rho_{c,s} \tag{7.15a}$$

式中:S 为相邻单胞的总数;$\overline{A}_j$、$\overline{A}_k$ 分别为通过相邻单胞平均后的密度所计算获得的共享杆单元、独享杆单元的横截面积。

为了利用平均密度实现单胞内部共享杆单元与独享杆单元的调配,在此把式(7.15a)修改为

$$\eta \sum_{j=1}^{nn} \frac{\overline{A}_j}{L_j} + (\rho_{\text{def}} - \eta) \sum_{k=1}^{mn} \frac{\overline{A}_k}{L_k} = \frac{1}{S} \sum_{k=1}^{S} \rho_{c,s} \tag{7.15b}$$

式中:η 为密度调配系数,当 $\eta = 0$ 时表示该单胞没有共享杆单元,当 $\eta = \rho_{\text{def}}$ 时表示该单胞没有独享杆单元;ρ_{def} 为在设计过程中单胞允许的最大密度值,由于单胞内部杆单元不能完全覆盖所有单胞内部空间,因此 $\rho_{\text{def}} < 1$。

根据上述杆单胞的密度调配方法,每个单胞中均包含两部分内容:独享杆单元与共享杆单元,这些单元在杆单胞中具有独立的体积分数,因此优化模型(7.13)可写为

Find： $X(\rho)$

min： $c(\rho) = \boldsymbol{U}^{\mathrm{T}}(\boldsymbol{K}_1 + \boldsymbol{K}_2)\boldsymbol{U} = \sum_{i=1}^{n_i \times n_j} \boldsymbol{U}_i^{\mathrm{T}}(\boldsymbol{K}_{c,1}^i + \boldsymbol{K}_{c,2}^i)\boldsymbol{U}_i$

s. t. $(\boldsymbol{K}_1 + \boldsymbol{K}_2)\boldsymbol{U} = \boldsymbol{F}$ (7.16)

$V \leqslant \upsilon$

$0 < \rho_{\min} \leqslant \rho_{i,j} \leqslant \rho_{\max}$

$i = 1, 2, \cdots, n_i;\quad j = 1, 2, \cdots, n_j$

式中：$\boldsymbol{K}_1$、$\boldsymbol{K}_2$ 分别为单胞中共享单元与独享单元对应的刚度矩阵。

7.5.2   灵敏度分析

对优化模型(7.16)的优化目标进行求导，可得

$$\frac{\partial c(\rho)}{\partial \rho_i} = \frac{\partial(\boldsymbol{U}^{\mathrm{T}}(\boldsymbol{K}_1 + \boldsymbol{K}_2)\boldsymbol{U})}{\partial \rho_i} = -\frac{\boldsymbol{U}^{\mathrm{T}}\partial(\boldsymbol{K}_1 + \boldsymbol{K}_2)\boldsymbol{U}}{\partial \rho_i}$$

$$= -\sum_{i=1}^{N} \frac{\boldsymbol{U}_i^{\mathrm{T}}\partial(\boldsymbol{K}_{c,1}^i + \boldsymbol{K}_{c,2}^i)\boldsymbol{U}_i}{\partial \rho_i}$$ (7.17)

由单胞模型(7.9)可知

$$\frac{\partial(\boldsymbol{K}_{c,1}^i + \boldsymbol{K}_{c,2}^i)}{\partial \rho_i} = p\rho_i^{p-1}(\boldsymbol{K}_{c,1}^i + \boldsymbol{K}_{c,2}^i)$$ (7.18)

式中：$\boldsymbol{K}_{c,1}^i$，$\boldsymbol{K}_{c,2}^i$ 分别为单胞刚度矩阵中的共享单元、独享单元的刚度矩阵分量。

7.6   杆单胞构建

在利用杆单元构建单胞的过程中，需要解决两个方面的问题，一方面是杆单元的连接处需要进行平滑处理，否则单胞角点处会出现凹陷，影响结构力学特性；另一方面是由于杆单元组成的单胞有复杂的空间位姿，杆之间连接后会出现大量的孔洞特征，在一定程度上影响着杆单胞的整体成形。因此，为了解决上述两方面的问题，在此我们对杆单元进行改进，使其具有自支撑成形特点。

7.6.1   杆单胞修正

在单胞模型设计中，各个杆单元通过空间交错连接，形成了具有特定力学特性的多胞结构。由于杆直径的影响，采用平头端面的杆在相互连接时，会形成台阶或凹坑，如图 7.6 所示方框中的结构，这类结构在利用增材制造设备成形时将会生成独立的支撑结构，不仅影响结构成形，也影响结构的力学性能。

为了避免杆单元在连接过程中产生的上述结构缺陷，我们在杆单元两端增加了圆锥结构，如图 7.7 所示，利用圆锥结构对杆断面连接的缺陷结构进行填充。

（a）二维单胞   （b）三维单胞

图 7.6 杆单元连接端面形状一

（a）平面端面   （b）圆锥端面

图 7.7 杆单元连接端面形状二

相比于半球面的端部结构,圆锥结构具有两个优点:一是圆锥面的斜度可以控制,若设置为 90° 的锥度,其整个圆锥面可以实现自支撑成形;二是圆锥面进行连接时,不会形成凹陷的尖点。通过增加圆锥面,其二维单胞与三维单胞的边界角点如图 7.8 所示,其连接的角点拥有更平滑的过渡结构,更有利于力学性能表达和结构成形。

（a）二维单胞   （b）三维单胞

图 7.8 改造后的二维与三维单胞

在增材制造设备切片软件中,对利用改造前后的杆单元组成的单胞结构进行支撑结构对比,对二维单胞切片模型进行分析时,支撑角设定为 46°,三维单胞切片的支撑角度为 56°,支撑结构类型设定为细树枝状,切片结果如图 7.9、图 7.10 所示,图中包括单胞结构和树枝状的支撑结构。

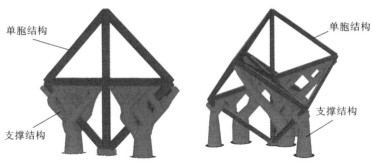

（a）二维单胞切片模型　　　　　（b）三维单胞切片模型

图 7.9　改造前杆单元构成的单胞成形支撑结构分析

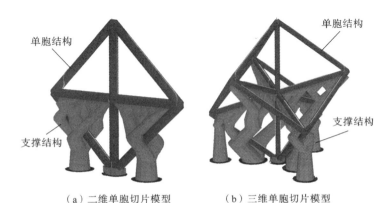

（a）二维单胞切片模型　　　　　（b）三维单胞切片模型

图 7.10　改造后杆单元构成的单胞成形支撑结构分析

由于单胞在图 7.9 和图 7.10 中所示的成形方向上存在倾角很小的横向杆，这些横向杆均为单胞内部的独享杆单元，支撑结构主要用于这类杆的成形，分布在单胞的下半部分。单胞的上半部分不存在支撑结构，意味着在当前的成形方向上，单胞上部结构具备自支撑特性。对比基于改造前后杆单元组成的单胞结构切片模型，可以发现：① 在相同的支撑角下，利用带锥端面的杆单元组建的单胞结构的自支撑性更好，尤其杆单元连接处无须支撑即可成形；② 单胞内部独享杆单元的分布使得整个单胞不能在一个成形方向上实现自支撑成形，因此单胞的自支撑成形需要对其内部独享单元进行分割；③ 改造前的杆单元在连接时会在单胞角点处形成台阶或凹陷，在其成形时需要增加额外的支撑结构，其支撑结构比改造后的杆单元要多。

7.6.2　杆单胞自支撑性构建

在上述单胞的成形分析中，由于单胞内部各杆单元的空间位姿不同，尤其当杆单元的倾角大于材料成形的自支撑角时，需要增加额外的支撑结构使其正常成形。由于支撑结构会影响单胞结构的力学特性,因此,需要考虑在最大许用悬挑角约束下使单胞能够脱离支撑结构,自行成形。为此,我们对组成单胞的每个杆 G_i 单元增加许用悬挑角范围参数,即

$$G_i := (P_i, \beta_i) \tag{7.19}$$

式中:P_i 为第 i 个杆单元的所有节点坐标;$\beta_i \in [\beta_{i,\min}, \beta_{i,\max}]$ 为第 i 个杆单元在选定的成形方向上的可成形悬挑角范围;$\beta_{i,\min}$、$\beta_{i,\max}$ 分别为最小和最大成形角。由于杆单元在空间呈直线,因此每个杆单元可只用单个参数 β_i 即可表示该单元的成形角范围。

对于二维单胞,该成形角范围可表示为

$$\begin{aligned} \beta_{i,\min} &:= (\beta_{xoy,\min}) \\ \beta_{i,\max} &:= (\beta_{xoy,\max}) \end{aligned} \tag{7.20}$$

对于三维单胞,由于坐标系为空间坐标系,因此该成形角范围可表示为

$$\begin{aligned} \beta_{i,\min} &:= (\beta_{xoy,\min}, \beta_{xoz,\min}, \beta_{yoz,\min}) \\ \beta_{i,\max} &:= (\beta_{xoy,\max}, \beta_{xoz,\max}, \beta_{yoz,\max}) \end{aligned} \tag{7.21}$$

式中:$\beta_{xoy,\min}$、$\beta_{xoy,\max}$、$\beta_{xoz,\min}$、$\beta_{xoz,\max}$、$\beta_{yoz,\min}$、$\beta_{yoz,\max}$ 为在选定成形方向下,当前杆单元可自支撑成形的所有空间姿态中与 xoy 平面、xoz 平面、yoz 平面的最小夹角和最大夹角。

因此,若单胞具有自支撑性成形特征,则需要对组成单胞的所有杆单元寻找公共的成形角范围,公共成形角可表示为

$$M_j := \bigcup G_i = \left(\bigcup_{i=1}^{s} P_i, \bigcap_{i=1}^{s} \beta_i \right) \tag{7.22}$$

式中:$\bigcup\limits_{i=1}^{s} P_i$ 为所有单胞相关的杆单元节点坐标的合集;$\bigcap\limits_{i=1}^{s} \beta_i$ 为所有相关杆单元可成形悬挑角范围的交集。

通过式(7.22),可对杆单胞的自支撑成形角进行定义。然而在计算杆单胞中所有杆单元的公共成形角时,需要注意以下两个方面:

(1)单胞内部所包含的杆单元均是连通的;

(2)单胞的可成形悬挑角为所有杆单元均可自支撑成形时的公共悬挑角。

在此,我们对二维与三维单元的自支撑成形特性进行计算。在本章中定义的二维杆单胞,如图 7.11 所示。

该二维单胞有 4 个共享杆单元和 4 个独享杆单元,假设图 7.11 中垂直向上的箭头为该单胞的成形方向;许用极限悬挑角设置为 45°,即结构与成形方向的夹角不大于 45°时可实现结构自支撑成形。

任意选择一个单元,根据所有单元的拓扑连接关系开始搜索,确保满足单胞内部各杆单元连通性的特性外,还可以根据其成形悬挑角范围确定该单元的自支撑成形角度。当搜索的顺序不同时,其构建的杆单元组合体个数也不相同。如图

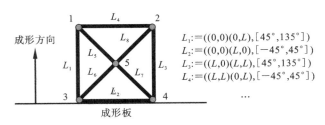

图 7.11 二维单胞及其杆单元的成形角范围

7.12 所示的二维单胞,选择由内向外或由外向内两种搜索方式,得到完全不同的自支撑组合体。图中相同的线形表示一个自支撑组合体,相同线形下的箭头表示该自支撑组合体的成形方向角范围。

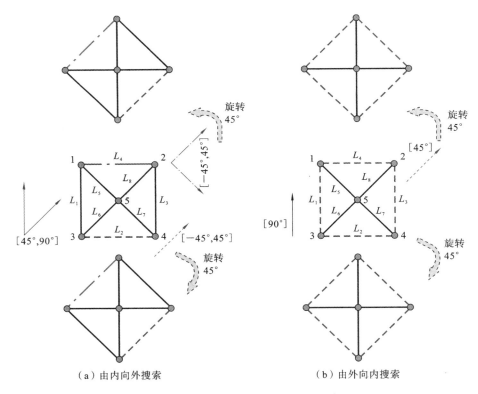

(a) 由内向外搜索　　　　　　　　　　　　　(b) 由外向内搜索

图 7.12 二维单胞的公共成形角搜索

图 7.12 中的虚线表示单胞旋转之后的空间位姿状态,可更清晰表示其自支撑角度范围。在图 7.12(a)所示的二维单胞内部杆单元的公共自支撑角分析过程中,构建了三个独立的自支撑杆单元组合,每个组合均有自己的自支撑成形角范围,如杆单元(L_1、L_5、L_6、L_7、L_3、L_8)的自支撑成形角范围为$[45°,90°]$。图 7.12

(b)中有两个可自支撑形成的杆单元组合体,分别为虚线外框(L_1、L_2、L_3、L_4)和实线内部十字架(L_5、L_6、L_7、L_8),每个组合体的自支撑成形角为单一的角度。

不同于二维单胞自支撑杆单元组合体的构建方法,三维单胞内部杆单元具有更为复杂的空间位姿信息,因此在单胞内部寻找自支撑杆单元组合体时,需要兼顾各杆单元的空间形态,尤其是杆单元与空间坐标系的夹角。在构建三维单胞的自支撑杆单元组合体时,我们利用下面的三种策略实现其构建。

(1)基于杆单元的空间拓扑连接关系,依次遍历各单胞中的杆单元,并匹配各个杆单元的成形角;当杆单元成形角满足自支撑成形范围时,把对应杆单元归类为一个组合体;当杆单元不满足当前所有已构建的组合体的自支撑成形角范围时,就会形成新的组合体。

(2)由于设定的单胞杆单元布局的特殊性,把共享单元与独享单元分开,形成两个独立的搜索单元。由单胞共享单元形成的自支撑杆单元组合体是一系列正方体网格空间叠加而成的构型,由单胞独享单元形成的自支撑杆单元组合体是三杆交叉而成的复杂构型。

(3)在自支撑杆单元组合体构建过程中,由于存在空间位姿特殊的杆单元,往往还需要对多胞模型进行切分,形成具有自支撑特性的杆单元组合体。

基于上述策略,对于三维单胞的自支撑杆单元组合体构建如表 7.1 所示。

表 7.1 三维单胞的自支撑杆单元组合体构建

单胞		
成形方向	成形方向 (90°,0°,0°)	成形方向 (90°,0°,0°)
搜索方向		

续表

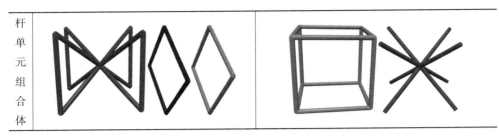

在上述二维与三维单胞的自支撑杆单元组合体构建方法中,可发现通过遍历单胞杆单元连接关系而形成的组合体个数偏多,在模型的实际制造过程中需要更多的嵌锁操作来实现多胞模型的成形。为了减少模型拼接的复杂程度,我们选择第二种自支撑杆单元组合体构建策略,其便于对应组合体成形后的模型后处理过程。

7.7　优化实例

为了计算方便,本章实例中选用材料的弹性模量为 $E_0 = 1$ Pa,泊松比为 $\mu_0 = 0.3$。采用 SIMP 方法计算单胞的空间布局,材料占比约束为 0.2,迭代优化步长为0.02,当相邻两次迭代计算的目标函数值相对误差小于 0.001 时所获得的拓扑构型即为最优结果。

7.7.1　二维悬臂梁设计

二维悬臂梁模型的设计域大小为 $a \times b = 2 \times 1$,左侧固定,设计域右上方角点施加垂直向下的力 $F = 1$ N,如图 7.13 所示。设计域划分的单胞个数为 $n_1 \times n_2 = 20 \times 10$,灵敏度过滤半径设置为单胞边长的 2.1 倍。在优化过程中,我们特别注意防止因杆单元太细而引发杆单元失稳问题。为此,我们将单胞的最小相对密度设置为 0.05,单胞的最大相对密度设置为 0.4,以避免杆单元在单胞中体积占比太多而造成各杆空间尺寸干涉。

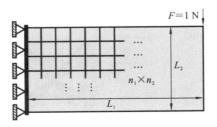
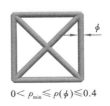

图 7.13　二维悬臂梁设计模型与杆单胞

利用 SIMP 方法,惩罚因子设置为 3.0,优化结果及其优化收敛过程如图 7.14 所示。

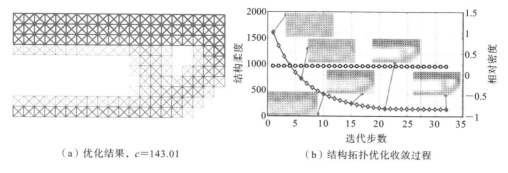

（a）优化结果，c=143.01　　　　　（b）结构拓扑优化收敛过程

图 7.14　优化结果及其优化收敛过程

在惩罚因子等优化参数不变的情况下,不同单胞数量划分下的优化结果如图 7.15 所示。从优化结果中可看出,随着单胞数量的增多,结构杆系特征更明显,宏观结构构型基本相似;最小结构柔度随着单胞划分数量的增多变得越小。这意味着在基于杆为基本单元的桁架结构中,杆的长度越短,则桁架系统的力学性能越好;当桁架系统所受的载荷一定时,结构宏观构型与杆的长度关系不大,其构型基本一致。

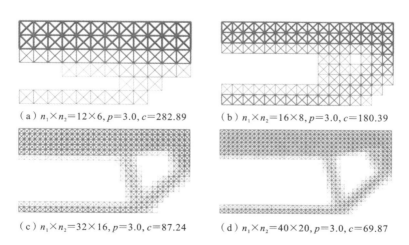

（a）$n_1 \times n_2$=12×6,p=3.0,c=282.89　　　（b）$n_1 \times n_2$=16×8,p=3.0,c=180.39

（c）$n_1 \times n_2$=32×16,p=3.0,c=87.24　　　（d）$n_1 \times n_2$=40×20,p=3.0,c=69.87

图 7.15　不同单胞划分数量下的优化结果

当单胞划分数量固定时,不同惩罚因子下的优化结果如图 7.16 所示。从优化结果可知,结构柔度随着惩罚因子的增大而增大。当惩罚因子较小时,中间密度单胞数量较多。当惩罚因子较小时,密度较小的单胞对结构柔度贡献较大,但会存在孤立的单胞,这将给模型制造带来影响。

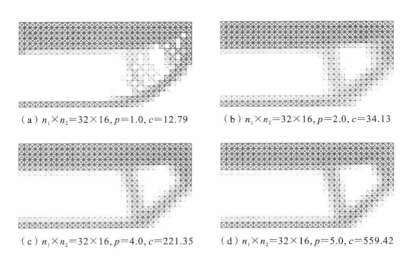

（a）$n_1 \times n_2 = 32 \times 16$, $p=1.0$, $c=12.79$　　（b）$n_1 \times n_2 = 32 \times 16$, $p=2.0$, $c=34.13$

（c）$n_1 \times n_2 = 32 \times 16$, $p=4.0$, $c=221.35$　　（d）$n_1 \times n_2 = 32 \times 16$, $p=5.0$, $c=559.42$

图 7.16　不同惩罚因子下的优化结果

　　在此利用单胞间的杆基本单元的几何特征演化，实现图 7.14（a）的优化结果的自支撑模型设计。在自支撑模型设计中，由于共享单元在模型结构中主导力传递方向，因此所有单胞中的共享单元材料是连通的。而独享单元为单胞内部拓扑构型，在宏观结构层面不能保证所有独享单元材料的连通性，我们把共享单元与独享单元进行分类，分别对单胞中的共享单元和独享单元进行设计。从多胞结构的几何特征分析，多胞结构由单胞共享单元与独享单元组合而成，如图 7.17所示。

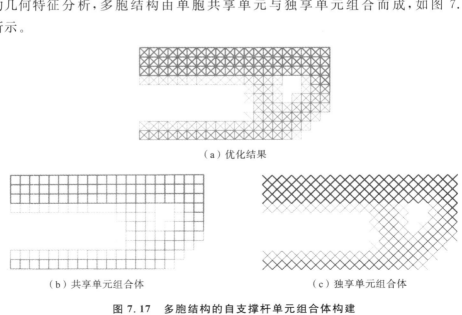

（a）优化结果

（b）共享单元组合体　　　　　　　（c）独享单元组合体

图 7.17　多胞结构的自支撑杆单元组合体构建

图 7.17 中共享单元组合体的成形方向如图 7.18 所示。

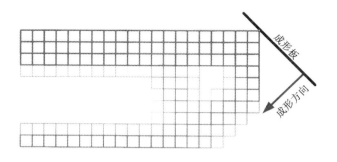

图 7.18 共享单元组合体的成形方向

在悬臂梁结构中的共享单胞杆单元,由于内部拓扑构型无须考虑宏观结构拓扑,因此独享单元很难被划分为一个自支撑杆单元组合体,为了确保模型成形的自支撑性,利用自支撑杆单元组合体构建方法,对独享单胞的自支撑杆单元组合体进行设计,如图 7.19 所示。由于设计域中间部分存在孔洞,使得分布在孔洞四周的独享单元难以在一个成形方向上实现模型的整体成形,因此需要结合独享单元的具体分布,对设计域内的独享单元进行模型分割。在此构建了四个自支撑杆单元组合体,并确定了每个组合体的成形方向。

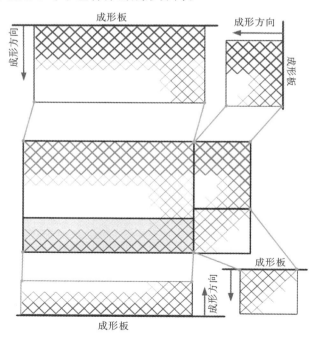

图 7.19 独享单元组合体的成形方向

在模型制造时,对各个自支撑杆单元组合体进行单独成形,然后利用嵌锁方法对各个组合体进行组装拼接,从而实现悬臂梁模型的自支撑制造。在二维单胞中,共享单元与独享单元的组装拼接不受共享单元孔洞位置的限制,利用组合体进行模型拼接时可不用考虑单胞中共享单元外框与其独享单元的空间匹配问题。

7.7.2 三维支架设计

底面四角固定的三维支架,尺寸为 $D = 1\text{ m} \times 0.5\text{ m} \times 1\text{ m}$,设计域顶部中央承受垂直向下的集中力 $F = 1\text{ N}$,如图 7.20 所示。模型的体积约束设置为 0.2。用所构建的单胞设计三维支架的内部构型,单胞中杆的直径 Φ 由单胞密度控制,单胞内部的共享单元与独享单元的直径设置相等。设计域单胞划分数量为 $n_1 \times n_2 \times n_3 = 6 \times 3 \times 6$,灵敏度过滤半径设置为单胞边长的 1.1 倍。

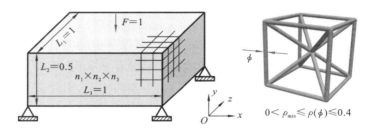

图 7.20　三维支架模型

三维支架优化结果与收敛过程如图 7.21 所示。在优化过程中,设置了对称约束,优化结构具有明显的空间拓扑构型。

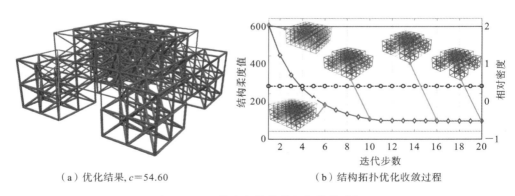

（a）优化结果,$c = 54.60$　　　　（b）结构拓扑优化收敛过程

图 7.21　三维支架优化结果与收敛过程

不同单胞划分数量下的优化构型如图 7.22 所示,从优化构型看,当单胞划分数量越多,即单胞杆单元的长度越短,宏观结构柔度越小时,力学性能越好。从宏观构型看,宏观结构构型相似,即单胞的空间布局不受单胞数量的影响。

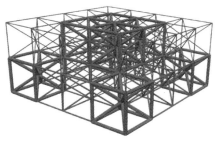
（a）$n_1 \times n_2 \times n_3 = 4 \times 2 \times 4, p = 3.0, c = 90.17$

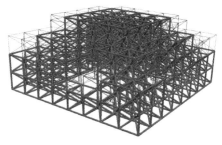
（b）$n_1 \times n_2 \times n_3 = 8 \times 4 \times 8, p = 3.0, c = 32.98$

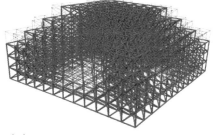
（c）$n_1 \times n_2 \times n_3 = 12 \times 6 \times 12, p = 3.0, c = 22.46$

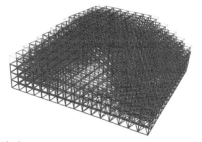
（d）$n_1 \times n_2 \times n_3 = 16 \times 8 \times 16, p = 3.0, c = 16.23$

图 7.22　不同单胞划分数量下的优化构型

　　为了更方便地寻找三维支架模型的自支撑杆单元组合体，我们选择图 7.22（a）中的优化构型来分析其杆单元组合体的构建。由于设计结果具有对称性，因此我们选择 1/4 设计模型进行分析，如图 7.23 所示。

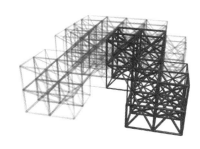
（a）选取的1/4设计模型

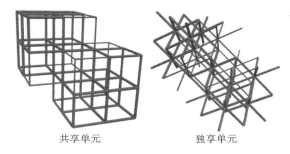
共享单元　　　　　独享单元
（b）设计模型中的共享单元与独享单元

图 7.23　三维支架的多胞结构组成

　　与二维多胞结构的自支撑杆单元组合体构造类似，对于共享单元的单胞组合体，其选取的 1/4 设计模型可生成为一个自支撑杆单元组合体。然而在独享单元中，由于杆系交叉受共享单元限制，导致一部分杆单元悬空，难以形成一个自支撑杆单元组合体。因此，我们对独享单元进行了切分，以形成两个对应的自支撑杆单元组合体，如图 7.24 所示。

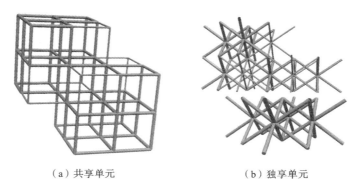

（a）共享单元　　　　　　　　　　（b）独享单元

图 7.24　三维支架的自支撑杆单元组合体

　　把构建完成的自支撑杆单元组合体导入基于熔融成形的增材制造切片软件中，对杆单元组合体的成形支撑结构进行分析，其切片结果如图 7.25 所示。从切片结果看，所构建的自支撑杆单元组合体在成形过程中无须支撑结构，即可完成整个模型的制造。在模型的实际制造过程中，由于利用自支撑杆单元组合体实现模型的分割独立成形，还需利用嵌锁方法实现多胞结构的拼接。

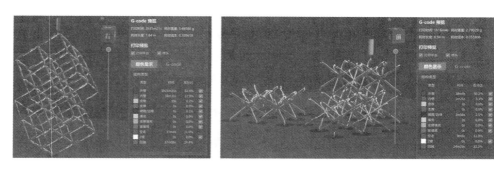

图 7.25　三维支架自支撑杆单元组合体的分层切片结果

7.8　本章小结

　　本章利用杆基本单元构建了多胞结构设计与制造一体化方法。研究了单胞内部杆单元布局与其结构性能的耦合关系，确定了单胞内部节点居中的单胞设计策略，并建立了单胞与密度的映射关系，结合传统的结构拓扑优化方法推导了优化设计变量灵敏度计算方法。利用单胞内部杆单元的空间位姿特点，结合杆单元成形时悬挑角的限制，定义了对应的自支撑杆单元组合体，通过杆单元的位姿融合等几何特征演变，实现了自支撑杆单元组合体的构建。通过二维与三维模型的设计过程,验证了所提方法的有效性,为多胞结构设计与制造的有机融合提供了新的途径和方法。

由于采用了自支撑杆单元组合体,利用悬挑角匹配的方式分割多胞结构的方法实现了其自支撑制造,尽管这种方法在设计空间确保其结构直接制造的可能性,但在其实际制造过程中,需要把各个自支撑杆单元组合体进行拼接,由于共享单元组成的多胞结构外框也含有复杂的孔洞连接,因此把各个独享单元放入其指定位置也是一项极其复杂的工作,还可能存在拼接不可靠的问题。但本书中提出的基于多胞结构分割-拼接组装的方法,为面向制造的复杂多胞结构设计提供新的思路。

基于增材制造的多胞结构设计与制造,还涉及设计模型向制造模型的转化过程,尽管本书所提的方法实现了多胞结构中杆单元的支撑成形,但仍存在一些问题需要进一步研究。一方面是制造模型的生成,由于本书中生成的制造模型是基于单个杆单元的 STL 模型实现的,杆单元之间的连接部分需要进一步研究其平滑过渡,提高模型的制造质量;另一方面是所设计的多胞模型的拼接组装及其机械性能验证,由于其拼接组装涉及各个单胞的嵌锁方法设计、自支撑杆单元组合体划分及其力学性能的映射关系,我们将在下一步的研究工作中重点解决。

参考文献

[1] Han Z T, Wei K. Multi-material topology optimization and additive manufacturing for metamaterials incorporating double negative indexes of Poisson's ratio and thermal expansion [J]. Additive Manufacturing, 2022, 54: 102742.

[2] Kendibilir A, Kefal A, Sohouli A, et al. Peridynamics topology optimization of three-dimensional structures with surface cracks for additive manufacturing[J]. Computer Methods in Applied Mechanics and Engineering, 2022, 401: 115665.

[3] Haveroth G A, Thore C J, Correa M R, et al. Topology optimization including a model of the layer-by-layer additive manufacturing process[J]. Computer methods in applied mechanics and engineering,2022, 398: 115203.

[4] Cheng L, Zhang P, Biyikli E, et al. Efficient design optimization of variable-density cellular structures for additive manufacturing: theory and experimental validation[J]. Rapid Prototy Journal, 2017, 23(4): 660-677.

[5] Bai Y C, Gao J Y, Huang C X, et al. Topology optimized design and validation of sandwich structures with pure-lattice/solid-lattice infill by additive manufacturing[J]. Composite Structures, 2023, 319: 117152.

[6] Liu W F, Song H W, Wang Z, et al. Improving mechanical performance of fused deposition modeling lattice structures by a snap-fitting method[J]. Materials & Design, 2019,

181：108065.

[7] Liu W F，Song H W，Huang C G. Maximizing mechanical properties and minimizing support material of PolyJet fabricated 3D lattice structures[J]. Additive Manufacturing，2020，35：101257.

[8] Shi G H，Guan C Q，Quan D L，et al. An aerospace bracket designed by thermo-elastic topology optimization and manufactured by additive manufacturing[J]. Chinese Journal of Aeronautics，2020，33(4)：1252-1259.

[9] Grigoryan B，Paulsen S J，Corbett D C，et al. Multivascular networks and functional intravascular topologies within biocompatible hydrogels[J]. Science，2019，364(6439)：458-464.

[10] Vantyghem G，De Corte W，Shakour E，et al. 3D printing of a post-tensioned concrete girder designed by topology optimization[J]. Automation in Construction，2020，112：103084.

[11] Zhang K Q，Cheng G D，Xu L. Topology optimization considering overhang constraint in additive manufacturing[J]. Computers & Structures，2019，212：86-100.

[12] Johnson T E，Gaynor A T. Three-dimensional projection-based topology optimization for prescribed-angle self-supporting additively manufactured structures[J]. Additive Manufacturing，2018，24：667-686.

[13] Yamada T，Noguchi Y. Topology optimization with a closed cavity exclusion constraint for additive manufacturing based on the fictitious physical model approach[J]. Additive Manufacturing，2022，52：102630.

[14] Langelaar M. An additive manufacturing filter for topology optimization of print-ready designs[J]. Structural and Multidisciplinary Optimization，2017，55：871-883.

[15] Langelaar M. Topology optimization of 3D self-supporting structures for additive manufacturing[J]. Additive Manufacturing，2016，12：60-70.

[16] Ibhadode O，Zhang Z D，Sixt J，et al. Topology optimization for metal additive manufacturing：current trends，challenges，and future outlook[J]. Virtual and Physical Prototyping，2023，18(1)：2181192.

[17] Xu S Z，Liu J K，Li X M，et al. A full-scale topology optimization method for surface fiber reinforced additive manufacturing parts[J]. Computer Methods in Applied Mechanics and Engineering，2022，401：115632.

[18] 桂馨. 考虑悬垂角度和最小尺寸约束的自支撑结构拓扑优化[D]. 武汉：华中科技大学，2018.

[19] 王心怡. 基于增材制造悬垂约束的结构拓扑优化方法研究[D]. 南京：南京理工大学，2018.

[20] Ranjan R，Chen Z，Ayas C，et al. Overheating control in additive manufacturing using a 3D topology optimization method and experimental validation[J]. Additive Manufacturing，2023，61：103339.

[21] 李取浩. 考虑连通性与结构特征约束的增材制造结构拓扑优化方法[D]. 大连：大连理工大学，2017.

[22] Wu Z J, Xiao R B. A topology optimization approach to structure design with self-supporting constraints in additive manufacturing[J]. Journal of Computational Design and Engineering, 2022, 9(2): 364-379.

[23] 云峰,王有治,宋娇,等. 增材制造自支撑点阵-实体复合结构拓扑优化方法[J]. 图学学报, 2023,44(05):1013-1020.

[24] 杨睿,张少星,唐畅. 考虑可制造性的拓扑优化结果的几何重构[J]. 机械设计与制造, 2021, 2:187-190.

[25] Kim J E, Park K. Multiscale topology optimization combining density-based optimization and lattice enhancement for additive manufacturing[J]. International Journal of Precision Engineering and Manufacturing-Green Technology, 2021, 8: 1197-1208.

[26] Zhan T X. Progress on different topology optimization approaches and optimization for additive manufacturing: a review[C]//Journal of Physics: Conference Series. IOP Publishing, 2021, 1939(1): 012101.

[27] Wang Y G, Gao J C, Kang Z. Level set-based topology optimization with overhang constraint: Towards support-free additive manufacturing[J]. Computer Methods in Applied Mechanics and Engineering, 2018, 339: 591-614.

[28] 杜宇,刘仪伟,李正文,等. 面向增材制造需求的拓扑优化技术发展现状与展望[J]. 科技与创新, 2018, 11:145-146.

[29] Wu J, Wang C C L, Zhang X T, et al. Self-supporting rhombic infill structures for additive manufacturing[J]. Computer-Aided Design, 2016, 80: 32-42.

[30] Plocher J, Panesar A. Review on design and structural optimisation in additive manufacturing: towards next-generation lightweight structures[J]. Materials & Design, 2019, 183, 108164.

[31] Zuo W K, Chen M T, Chen Y Y, et al. Additive manufacturing oriented parametric topology optimization design and numerical analysis of steel joints in Gridshell structures[J]. Thin-Walled Structures, 2023, 188: 110817.

[32] Hoffarth M, Gerzen N, Pedersen C. ALM Overhang Constraint in Topology Optimization for Industrial Applications[C]//12th World Congress on Structural and Multidisciplinary Optimisation, Germany, 2017.

[33] Liu J K, Yu H C. Self-support topology optimization with horizontal overhangs for additive manufacturing[J]. Journal of Manufacturing Science and Engineering, 2020, 142 (9):091003.

[34] Guo X, Zhou J H, Zhang W S, et al. Self-supporting structure design in additive manufacturing through explicit topology optimization[J]. Computer Methods in Applied Mechanics and Engineering, 2017, 323:27-63.

[35] Qian X P. Undercut and overhang angle control in topology optimization: a density gradient based integral approach[J]. International Journal for Numerical Methods in Engineering, 2017, 111(3):247-272.

[36] Zou J, Zhang Y C, Feng Z Y. Topology optimization for additive manufacturing with self-supporting constraint[J]. Structural and Multidisciplinary Optimization, 2021, 63: 2341-2353.

[37] Van de Ven E, Ayas C, Langelaar M, et al. Accessibility of support structures in topology optimization for additive manufacturing[J]. International Journal for Numerical Methods in Engineering, 2021, 122(8): 2038-2056.

[38] Garaigordobil A, Ansola R, Fernandez de Bustos I. On preventing the dripping effect of overhang constraints in topology optimization for additive manufacturing[J]. Structural and Multidisciplinary Optimization, 2021, 64: 4065-4078.

[39] Xu B, Han Y S, Zhao L, et al. Topological optimization of continuum structures for additive manufacturing considering thin feature and support structure constraints[J]. Engineering Optimization, 2021, 53(12): 2122-2143.

[40] Wang C, Zhang W H, Zhou L, et al. Topology optimization of self-supporting structures for additive manufacturing with B-spline parameterization[J]. Computer Methods in Applied Mechanics and Engineering, 2021, 374: 113599.

[41] Xu S Z, Liu J K, Huang J Q, et al. Multi-scale topology optimization with shell and interface layers for additive manufacturing[J]. Additive Manufacturing, 2021, 37: 101698.

[42] Xu S, Liu J K, Ma Y S. Residual stress constrained self-support topology optimization for metal additive manufacturing[J]. Computer Methods in Applied Mechanics and Engineering, 2022, 389: 114380.

[43] Zhang K Q, Cheng G D. Structural topology optimization with four additive manufacturing constraints by two-phase self-supporting design[J]. Structural and Multidisciplinary Optimization, 2022, 65(11): 339.

[44] Wang Y J, Xu H, Pasini D. Multiscale isogeometric topology optimization for lattice materials[J]. Computer Methods in Applied Mechanics and Engineering, 2017, 316:568-585.

[45] Luo Y F, Sigmund O, Li Q H, et al. Topology optimization of structures with infill-supported enclosed voids for additive manufacturing[J]. Additive Manufacturing, 2022, 55: 102795.

[46] Amir E, Amir O. Concurrent high-resolution topology optimization of structures and their supports for additive manufacturing[J]. Structural and Multidisciplinary Optimization, 2021, 63: 2589-2612.

[47] Zegard T, Paulino G H. Bridging topology optimization and additive manufacturing[J]. Structural and Multidisciplinary Optimization, 2016, 53: 175-192.

[48] 廉艳平,王潘丁,高杰,等.金属增材制造若干关键力学问题研究进展[J].力学进展,2021, 51(3):648-701.

[49] Yan Q, Dong H H, Su J, et al. A review of 3D printing technology for medical applications[J]. Engineering, 2018, 4(5): 729-742.

[50] 段晟昱,王潘丁,刘畅,等.增材制造三维点阵结构设计、优化与性能表征方法研究进展

［J］．航空制造技术，2022,65(14):36-48,57.

［51］ Zhu J H，Zhou H，Wang C，et al. A review of topology optimization for additive manufacturing：Status and challenges［J］. Chinese Journal of Aeronautics，2021，34(1)：91-110.

［52］ Reintjes C，Lorenz U. Bridging mixed integer linear programming for truss topology optimization and additive manufacturing［J］. Optimization and Engineering，2021，22：849-893.

8

自定义单胞的约束
阻尼结构设计

本章基于子结构的多胞结构设计方法,结合基尔霍夫薄板假设,在设计空间与制造空间讨论被动约束层阻尼结构(passive constrained layer damping, PCLD)的设计方法。利用基于子结构多胞结构设计方法中的尺度关联特点,探讨基于子结构的约束阻尼有限元单胞模型、优化模型构建方法,寻求自定义结构的单胞构型演化、结构吸能减振性能、阻尼结构的可制造性三者之间的耦合统一表达方法,实现约束阻尼结构的设计制造一体化,为面向制造的约束阻尼结构设计提供理论依据和设计方法途径。

8.1 引言

随着我国高端装备在深空探索、深海巡游领域的快速发展,对机械结构的减振吸能性能提出了更高的要求,尤其是在航空航天、海洋船舶等领域,极端环境对装备的外壳提出了更为苛刻的要求。这类装备往往具备数量庞大的薄壁外壳结构,作为装备内部与外部物理环境的分界,超大外壳结构的大辐射面积、小阻尼特性,使其在外部激励下更容易产生振动噪声,且需要较长的时间衰退振动。因此,对这类结构的吸能减振性能进行研究,旨在降低其振动幅度,并提高结构抑制振动的能力。这样的研究对确保高端装备运行过程中的稳定性与可靠性至关重要,不仅有利于实际工程实践,也有利于提高装备的整体性能。

近年来,黏弹性阻尼材料在减振降噪领域中越来越受到关注,其具有密度小、阻尼性能好、能有效抑制宽频带振动的特性,已使得黏弹性阻尼材料技术成为发展最快的技术之一。在实际工程应用中,通常将黏弹性阻尼材料会被完全涂抹并粘合在结构表面。在振动作用下,由于阻尼材料应变滞后于应力,这使得振动能量能够转化为热量并被消耗掉。这类完全覆盖阻尼材料的自由阻尼方式(见图 8.1(a))没有充分发挥材料的剪切耗能能力。为进一步提高阻尼层的吸能能力,在阻尼材料表面增加了约束层(见图 8.1(b)),利用阻尼材料的剪切耗能进一步提高吸能能力。目前,基于约束阻尼的吸能方式被大量用于飞机蒙皮、机舱壁板、鱼雷外壳等。

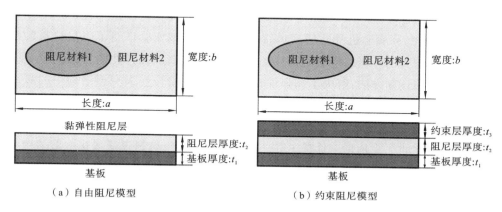

（a）自由阻尼模型　　　　　　　　　　（b）约束阻尼模型

图 8.1　阻尼结构

　　基于约束阻尼的吸能结构设计,尽管可获得大刚度、强度、轻质、减振降噪等综合性能较高的板壳结构,但单一阻尼材料的应用,很难使结构具有宽频带的吸能降噪能力。因此有必要对基于约束阻尼下的板壳类结构进行综合设计,在提高阻尼材料利用率的条件下,获得具有更好固有特性和减振能力的结构。

　　阻尼材料在板壳类结构上的分布对结构的吸能、减振性能有重要的影响。学者们在拓扑优化技术的基础上,对阻尼材料的布局设计进行了诸多研究。起初,Kerwin[1] 和 Ross[2] 等采用解析方法,在自由阻尼板的基础上增加了一个约束层,利用阻尼黏弹性材料的剪切变形实现了能量损耗,通过把振动能量转换为热量的方式实现了结构减振吸能的设计目的,也揭示了阻尼板中阻尼材料的剪切形变是其力学性能得以提高的主要因素。随后,Ditaranto[3] 和 Mead[4] 等以夹层梁的动力学性能为研究目标,利用约束层阻尼结构揭示了约束层的质量增加也会改变梁的动力学特性,为夹层梁的动力学性能及约束层阻尼材料的设计提供了计算依据。Douglas 等[5] 构建了剪切阻尼模型,更全面地评估阻尼结构的剪切机制,更准确地预测了剪切形变的耗能占比,为阻尼结构的设计提供了理论依据。

　　阻尼材料是一类对温度敏感的材料,含有阻尼材料的结构的力学性能往往伴随着非线性或非均匀性的特性。在阻尼结构的实际计算过程中,解析方法往往难以建立数学模型或可解的数学模型,同样半解析方法往往需要精确的边界条件以及较多的计算资源,在工程应用中也难以避免受到数学模型的限制。因此,随着有限元方法的兴起,在阻尼结构设计中有了更好的计算工具,工程问题计算不再依赖于复杂的数学模型。

利用有限元方法,Lu 等[6]对夹层梁结构进行了重新分析,验证了有限元方法在计算复杂阻尼结构力学响应问题方面的有效性。Johnson 等[7]采用模态阻尼能量方法对夹层梁结构进行了分析,并与其精确解进行了对比,验证了夹层梁结构有限元理论的正确性。Levraea 等[8]深入分析了黏弹性材料在振动控制中的作用机理,利用某型号战斗机外翼蒙皮进行了振动实验,该实验证明了阻尼材料的吸能特性可延长飞机外翼的寿命。Mohammadi 等[9]提出了黏弹性圆柱壳固有频率和损耗因子的计算方法,解决了黏弹性材料的非线性特性在大变形结构中的频率响应问题。顾赛克等[10]以多层阻尼约束为研究目标,设计了阻尼层的不同组合参数,探究了阻尼层分布与其力学减振性能的耦合相应关系,为多层阻尼结构的设计提供了设计和实验依据。任晋宇等[11]研究了不同阻尼材料覆盖面积下的结构减振性能,以舰艇胎架为研究对象,详细分析了阻尼材料的覆盖面积与其结构阻尼损耗因子之间的关系。刘全民等[12]采用迭代算法,分析了阻尼材料的虚刚度、结构频变特性、阻尼层厚度、薄板的固有频率以及模态损耗因子之间的耦合响应关系。

在阻尼板的拓扑优化中,诸多学者以阻尼板的结构模态损耗因子为优化目标,详细研究了阻尼材料分布结构与阻尼板性能的耦合关系,获得了吸能减振性能优越的阻尼结构。为提高结构模态阻尼因子,Kim 等[13]以模态阻尼比最大化为设计目标。通过设置阻尼材料的最大体积分数,对阻尼材料在结构表面的分布进行了设计,获得了阻尼因子比原来高 61% 的吸能结构。Yun 等[14]研究了壳体结构的频率响应,对阻尼材料在宏观结构上的布局进行深入研究。Madeira 等[15]基于直接多搜索算法对层合板结构上附加的阻尼进行优化设计,使模态阻尼得到较大程度的提升。张景奇[16]讨论了两种针对约束阻尼层的拓扑设计方法,即 SIMP方法和 ESO 方法。他比较两种方法后得出结论:SIMP 的模态损耗因子迭代值更佳,且计算速度更快,优化效果更佳,并将该方法应用到飞机进气道的壁板表面的阻尼结构减振设计,提高了壁板的抗振动疲劳破坏能力。Takezawa 等[17]基于SIMP 插值模型,以减小共振响应幅值为目标研究了阻尼材料的最优分布问题。在最小的附加质量条件下,他得到最优阻尼材料分布形式,从而得到了最优的抗振结构。de Lima 等[18]在时域内采用非结构网格化方法对聚合物复合材料的黏弹性模量进行研究。Li 等[19]运用传递矩阵方法建立了阻尼层的半解析求解模型,并分析了边界条件和阻尼参数不同的情况下对阻尼减振能力的影响。Zheng等[20]进一步研究了传递矩阵方法的理论基础,并分析了结构壳多层阻尼结构的模态特性,还讨论了阻尼层不同形式的控制振动的能力。Mohammadi 等[21]采用

Lagrange 方程研究了约束阻尼层的结构特性和在特定振动频率下阻尼材料的减振效果,进而发现了界面层间滑移将导致模态因子降低,同时利用非线性模型获得了具有更大阻尼特性的阻尼结构。Kumar 等[22]利用模态应变能设计了约束层阻尼块的布局。针对特定的振动模式,他配置约束层阻尼片的样本,使得其可以在较宽的频带内获得理想的阻尼特性。石慧荣等[23]研究了局部阻尼圆柱壳模型,并利用遗传算法对圆柱壳的前 3 阶阻尼进行了研究。研究结果表明,在结构振动条件不变的情况下,通过设计覆盖阻尼材料的分布,可获得较好的振动性能的结构。

在阻尼结构设计过程中,为了进一步提高阻尼结构的吸能、减振性能,通常会引入多尺度设计方法,即同时设计阻尼结构的宏观布局和微观结构,利用扩宽设计域的方式进一步提高阻尼结构的吸能、减振性能。通常采用的方法有双向渐进结构优化方法、水平集方法和均匀化方法。李申芳[24]利用双向渐进结构优化方法提出了薄壁结构阻尼材料分布优化方法,为商用车的外壳表面抗振设计提供了方法基础。吴永辉等[25]利用参数化水平集方法提出了基于基板模态应变能的阻尼材料分布设计方法,在提高计算效率的同时也实现了基板能量的消耗。贺红林等[26]基于虚功原理构建了阻尼板的多目标优化模型,利用渐进法获得了阻尼材料在宏观结构上的最优分布,进而实现了高减振性能的阻尼板设计。倪维宇等[27]以结构模态损耗因子最大为优化目标,研究了不同激励频率下阻尼材料的宏观、微观分布,进而提出了阻尼结构的多尺度拓扑优化设计方法。房占鹏等[28]针对约束阻尼的多尺度优化问题,基于均匀化方法对其微观结构进行了优化设计,该设计大幅度提升了结构的减振能力,为约束阻尼多尺度优化设计提供了借鉴。

圆柱壳结构具有承受高载荷的能力,经常应用于航空航天、船舶等领域。这些领域对壳体结构的吸能、减振性能要求更高。尽管阻尼材料的分布设计对提高结构阻尼性能有效,但是由于高阻尼材料(如橡胶)模量小、密度相对较大,这不可避免地会减小原结构的动刚度,因此可能引发结构新的振动问题。在不改变或者提高结构动刚度的前提下,对结构进行阻尼优化设计变得尤为重要。本节将利用结构拓扑优化方法,在研究黏弹性阻尼层结构与板壳结构的动力学特性基础上,建立模态损耗因子最大化的板壳结构设计方法,以提高其固有特性与减振的结构设计能力,为高端装备结构的振动抑制设计提供理论依据和方法途径,进而促进高端装备的持续、健康、绿色发展。

8.2　约束阻尼的有限元基础知识

黏弹性材料(viscoelastic material,VEM)的剪切变形使得 PCLD 板具有较高的能量损耗能力,这一特性提高了结构的阻尼性能。为简化起见,黏弹性材料的剪切模量 G^* 采用复合常数材料模型,具体定义如下:

$$G^* = G' + jG'' = G'(1 + j\eta) \tag{8.1}$$

式中:G' 为黏弹性材料的储能模量(material storage modulus);G'' 为损耗模量(loss modulus);η 是材料损耗因子(material loss factor),$\eta = G''/G'$。

黏弹性材料的杨氏模量可用其泊松比 μ 定义为

$$E^* = 2(1 + \mu)G^* \tag{8.2}$$

剪切模量和杨氏模量与温度密切相关[29]。在本章中为了便于计算,我们不考虑黏弹性材料性能随温度变化而变化的特性。

约束阻尼结构如图 8.2 所示,其中下标 b、c、v 分别代表基层、约束层和阻尼层,h 为每层的厚度,ω 为阻尼板的横向位移。通常阻尼层由黏弹性材料构成,约束层则选择与基层相同的材料。

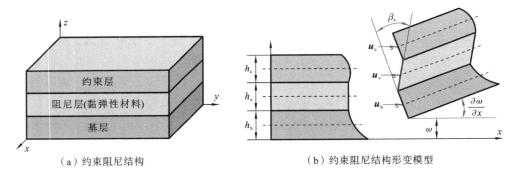

(a)约束阻尼结构　　　　　　　　　(b)约束阻尼结构形变模型

图 8.2　约束阻尼结构

基于薄板理论,垂直于阻尼板方向的剪切形变为 0,即 $\gamma_{z,x} = \gamma_{z,y} = 0$。此时阻尼板的形变方程可得:

$$\boldsymbol{u}_v = \frac{1}{2}\left[(\boldsymbol{u}_c + \boldsymbol{u}_b) + \frac{h_c - h_b}{2}\theta_x\right]$$
$$\boldsymbol{v}_v = \frac{1}{2}\left[(\boldsymbol{v}_c + \boldsymbol{v}_b) + \frac{h_c - h_b}{2}\theta_y\right] \tag{8.3}$$

$$\beta_x = \frac{\boldsymbol{u}_c - \boldsymbol{u}_b}{h_v} + \frac{d}{h_v}\theta_x, \quad \beta_y = \frac{\boldsymbol{v}_c - \boldsymbol{v}_b}{h_v} + \frac{d}{h_v}\theta_y$$
$$d = h_v + \frac{h_c + h_b}{2} \tag{8.4}$$

式中:d 为基层与约束层的中性面距离;$\boldsymbol{u}_v$、$\boldsymbol{v}_v$ 分别为阻尼层中性面的 x 向、y 向位移向量;$\boldsymbol{u}_c$、$\boldsymbol{v}_c$ 分别为约束层中性面的 x 向、y 向位移向量;$\boldsymbol{u}_b$、$\boldsymbol{v}_b$ 为基层中性面的 x 向、y 向位移向量;$\theta_x = \partial\omega/\partial x$ 与 $\theta_y = \partial\omega/\partial y$ 分别为板的横向位移 ω 在 x 向、y 向的斜率。

根据基尔霍夫定理,PCLD 板的有限元模型可以用 4 节点复合单元来构建,如图 8.3 所示。

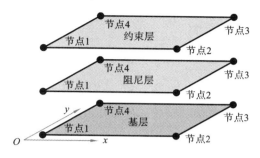

图 8.3　PCLD 板的有限元模型

在阻尼板的 z 向仅有横向位移,且三层的横向位移均相同,在阻尼层中的剪切形变与横向位移的导数相关,因此阻尼板单元的节点位移可表示为

$$\boldsymbol{q}^e = \{\boldsymbol{q}_1, \boldsymbol{q}_2, \boldsymbol{q}_3, \boldsymbol{q}_4\}^T$$
$$\boldsymbol{q}_i = \{u_{c,i}, v_{c,i}, u_{b,i}, v_{b,i}, \omega_i, \theta_{x,i}, \theta_{y,i}\}; \quad i = 1,2,3,4 \tag{8.5}$$

式中:$\boldsymbol{q}_i$ 为节点 i 的位移向量;$u_{c,i}$、$v_{c,i}$ 分别为节点 i 的约束层 x 向位移和 y 向位移;$u_{b,i}$、$v_{b,i}$ 分别为节点 i 的基层 x 向位移和 y 向位移;ω_i 为节点 i 的横向位移;$\theta_{x,i}$、$\theta_{y,i}$ 分别为阻尼层在 x 向、y 向的剪切形变。

因此根据形函数的定义,每个单元的位移向量可写为

$$\{u_c, v_c, u_b, v_b, \omega, \theta_x, \theta_y\}^T = \{N_x^c, N_y^c, N_x^b, N_y^b, N_\omega, N_x^\theta, N_y^\theta\} \boldsymbol{q}^e \tag{8.6}$$

式中:N_x^c、N_y^c、N_x^b、N_y^b、N_ω、N_x^θ、N_y^θ 为位移节点位移插值函数。

此时阻尼板的中性面位移可利用有限元形函数进行计算,即

$$N_{uv} = \frac{1}{2}\left[(N_x^c + N_x^b) + \frac{h_c - h_b}{2}N_x^\theta\right]$$
$$N_{vv} = \frac{1}{2}\left[(N_y^c + N_y^b) + \frac{h_c - h_b}{2}N_y^\theta\right] \tag{8.7}$$

我们假设节点的形函数的形式如下:

$$u_c = \delta_1 + \delta_2 x + \delta_3 y + \delta_4 xy$$
$$v_c = \delta_5 + \delta_6 x + \delta_7 y + \delta_8 xy$$
$$u_b = \delta_9 + \delta_{10} x + \delta_{11} y + \delta_{12} xy$$
$$v_b = \delta_{13} + \delta_{14} x + \delta_{15} y + \delta_{16} xy$$
$$\omega = \delta_{17} + \delta_{18} x + \delta_{19} y + \delta_{20} x^2 + \delta_{21} xy + \delta_{22} y^2 + \alpha_{23} x^3$$
$$\quad + \delta_{24} x^2 y + \delta_{25} xy^2 + \delta_{26} y^3 + \delta_{27} x^3 y + \delta_{28} xy^3 \tag{8.8}$$
$$\theta_x = \delta_{19} + \delta_{21} x + 2\delta_{22} y + \delta_{24} x^2 + 2\delta_{25} xy + 3\delta_{26} y^2 + \delta_{27} x^3 + 3\delta_{28} xy^2$$
$$\theta_y = \delta_{18} - 2\delta_{20} x - \delta_{21} y - 3\delta_{23} x^2 - 2\delta_{24} xy - \delta_{25} y^2 - 3\delta_{27} x^2 y - \delta_{28} y^3$$

式中：δ_i、$i=1,2,\cdots,28$ 均为待定系数。

阻尼板的整体刚度矩阵和质量矩阵可表示为

$$\boldsymbol{K} = \sum_{j=1}^{N} (\boldsymbol{K}_{\mathrm{b}}^{e} + \boldsymbol{K}_{\mathrm{c}}^{e} + (\boldsymbol{K}_{\mathrm{v}}^{e} + \boldsymbol{K}_{\mathrm{sv}}^{e}))$$

$$\boldsymbol{M} = \sum_{j=1}^{N} (\boldsymbol{M}_{\mathrm{b}}^{e} + \boldsymbol{M}_{\mathrm{c}}^{e} + \boldsymbol{M}_{\mathrm{v}}^{e}) \tag{8.9}$$

式中：N 为阻尼板的离散网格总数；$\boldsymbol{K}_{\mathrm{b}}^{e}$、$\boldsymbol{K}_{\mathrm{c}}^{e}$ 分别为基层、约束层网格单元刚度矩阵；$\boldsymbol{M}_{\mathrm{b}}^{e}$、$\boldsymbol{M}_{\mathrm{c}}^{e}$ 分别为基层、约束层网格单元质量矩阵；$\boldsymbol{K}_{\mathrm{v}}^{e}$、$\boldsymbol{K}_{\mathrm{sv}}^{e}$ 分别为阻尼层的单元刚度矩阵和剪切刚度矩阵；$\boldsymbol{M}_{\mathrm{v}}^{e}$ 为阻尼层的单元质量矩阵。

根据有限元理论，各层的单元质量矩阵、单元刚度矩阵可表示为

$$\boldsymbol{M}_{\kappa}^{e} = \rho_{\kappa} h_{\kappa} \int_{-ai}^{ai} \int_{-bi}^{bi} (\boldsymbol{N}_{x}^{\kappa\,\mathrm{T}} \boldsymbol{N}_{x}^{\kappa} + \boldsymbol{N}_{y}^{\kappa\,\mathrm{T}} \boldsymbol{N}_{y}^{\kappa} + \boldsymbol{N}_{\omega}^{\mathrm{T}} \boldsymbol{N}_{\omega}) \mathrm{d}x \mathrm{d}y \tag{8.10a}$$

$$
\begin{aligned}
\boldsymbol{K}_{s}^{e} &= h_{\kappa} \int_{-ai}^{ai} \int_{-bi}^{bi} \left(\frac{\partial \boldsymbol{N}_{x}^{\kappa}}{\partial x} \quad \frac{\partial \boldsymbol{N}_{y}^{\kappa}}{\partial y} \quad \frac{\partial \boldsymbol{N}_{x}^{\kappa}}{\partial y} + \frac{\partial \boldsymbol{N}_{y}^{\kappa}}{\partial x} \right) \boldsymbol{Q}_{\kappa} \left(\frac{\partial \boldsymbol{N}_{x}^{\kappa}}{\partial x} \quad \frac{\partial \boldsymbol{N}_{y}^{\kappa}}{\partial y} \quad \frac{\partial \boldsymbol{N}_{x}^{\kappa}}{\partial y} + \frac{\partial \boldsymbol{N}_{y}^{\kappa}}{\partial x} \right)^{\mathrm{T}} \mathrm{d}x \mathrm{d}y \\
&\quad + \frac{h_{\kappa}^{3}}{12} \int_{-ai}^{ai} \int_{-bi}^{bi} \left(\frac{\partial^{2} \boldsymbol{N}_{\omega}}{\partial x^{2}} \quad \frac{\partial^{2} \boldsymbol{N}_{\omega}}{\partial y^{2}} \quad 2 \frac{\partial^{2} \boldsymbol{N}_{\omega}}{\partial x \partial y} \right) \boldsymbol{Q}_{\kappa} \left(\frac{\partial^{2} \boldsymbol{N}_{\omega}}{\partial x^{2}} \quad \frac{\partial^{2} \boldsymbol{N}_{\omega}}{\partial y^{2}} \quad 2 \frac{\partial^{2} \boldsymbol{N}_{\omega}}{\partial x \partial y} \right)^{\mathrm{T}} \mathrm{d}x \mathrm{d}y
\end{aligned} \tag{8.10b}
$$

$$\boldsymbol{K}_{\mathrm{sv}}^{e} = G^{*} h_{\mathrm{v}} \int_{-ai}^{ai} \int_{-bi}^{bi} (\boldsymbol{N}_{\beta x}^{\mathrm{T}} \boldsymbol{N}_{\beta x} + \boldsymbol{N}_{\beta y}^{\mathrm{T}} \boldsymbol{N}_{\beta y}) \mathrm{d}x \mathrm{d}y \tag{8.10c}$$

式中：$\boldsymbol{Q}_{\kappa}$ 为弹性矩阵；ai、bi 与各层层厚相关，数值上等于各层厚的一半；$h_{\kappa}(\kappa=b,c,v)$ 为基层、约束层和阻尼层层厚。

基于能量方法，阻尼板的模态损耗因子可定义为阻尼层应变能与总体应变能之比：

$$\xi_r = \frac{\eta_{\mathrm{v}} E_{\mathrm{vr}}}{E_{ar}} = \frac{\eta_{\mathrm{v}} E_{\mathrm{vr}}}{E_{\mathrm{br}} + E_{\mathrm{vr}} + E_{cr}} = \eta_{\mathrm{v}} \frac{\boldsymbol{\phi}_r^{\mathrm{T}} \boldsymbol{K}_{\mathrm{v}} \boldsymbol{\phi}_r}{\boldsymbol{\phi}_r^{\mathrm{T}} \boldsymbol{K} \boldsymbol{\phi}_r} \tag{8.11}$$

式中：η_{v} 为材料损耗因子；ξ_r 是第 r 阶模态损耗因子；E_{ar} 为阻尼板第 r 阶总体应变能，$E_{ar}=E_{\mathrm{br}}+E_{\mathrm{vr}}+E_{cr}$；$E_{\mathrm{br}}$ 为第 r 阶基层应变能；E_{vr} 为阻尼层应变能；E_{cr} 为约束层应变能；$\boldsymbol{\phi}_r$ 为阻尼板第 r 阶响应。

8.3　自定义单胞的优化代理模型

基于阻尼板的刚度矩阵和质量矩阵，其振动方程可表示为

$$(\boldsymbol{K} - \lambda \boldsymbol{M}) \boldsymbol{\Phi} = 0 \tag{8.12}$$

式中：$\boldsymbol{K}$、$\boldsymbol{M}$ 分别为阻尼板的整体刚度矩阵和质量矩阵；λ、$\boldsymbol{\Phi}$ 分别为特征值与特征向量。

基于自由度方法，模态响应 $\boldsymbol{\Phi}$ 可分为两个部分：

$$\boldsymbol{\Phi}=\begin{bmatrix}\boldsymbol{\Phi}_{\mathrm{m}}\\\boldsymbol{\Phi}_{\mathrm{s}}\end{bmatrix}=\begin{bmatrix}\boldsymbol{I}\\\boldsymbol{T}\end{bmatrix}\boldsymbol{\Phi}_{\mathrm{m}}=\boldsymbol{T}^{*}\,\boldsymbol{\Phi}_{\mathrm{m}} \tag{8.13}$$

式中：$\boldsymbol{\Phi}_{\mathrm{m}}$、$\boldsymbol{\Phi}_{\mathrm{s}}$ 分别为当前单元族的边界节点与内部节点对应的子特征向量；$\boldsymbol{T}^{*}=\begin{bmatrix}\boldsymbol{I}&\boldsymbol{T}^{\mathrm{T}}\end{bmatrix}^{\mathrm{T}}$，$\boldsymbol{T}$ 为变换矩阵。

把式(8.14)代入式(8.12)，两边同时乘以矩阵 $\boldsymbol{T}^{*}$，得到仅用边界节点表示振动方程(8.12)的方程为

$$\begin{bmatrix}(\boldsymbol{T}^{*})^{\mathrm{T}}\boldsymbol{K}\boldsymbol{T}^{*}-\lambda(\boldsymbol{T}^{*})^{\mathrm{T}}\boldsymbol{M}\boldsymbol{T}^{*}\end{bmatrix}\boldsymbol{\Phi}_{\mathrm{m}}=0 \tag{8.14}$$

根据子结构方法，在静态平衡方程中，刚度矩阵可表示为其边界节点与内部节点对应的子刚度矩阵：

$$\boldsymbol{K}\boldsymbol{U}=\begin{bmatrix}\boldsymbol{K}_{\mathrm{mm}}&\boldsymbol{K}_{\mathrm{ms}}\\\boldsymbol{K}_{\mathrm{sm}}&\boldsymbol{K}_{\mathrm{ss}}\end{bmatrix}\begin{bmatrix}\boldsymbol{\Phi}_{\mathrm{m}}\\\boldsymbol{\Phi}_{\mathrm{s}}\end{bmatrix}=\begin{bmatrix}\boldsymbol{0}\\\boldsymbol{0}\end{bmatrix} \tag{8.15}$$

式中：$\boldsymbol{K}_{\mathrm{mm}}$、$\boldsymbol{K}_{\mathrm{ss}}$ 分别为边界节点与内部节点对应的子刚度矩阵；$\boldsymbol{K}_{\mathrm{sm}}$、$\boldsymbol{K}_{\mathrm{ms}}$ 分别为边界节点与内部节点的耦合子刚度矩阵。

把式(8.13)代入式(8.15)，得变换矩阵 $\boldsymbol{T}$ 为

$$\boldsymbol{T}=-\boldsymbol{K}_{\mathrm{ss}}^{-1}\boldsymbol{K}_{\mathrm{sm}} \tag{8.16}$$

把式(8.16)代入式(8.13)，可得到基于自由度方法的凝聚刚度矩阵和凝聚质量矩阵分别为

$$\boldsymbol{K}^{*}=\boldsymbol{K}_{\mathrm{mm}}-\boldsymbol{K}_{\mathrm{sm}}^{\mathrm{T}}\boldsymbol{K}_{\mathrm{ss}}^{-1}\boldsymbol{K}_{\mathrm{sm}} \tag{8.17a}$$

$$\boldsymbol{M}^{*}=\boldsymbol{M}_{\mathrm{mm}}-\boldsymbol{K}_{\mathrm{sm}}^{\mathrm{T}}\boldsymbol{K}_{\mathrm{ss}}^{-1}\boldsymbol{M}_{\mathrm{sm}}-\boldsymbol{M}_{\mathrm{ms}}\boldsymbol{K}_{\mathrm{ss}}^{-1}\boldsymbol{K}_{\mathrm{sm}}+\boldsymbol{K}_{\mathrm{sm}}^{\mathrm{T}}\boldsymbol{K}_{\mathrm{ss}}^{-1}\boldsymbol{M}_{\mathrm{ss}}\boldsymbol{K}_{\mathrm{ss}}^{-1}\boldsymbol{K}_{\mathrm{sm}} \tag{8.17b}$$

刚度矩阵 $\boldsymbol{K}^{*}$ 与质量矩阵 $\boldsymbol{M}^{*}$ 的规模远小于其原始矩阵，在计算过程中增加计算速度的同时，也能利用自由度凝聚实现阻尼板多尺度结构的设计。

根据式(8.13)与式(8.15)，阻尼板的总能量可表示为

$$\begin{aligned}\boldsymbol{E}&=\boldsymbol{\Phi}^{\mathrm{T}}\boldsymbol{K}\boldsymbol{\Phi}=\begin{bmatrix}\boldsymbol{\Phi}_{\mathrm{m}}\\\boldsymbol{\Phi}_{\mathrm{s}}\end{bmatrix}^{\mathrm{T}}\begin{bmatrix}\boldsymbol{K}_{\mathrm{b}}+\boldsymbol{K}_{\mathrm{c}}+\boldsymbol{K}_{\mathrm{v}}\end{bmatrix}\begin{bmatrix}\boldsymbol{\Phi}_{\mathrm{m}}\\\boldsymbol{\Phi}_{\mathrm{s}}\end{bmatrix}\\&=\begin{bmatrix}\boldsymbol{\Phi}_{\mathrm{m}}^{\mathrm{T}}&\boldsymbol{\Phi}_{\mathrm{s}}^{\mathrm{T}}\end{bmatrix}\begin{bmatrix}(\boldsymbol{K}_{\mathrm{b}}+\boldsymbol{K}_{\mathrm{c}}+\boldsymbol{K}_{\mathrm{v}})_{\mathrm{mm}}&(\boldsymbol{K}_{\mathrm{b}}+\boldsymbol{K}_{\mathrm{c}}+\boldsymbol{K}_{\mathrm{v}})_{\mathrm{ms}}\\(\boldsymbol{K}_{\mathrm{b}}+\boldsymbol{K}_{\mathrm{c}}+\boldsymbol{K}_{\mathrm{v}})_{\mathrm{sm}}&(\boldsymbol{K}_{\mathrm{b}}+\boldsymbol{K}_{\mathrm{c}}+\boldsymbol{K}_{\mathrm{v}})_{\mathrm{ss}}\end{bmatrix}\begin{bmatrix}\boldsymbol{\Phi}_{\mathrm{m}}\\\boldsymbol{\Phi}_{\mathrm{s}}\end{bmatrix}\end{aligned} \tag{8.18}$$

式中：$\boldsymbol{K}_{\mathrm{b}}=\sum\limits_{j=1}^{N}(\boldsymbol{K}_{\mathrm{b}}^{e})$；$\boldsymbol{K}_{\mathrm{c}}=\sum\limits_{j=1}^{N}(\boldsymbol{K}_{\mathrm{c}}^{e})$；$\boldsymbol{K}_{\mathrm{v}}=\sum\limits_{j=1}^{N}(\boldsymbol{K}_{\mathrm{v}}^{e}+\boldsymbol{K}_{\mathrm{sv}}^{e})$。

把式(8.18)展开，获得各层的能量表达式：

$$\boldsymbol{E}_{\kappa}=\boldsymbol{\Phi}_{\mathrm{m}}^{\mathrm{T}}(\boldsymbol{K}_{\mathrm{mm},\kappa}-\boldsymbol{K}_{\mathrm{sm}}^{\mathrm{T}}\boldsymbol{K}_{\mathrm{ss}}^{-1}\boldsymbol{K}_{\mathrm{sm},\kappa}-\boldsymbol{K}_{\mathrm{sm},\kappa}\boldsymbol{K}_{\mathrm{ss}}^{-1}\boldsymbol{K}_{\mathrm{sm}}+\boldsymbol{K}_{\mathrm{sm}}^{\mathrm{T}}\boldsymbol{K}_{\mathrm{ss}}^{-1}\boldsymbol{K}_{\mathrm{ss},\kappa}\boldsymbol{K}_{\mathrm{ss}}^{-1}\boldsymbol{K}_{\mathrm{sm}})\boldsymbol{\Phi}_{\mathrm{m}} \tag{8.19}$$

式中：$\boldsymbol{E}_{\kappa}(\kappa=\mathrm{b},\mathrm{c},\mathrm{v})$ 为基层、约束层和阻尼层的总能量。

把式(8.20)中与刚度系数相关的项重新表示为

$$\boldsymbol{K}_{\kappa}^{*}=\boldsymbol{K}_{\mathrm{mm},\kappa}-\boldsymbol{K}_{\mathrm{sm}}^{\mathrm{T}}\boldsymbol{K}_{\mathrm{ss}}^{-1}\boldsymbol{K}_{\mathrm{sm},\kappa}-\boldsymbol{K}_{\mathrm{sm},\kappa}\boldsymbol{K}_{\mathrm{ss}}^{-1}\boldsymbol{K}_{\mathrm{sm}}+\boldsymbol{K}_{\mathrm{sm}}^{\mathrm{T}}\boldsymbol{K}_{\mathrm{ss}}^{-1}\boldsymbol{K}_{\mathrm{ss},\kappa}\boldsymbol{K}_{\mathrm{ss}}^{-1}\boldsymbol{K}_{\mathrm{sm}} \tag{8.20}$$

式中:$\boldsymbol{K}_\kappa^*$ 为各层的刚度凝聚矩阵。其中,$\boldsymbol{K}_{sm,\kappa}\boldsymbol{K}_{ss}^{-1}\boldsymbol{K}_{sm}$、$\boldsymbol{K}_{sm}^{\mathrm{T}}\boldsymbol{K}_{ss}^{-1}\boldsymbol{K}_{ss,\kappa}\boldsymbol{K}_{ss}^{-1}\boldsymbol{K}_{sm}$ 分别为各层子结构的边界节点与内部节点的耦合方程。各层的刚度矩阵凝聚方程 (8.20) 与阻尼板质量矩阵的形式基本相同,由于质量矩阵不需要计算各层的凝聚刚度矩阵,因此在优化计算过程中,不再单独考虑各层质量矩阵的凝聚。

在优化设计过程中需要建立密度到结构性能之间的关系,即为寻找密度与刚度矩阵或材料矩阵的映射关系。由于利用自由度缩减的方法是基于刚度矩阵进行的,因此我们在此也对所获得的刚度矩阵样本进行操作。

在此,我们假设有一系列不同密度、不同构型的刚度矩阵 $\boldsymbol{K}^*(\rho_i)(0<\rho_i\leqslant1)$;为了操作方便,我们把这一系列的刚度矩阵写成列矩阵的形式,并按列存储到一个大矩阵中,$\boldsymbol{k}_i^*(i=1,2,\cdots,R)$,其中 R 为该矩阵的列数,也即为样本的个数。此时所构建的样本大矩阵可表示为

$$\boldsymbol{K}^*(\rho_i)=[\boldsymbol{k}_1^*,\boldsymbol{k}_2^*,\cdots,\boldsymbol{k}_R^*],\quad 0<\rho_i\leqslant1,\quad i=1,2,\cdots,R \tag{8.21}$$

在该矩阵中,ρ_i 为各个样本对应的密度值,该参数此时为离散变量。为了得到连续密度下的刚度矩阵,我们引入插值的思想,对式(8.21)中的离散样本刚度矩阵进行插值,即可获得连续密度下的刚度矩阵。

与第 4 章中的插值前处理方式相同,我们先获得样本矩阵(8.21)的标准正交基 $\widetilde{\boldsymbol{K}}=[\boldsymbol{k}_1,\boldsymbol{k}_2,\cdots,\boldsymbol{k}_n](n\leqslant R)$,便于后期的插值计算。此时利用对应的标准正交基,可得到凝聚矩阵在连续密度下的表达形式:

$$\boldsymbol{K}^*(\rho_j)=\alpha\widetilde{\boldsymbol{K}}\approx\sum_{i=1}^{n}\alpha_i(\rho_j)\boldsymbol{k}_i \tag{8.22}$$

式中:$\alpha_i(i=1,2,\cdots,n)$ 为插值系数,一般通过以下方式进行计算:

$$\alpha=\boldsymbol{K}^*\widetilde{\boldsymbol{K}}^{-1} \tag{8.23}$$

为了快速地获得具有高连续性的插值结果,我们选用分段三次样条插值方法,在任意两个样本密度区间 $[\rho_j,\rho_{j+1}]$ 的插值系数计算方程如下:

$$\alpha_k=f(\rho_k)=c_3\rho_k^3+c_2\rho_k^2+c_1\rho_k+c_0,\quad 0\leqslant\rho_k\leqslant1$$

$$\mathrm{s.t.}\begin{cases} f(\rho_i)=\alpha_i \\ f(\rho_{i+1})=\alpha_{i+1} \\ f'(\rho_i)=f'(\rho_{i+1}) \\ f''(\rho_i)=f''(\rho_{i+1}) \\ f''(0)=f''(1)=0 \end{cases} \tag{8.24}$$

在该密度区间 $[\rho_j,\rho_{j+1}]$ 中,式(8.22)中的刚度矩阵,可通过插值系数显式地表示为

$$\boldsymbol{K}^*(\rho_j)\approx\alpha_1(\rho_j)\boldsymbol{k}_1+\alpha_2(\rho_j)\boldsymbol{k}_2+\cdots+\alpha_n(\rho_j)\boldsymbol{k}_n \tag{8.25a}$$

利用上述方法,对式(8.17b)中的凝聚质量矩阵进行插值计算,获得连续密度

下的质量矩阵为

$$\boldsymbol{M}^*(\rho_j) \approx \tilde{\alpha_1}(\rho_j)\boldsymbol{m}_1 + \tilde{\alpha_2}(\rho_j)\boldsymbol{m}_2 + \cdots + \tilde{\alpha_z}(\rho_j)\boldsymbol{m}_z \tag{8.25b}$$

在上述刚度矩阵与质量矩阵的计算过程中,它们在相同的密度区间的插值系数是不同的。尽管刚度矩阵样本与质量矩阵样本的大小是一样的,但样本矩阵组成的列向量矩阵的标准正交基不同,因此在连续密度下的刚度矩阵与质量矩阵的插值系数需要进行单独计算。

根据刚度矩阵的插值方程(8.25b),式(8.20)中阻尼板各层的凝聚刚度矩阵可利用各层的样本矩阵进行插值计算,以获得对应层在连续密度下的凝聚刚度矩阵

$$\boldsymbol{K}_{\mathrm{b}}^*(\rho_j) \approx \sum_{j}^{rb} \alpha_{j,\mathrm{b}}(\rho_j)[\boldsymbol{k}_{j,\mathrm{b}}]$$
$$= \alpha_{1,\mathrm{b}}(\rho_j)[\boldsymbol{k}_{1,\mathrm{b}}] + \alpha_{2,\mathrm{b}}(\rho_j)[\boldsymbol{k}_{2,\mathrm{b}}] + \cdots + \alpha_{rb,\mathrm{b}}(\rho_j)[\boldsymbol{k}_{rb,\mathrm{b}}] \tag{8.26a}$$

$$\boldsymbol{K}_{\mathrm{c}}^*(\rho_j) \approx \sum_{j}^{rc} \alpha_{j,\mathrm{c}}(\rho_j)[\boldsymbol{k}_{j,\mathrm{c}}]$$
$$= \alpha_{1,\mathrm{c}}(\rho_j)[\boldsymbol{k}_{1,\mathrm{c}}] + \alpha_{2,\mathrm{c}}(\rho_j)[\boldsymbol{k}_{2,\mathrm{c}}] + \cdots + \alpha_{rc,\mathrm{c}}(\rho_j)[\boldsymbol{k}_{rc,\mathrm{c}}] \tag{8.26b}$$

$$\boldsymbol{K}_{\mathrm{v}}^*(\rho_j) \approx \sum_{j}^{rv} \alpha_{j,\mathrm{v}}(\rho_j)[\boldsymbol{k}_{j,\mathrm{v}}]$$
$$= \alpha_{1,\mathrm{v}}(\rho_j)[\boldsymbol{k}_{1,\mathrm{v}}] + \alpha_{2,\mathrm{v}}(\rho_j)[\boldsymbol{k}_{2,\mathrm{v}}] + \cdots + \alpha_{rv,\mathrm{v}}(\rho_j)[\boldsymbol{k}_{rv,\mathrm{v}}] \tag{8.26c}$$

式中:$[\boldsymbol{k}_{j,\mathrm{b}}]$、$[\boldsymbol{k}_{j,\mathrm{c}}]$、$[\boldsymbol{k}_{j,\mathrm{v}}]$分别为基层、约束层和阻尼层样本矩阵的标准正交基。需要注意的是,在上述各层的插值方程中,系数 $\alpha_{j,\mathrm{b}}$、$\alpha_{j,\mathrm{c}}$、$\alpha_{j,\mathrm{v}}$ 均需要单独计算,不能沿用。

为了计算、制造方便,我们在此定义了两类子结构:带孔方形子结构与内菱形子结构,如图 8.4 所示。

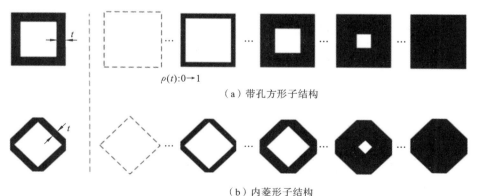

(a)带孔方形子结构

(b)内菱形子结构

图 8.4　自定义两类子结构

对于带孔方形子结构,如图 8.5 所示,由于子结构网格划分不同,则可以产生两组样本。其相对密度计算方程为

$$\rho = 1 - \frac{(\mathrm{nel}_x - 2t)(\mathrm{nel}_y - 2t)}{\mathrm{nel}_x \times \mathrm{nel}_y} \tag{8.27}$$

式中:nel_x、nel_y 分别为子结构网格划分在 x 向、y 向的数量;$t \in \mathbb{Z}^+$,此时所产生的子结构样本相对密度为 0~1 的一系列离散值。

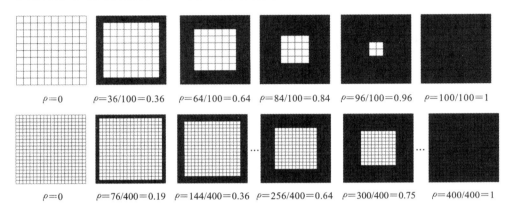

图 8.5 带孔方形子结构的相对密度

在计算过程中,为了获得大小一致且计算便捷的子结构样本,我们固定子结构的划分网格总数,即子结构的一组样本采用相同的网格划分。

根据阻尼板各层的凝聚矩阵插值方法,可获得带孔方形子结构与内菱形子结构的连续密度下的刚度矩阵与质量矩阵的计算方程。

在优化过程中,为了收敛得更快,通常需要在刚度矩阵与质量矩阵前增加惩罚因子,即引入合适的材料插值模型,让优化变量(或单元密度)更快地逼近于 0 或 1,从而获得特征明显的结构。在阻尼板的设计中,我们也引入插值模型,此时刚度矩阵与质量矩阵可重新定义为

$$\boldsymbol{K}^* = \delta \boldsymbol{K}^*(\rho) \approx \delta \sum_{i=1}^{n} \alpha_i(\rho) \boldsymbol{k}_i \tag{8.28a}$$

$$\boldsymbol{M}^* = \delta \boldsymbol{M}^*(\rho) \approx \delta \sum_{i=1}^{z} \tilde{\alpha}_i(\rho) \boldsymbol{m}_i \tag{8.28b}$$

系数 δ 与材料插值模型相关,若选择 SIMP 插值模型,则 $\delta = \rho^p$;若选择 RAMP 模型,则 $\delta = \rho / [1 + p(1-\rho)]$。在阻尼板设计中,由于约束层完全覆盖阻尼层,即阻尼层与约束层相同,而基层不作为设计对象,因此,在设计阻尼板时,引入插值模型的刚度矩阵可写为

$$\boldsymbol{K}^* := \begin{bmatrix} 1 & \delta & \delta \end{bmatrix}^\mathrm{T} \begin{bmatrix} \boldsymbol{K}_\mathrm{b}^*(\rho_j) & \boldsymbol{K}_\mathrm{c}^*(\rho_j) & \boldsymbol{K}_\mathrm{v}^*(\rho_j) \end{bmatrix} \tag{8.29}$$

方程(8.28)和方程(8.29)在本章中我们称之为优化代理模型。

8.4   约束阻尼结构的设计

利用拓扑优化的"物尽其用"思想,在整个阻尼板区域内寻找黏弹性材料的最优分布位置,使其满足约定条件下的减振、吸能特性。在此以结构的模态损耗因子 ξ_r 最大为优化目标,我们基于密度方法研究约束阻尼结构的设计。拓扑优化模型如下所示:

$$\max: \quad \xi_r = \frac{E_v}{E}$$

$$\text{s.t.} \quad (\boldsymbol{K} - \lambda \boldsymbol{M})\boldsymbol{\Phi} = 0$$

$$V = \sum_{i=1}^{H} \rho_i V_i \leqslant V_{\max} \tag{8.30}$$

$$0 < \rho_{\min} \leqslant \rho_i \leqslant 1 \ , \ i = 1, 2, \cdots, H$$

式中: ρ_i 为设计变量,表示第 i 个单元区域阻尼材料的相对密度; λ 与 $\boldsymbol{\Phi}$ 分别为结构频率与响应; H 为设计域划单元总数; ξ_r 为第 r 阶模态损耗因子; $V_{\max}$ 为阻尼板上允许使用的最大量阻尼材料; $\boldsymbol{K}$、$\boldsymbol{M}$ 分别为整体刚度矩阵和质量矩阵; $E_v = \boldsymbol{\Phi}^{\mathrm{T}} \boldsymbol{K}_v^* \boldsymbol{\Phi}$ 为阻尼层的总能量,其中 $\boldsymbol{K}_v^*$ 为阻尼层刚度矩阵; E 为阻尼板的总能量, $E = \boldsymbol{\Phi}^{\mathrm{T}} \boldsymbol{K} \boldsymbol{\Phi} = \boldsymbol{\Phi}^{\mathrm{T}} (\boldsymbol{K}_b + \boldsymbol{K}_c + \boldsymbol{K}_v) \boldsymbol{\Phi}$ 。

密度 1 表示该单元区域表面全部覆盖阻尼材料,密度 0 表示该区域没有阻尼材料;为了避免计算时刚度矩阵出现奇异解以及局部模态问题,设置单元的最小相对密度 $\rho_{\min}$ 为 0.05。

8.4.1   基于 SIMP 方法的阻尼结构设计

根据子结构方法,优化模型(8.31)可重新表示为

$$\min: \quad \Gamma = \frac{1}{\xi_r} = \frac{E}{E_v}$$

$$\text{s.t.} \quad \sum_{i=1}^{n} (\boldsymbol{K}_i^* - \lambda \boldsymbol{M}_i^*)\boldsymbol{\Phi} = 0$$

$$V = \sum_{i=1}^{n} \rho_i V_i \leqslant V_{\max} \tag{8.31}$$

$$0 < \rho_{\min} \leqslant \rho_i \leqslant 1 \ , \ i = 1, 2, \cdots, n$$

式中: $\boldsymbol{K}_i^*$、$\boldsymbol{M}_i^*$ 分别为第 i 个子结构凝聚后插值的刚度矩阵和质量矩阵; n 为设计域所划分的子结构总数。

根据 SIMP 方法的插值模型,优化模型(8.31)中各层的刚度矩阵与质量矩阵可表示为

$$\boldsymbol{K}^* = \sum_{i=1}^{n}\left[\boldsymbol{K}_{\mathrm{b}}^e + \rho_i^p(\boldsymbol{K}_{\mathrm{v}}^e + \boldsymbol{K}_{\beta\mathrm{v}}^e + \boldsymbol{K}_{\mathrm{c}}^e)\right] \tag{8.32a}$$

$$\boldsymbol{M}^* = \sum_{i=1}^{n}\left[\boldsymbol{M}_{\mathrm{b}}^e + \rho_i^p(\boldsymbol{M}_{\mathrm{v}}^e + \boldsymbol{M}_{\mathrm{c}}^e)\right] \tag{8.32b}$$

在阻尼结构的优化设计中,基层通常为原始结构,仅关注阻尼层与约束层的设计,因此在计算刚度矩阵与质量矩阵时,基层不参与优化迭代计算,故而在上述公式中基层的刚度矩阵与材料矩阵的系数为 1。

根据优化模型(8.31),优化目标可表示为

$$\Gamma = \frac{E}{E_{\mathrm{v}}} = \frac{E_{\mathrm{b}} + E_{\mathrm{v}} + E_{\mathrm{c}}}{E_{\mathrm{v}}} = \frac{\boldsymbol{\Phi}^{\mathrm{T}}\boldsymbol{K}^*\boldsymbol{\Phi}}{\boldsymbol{\Phi}^{\mathrm{T}}\boldsymbol{K}_{\mathrm{v}}^*\boldsymbol{\Phi}} \tag{8.33}$$

对密度进行求导,可得优化目标对密度的导数:

$$\frac{\partial \Gamma}{\partial \rho_i} = \frac{-\partial\left(\dfrac{E}{E_{\mathrm{v}}}\right)}{\partial \rho_j} = -\frac{(\boldsymbol{\Phi}^{\mathrm{T}}\partial\boldsymbol{K}^*/\partial\rho_j\boldsymbol{\Phi})(\boldsymbol{\Phi}^{\mathrm{T}}\boldsymbol{K}_{\mathrm{v}}^*\boldsymbol{\Phi}) - (\boldsymbol{\Phi}^{\mathrm{T}}\boldsymbol{K}^*\boldsymbol{\Phi})(\boldsymbol{\Phi}^{\mathrm{T}}\partial\boldsymbol{K}_{\mathrm{v}}^*/\partial\rho_j\boldsymbol{\Phi})}{(\boldsymbol{\Phi}^{\mathrm{T}}\boldsymbol{K}_{\mathrm{v}}^*\boldsymbol{\Phi})^2}$$

$$\tag{8.34}$$

从刚度矩阵的插值模型(8.32a)中可知,式(8.34)中的 $\partial\boldsymbol{K}_{\mathrm{v}}^*/\partial\rho_j$ 与 $\partial\boldsymbol{K}^*/\partial\rho_j$ 可表示为

$$\frac{\partial\boldsymbol{K}_{\mathrm{v}}^*}{\partial\rho_j} = \frac{\partial\sum\limits_{j=1}^{n}\rho_j^p\boldsymbol{K}_{\mathrm{v}}^*(\rho_j)}{\partial\rho_j} = p\sum_{j=1}^{n}\rho_j^{p-1}\frac{\partial\boldsymbol{K}_{\mathrm{v}}^*(\rho_j)}{\partial\rho_j} \tag{8.35a}$$

$$\frac{\partial\boldsymbol{K}}{\partial\rho_j} = \frac{\partial\sum\limits_{j=1}^{n}\rho_j^p\boldsymbol{K}^*(\rho_j)}{\partial\rho_j} = p\sum_{j=1}^{n}\left[\rho_j^{p-1}\frac{\partial\boldsymbol{K}^*(\rho_j)}{\partial\rho_j}\right] \tag{8.35b}$$

式中

$$\frac{\partial\boldsymbol{K}^*(\rho_j)}{\partial\rho_j} = \sum_{i=1}^{rv}\frac{\partial\alpha_{i,\mathrm{v}}(\rho_j)}{\partial\rho_j}(\boldsymbol{k}_{\mathrm{v},i} + \boldsymbol{k}_{\mathrm{sv},i})$$

8.4.2　基于 RAMP 方法的阻尼结构设计

在利用 SIMP 方法进行优化构型设计时,SIMP 方法有两个明显的不足:一是在理论上 SIMP 模型不能保证惩罚函数是一个严格的凹函数,有可能使计算陷入局部最优;二是在惩罚因子 p 大于一定值后,会因为单元密度快速趋于 0 或 1 而得到完全误导性的优化构型。相比之下,RAMP 模型能有效地避免 SIMP 方法的两个缺陷。当 RAMP 方法的惩罚因子增大时,其计算结果更稳定,优化构型细节更清晰,不会出现误导性的结果[30]。

根据 RAMP 方法的材料插值模型,优化模型(8.31)中各层的刚度矩阵与质量矩阵可表示为

$$\boldsymbol{K}^* = \sum_{i=1}^{n}\left[\boldsymbol{K}_{\mathrm{b}}^e + \frac{\rho_i}{1 + p(1-\rho_i)}(\boldsymbol{K}_{\mathrm{v}}^e + \boldsymbol{K}_{\beta\mathrm{v}}^e + \boldsymbol{K}_{\mathrm{c}}^e)\right] \tag{8.36a}$$

$$\boldsymbol{M}^* = \sum_{i=1}^{n}\left[\boldsymbol{M}_b^e + \frac{\rho_i}{1+p(1-\rho_i)}(\boldsymbol{M}_v^e + \boldsymbol{M}_c^e)\right] \qquad (8.36b)$$

根据式(8.28),利用 RAMP 模型对优化模型(8.33)求导,可得

$$\frac{\partial \Gamma}{\partial \rho_i} = \frac{-\partial\left(\dfrac{E}{E_v}\right)}{\partial \rho_j} = -\frac{(\boldsymbol{\Phi}^T \partial \boldsymbol{K}^*/\partial \rho_j \boldsymbol{\Phi})(\boldsymbol{\Phi}^T \boldsymbol{K}_v^* \boldsymbol{\Phi}) - (\boldsymbol{\Phi}^T \boldsymbol{K}^* \boldsymbol{\Phi})(\boldsymbol{\Phi}^T \partial \boldsymbol{K}_v^*/\partial \rho_j \boldsymbol{\Phi})}{(\boldsymbol{\Phi}^T \boldsymbol{K}_v^* \boldsymbol{\Phi})^2}$$

$$(8.36c)$$

式中:对阻尼矩阵与整体刚度矩阵对密度的导数$\partial \boldsymbol{K}_v^*/\partial \rho_j$与$\partial \boldsymbol{K}^*/\partial \rho_j$可表示为

$$\frac{\partial \boldsymbol{K}_v^*}{\partial \rho_j} = \frac{\partial \sum\limits_{j=1}^{n} \dfrac{\rho_j}{1+p(1-\rho_j)}\boldsymbol{K}_v^*(\rho_j)}{\partial \rho_j}$$

$$= \sum_{j=1}^{n} \frac{1}{1+p(1-\rho_j)}\left[\frac{1+p}{1+p(1-\rho_j)}\boldsymbol{K}_v^*(\rho_j) + \rho_j\frac{\partial \boldsymbol{K}_v^*(\rho_j)}{\partial \rho_j}\right] \qquad (8.37a)$$

$$\frac{\partial \boldsymbol{K}}{\partial \rho_j} = \frac{\partial \sum\limits_{j=1}^{n} \delta_j \boldsymbol{K}^*(\rho_j)}{\partial \rho_j} = \sum_{j=1}^{n}\left[\frac{\partial \delta_j}{\partial \rho_j}\boldsymbol{K}^*(\rho_j) + \delta_j\frac{\partial \boldsymbol{K}^*(\rho_j)}{\partial \rho_j}\right] \qquad (8.37b)$$

其中

$$\frac{\partial \delta_j}{\partial \rho_j} = \left[0 \quad \frac{1+p}{(1+p(1-\rho_j))^2} \quad \frac{1+p}{(1+p(1-\rho_j))^2}\right]$$

$$\frac{\partial \boldsymbol{K}^*(\rho_j)}{\partial \rho_j} = \sum_{i=1}^{rv} \frac{\partial \alpha_{i,v}(\rho_j)}{\partial \rho_j}\left[\boldsymbol{k}_{v,i} + \boldsymbol{k}_{sv,i}\right]$$

8.5 计算实例

本章中,阻尼板优化算例的基层与约束层材料选择铝材,杨氏模量与泊松比分别为 68.9 GPa 和 0.3($E_b = E_c = 68.9 \times 10^9$ Pa,$\mu_b = \mu_c = 0.3$),密度为 $\rho_b = \rho_c = 2.74 \times 10^3$(kg/m³);阻尼层材料采用宽温域约束阻尼胶片,泊松比为 $\mu_v = 0.49$,密度为 $\rho_v = 1.6 \times 10^3$ kg/m³。在本章实例中暂不考虑阻尼层黏弹性阻尼材料的温度影响,空材料的密度设置为 10^{-6} kg/m³。约束阻尼结构各层材料的几何参数和属性参数如表 8.1 所示。

表 8.1 约束阻尼结构各层材料的几何参数和属性参数

材料	弹性模量/GPa	剪切模量/MPa	泊松比	密度/(kg/m³)	厚度/mm
约束层	68.9	—	0.30	2740	0.762
阻尼层	—	0.869	0.495	999	0.254
基层	68.9	—	0.30	2740	0.762

8.5.1 优化代理模型的计算精度分析

在此我们自定义两类子结构构型,如图 8.6 所示。两类子结构均由几何参数 $t \in \mathbb{R}$ 进行形状控制。为了获得更多样本的子结构,我们把每个子结构离散为 $n_1 \times n_2 = 40 \times 40$ 的平面 4 节点单元。

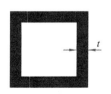 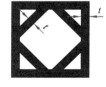

（a）带孔方形子结构　　（b）内菱形子结构

图 8.6　两类子结构

根据子结构节点自由度凝聚方法与三次样条分段插值方法,我们可以得到一系列不同密度下的子结构凝聚刚度矩阵与质量矩阵。带孔方形子结构与内菱形子结构对应的刚度矩阵和质量矩阵插值系数如图 8.7 和图 8.8 所示。

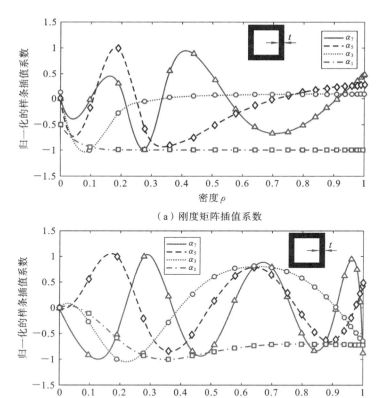

（a）刚度矩阵插值系数

（b）质量矩阵插值系数

图 8.7　带孔方形子结构的部分插值系数

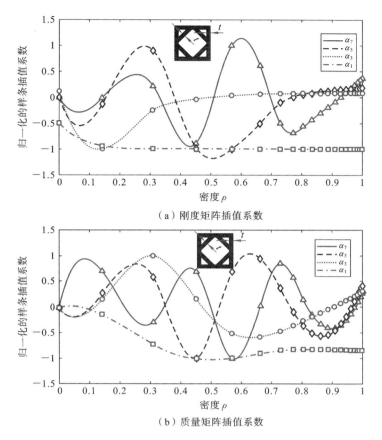

（a）刚度矩阵插值系数

（b）质量矩阵插值系数

图 8.8 内菱形子结构的部分插值系数

比较两类子结构的插值系数,我们可发现:① 不同的子结构构型,其刚度矩阵与质量矩阵的插值系数不同;② 随着插值系数的升高,插值系数的非线性特性越来越明显。这也证明了不同构型的子结构,其插值系数相对独立。因此在优化计算过程中,利用不同构型的子结构进行计算时,需要重新计算插值系数。

在所定义的两类子结构中,其阻尼层刚度矩阵的部分插值系数如图 8.9 所示。

为了验证所构建的约束阻尼结构力学模型的正确性以及基于子结构的阻尼板频率响应的计算精度,我们利用四边简支的阻尼板进行验证,其力学模型如图 8.10 所示。

设计域划分为 2×2 个子结构,每个子结构划分为 40×40 个平面矩形单元。为了验证所构建的力学模型以及计算精度,我们把计算结果进行对比,如表 8.2 所示。

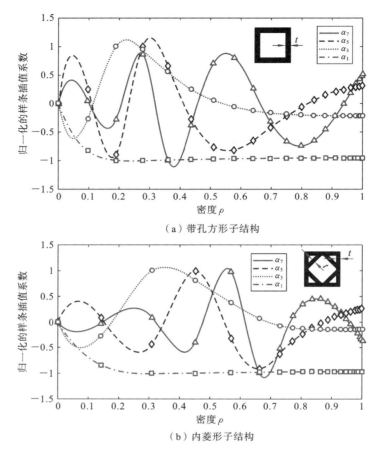

（a）带孔方形子结构

（b）内菱形子结构

图 8.9　阻尼板阻尼层刚度矩阵插值系数

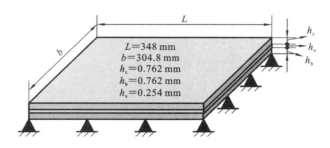

图 8.10　四边简支的阻尼板力学模型

　　从计算结果可看出,本章中的有限元力学模型与凝聚刚度矩阵两种方法下的计算结果与文献所给出的精确解之间的误差小于 2.5%,凝聚矩阵计算结果(一阶基频除外)的误差均小于 1%。

表 8.2 阻尼板模型的计算精度

固有频率	一阶频率	二阶频率	三阶频率	四阶频率	五阶频率
文献计算结果	60.3	115.4	130.6	178.7	195.7
本章有限元力学模型计算结果	60.86	115.71	128.20	174.73	195.92
凝聚刚度矩阵下计算结果	61.33	115.44	130.77	178.30	197.38
误差	0.93%	0.27%	1.84%	2.22%	0.11%
	1.71%	0.03%	0.13%	0.22%	0.86%

在带孔方形子结构与内菱形子结构下,不同子结构密度下的阻尼板模态损失因子与相对误差如图 8.11 所示。图例中 FEM 表示计算所用的是有限元方法,

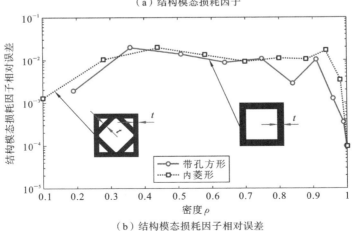

（a）结构模态损耗因子

（b）结构模态损耗因子相对误差

图 8.11 带孔方形子结构与内菱形子结构计算结果

Substructure 表示计算过程中使用的是凝聚子结构。当密度为 0 时,表示基板上没有覆盖任何黏弹性材料;当密度为 1 时,表示基板上完全覆盖了一层黏弹性材料。可以看出,结构模态损耗因子随着黏弹性层密度的增加而逐渐增大。在这两类子结构下,同密度子结构的损耗因子几乎相等。

图 8.12 显示了有限元方法和凝聚子结构方法在不同密度下带孔方形和内菱形子结构的计算耗时。在相同方法下,由于所提出的方法凝聚了子结构自由度,其计算时间是有限元方法的 20%。

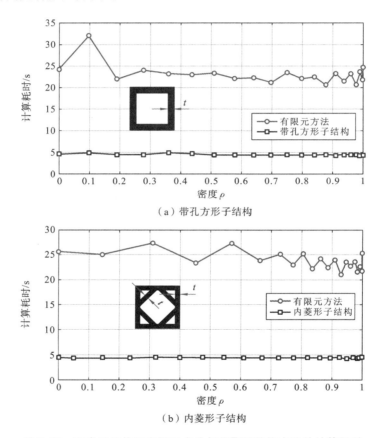

（a）带孔方形子结构

（b）内菱形子结构

图 8.12 两类子结构下有限元方法与凝聚子结构方法的计算耗时

8.5.2 悬臂梁设计

悬臂梁的阻尼材料设计优化模型如图 8.13 所示。设计域为 $L_1 \times L_2 = 2 \text{ m} \times 1 \text{ m}$,优化目标为结构模态损耗因子最大化,许用材料比例为 30%。

设计域划分为 320×160 大小的 4 节点平面单元,利用子结构方法把设计域划分为 $N_x \times N_y = 8 \times 4$ 和 $N_x \times N_y = 16 \times 8$ 两类大小的子结构,每类子结构大小分

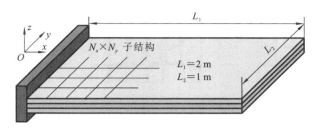

图 8.13　悬臂梁优化实例

别为 40×40 和 20×20。变量过滤半径设置为子结构边长的 1.1 倍。我们选择 RAMP 方法作为材料插值模型,变量更新策略选择 OC 方法,在不同的惩罚因子下,第 1 阶的结构模态损耗因子最大化的优化结果如图 8.14 所示。当相邻两迭代步的目标函数值的差值小于 0.001 时,所得构型即为最终设计结果。

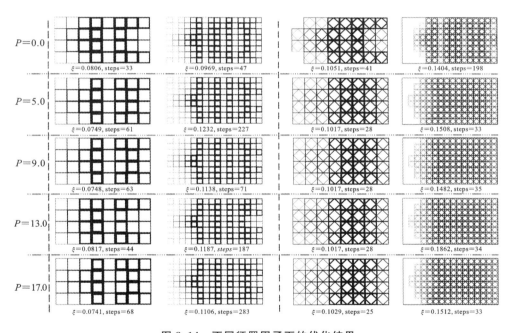

图 8.14　不同惩罚因子下的优化结果

通过图 8.14 我们发现选择惩罚因子为 9.0 时,其收敛效率、设计构型均比较合理,因此在本章中基于 RAMP 方法设计阻尼层材料分布时惩罚因子均设置为 9.0。

选择子结构大小为 $n_1 \times n_2 = 40 \times 40$,设计域划分为 $N_x \times N_y = 8 \times 4$ 时,阻尼板前 6 阶结构模态损耗因子最大化对应的优化构型如图 8.15、图 8.16 所示。

为了得到更为清晰的模型,我们把设计域子结构划分再细化一次,划分为 N_x

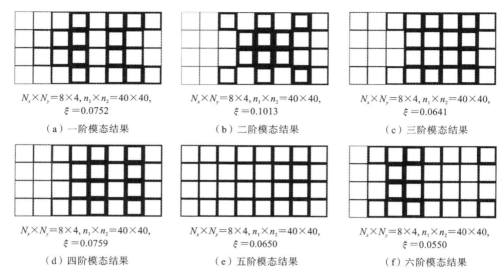

(a) 一阶模态结果 $N_x \times N_y = 8 \times 4, n_1 \times n_2 = 40 \times 40, \xi = 0.0752$

(b) 二阶模态结果 $N_x \times N_y = 8 \times 4, n_1 \times n_2 = 40 \times 40, \xi = 0.1013$

(c) 三阶模态结果 $N_x \times N_y = 8 \times 4, n_1 \times n_2 = 40 \times 40, \xi = 0.0641$

(d) 四阶模态结果 $N_x \times N_y = 8 \times 4, n_1 \times n_2 = 40 \times 40, \xi = 0.0759$

(e) 五阶模态结果 $N_x \times N_y = 8 \times 4, n_1 \times n_2 = 40 \times 40, \xi = 0.0650$

(f) 六阶模态结果 $N_x \times N_y = 8 \times 4, n_1 \times n_2 = 40 \times 40, \xi = 0.0550$

图 8.15　带孔方形子结构下前 6 阶模态损耗因子最大化优化结果

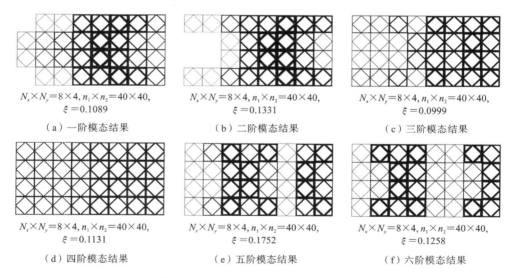

(a) 一阶模态结果 $N_x \times N_y = 8 \times 4, n_1 \times n_2 = 40 \times 40, \xi = 0.1089$

(b) 二阶模态结果 $N_x \times N_y = 8 \times 4, n_1 \times n_2 = 40 \times 40, \xi = 0.1331$

(c) 三阶模态结果 $N_x \times N_y = 8 \times 4, n_1 \times n_2 = 40 \times 40, \xi = 0.0999$

(d) 四阶模态结果 $N_x \times N_y = 8 \times 4, n_1 \times n_2 = 40 \times 40, \xi = 0.1131$

(e) 五阶模态结果 $N_x \times N_y = 8 \times 4, n_1 \times n_2 = 40 \times 40, \xi = 0.1752$

(f) 六阶模态结果 $N_x \times N_y = 8 \times 4, n_1 \times n_2 = 40 \times 40, \xi = 0.1258$

图 8.16　内菱形子结构下前 6 阶模态损耗因子最大化优化结果

$\times N_y = 16 \times 8$,子结构大小选择为 $n_1 \times n_2 = 20 \times 20$,两类子结构下前 6 阶模态损耗因子优化构型如图 8.17 和图 8.18 所示。

从上述优化结果,可分析得出:① 在同一类子结构下,不同阶数模态对应的优化结果不同;同阶模态下,其设计构型对设计域划分网格细密程度相关性不大,其构型基本相似;② 在相同的设计域网格划分下,相同阶数下两类子结构的设计构型也基本接近;③ 两类子结构下,内菱形子结构的各阶结构模态损耗因子均比带

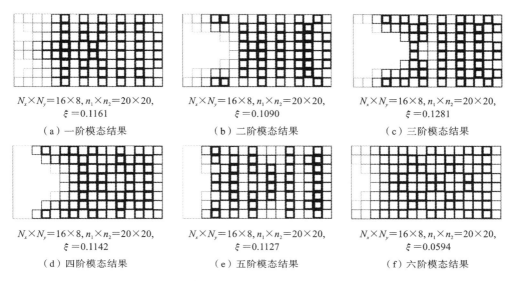

$N_x \times N_y = 16 \times 8, n_1 \times n_2 = 20 \times 20,$
$\xi = 0.1161$

（a）一阶模态结果

$N_x \times N_y = 16 \times 8, n_1 \times n_2 = 20 \times 20,$
$\xi = 0.1090$

（b）二阶模态结果

$N_x \times N_y = 16 \times 8, n_1 \times n_2 = 20 \times 20,$
$\xi = 0.1281$

（c）三阶模态结果

$N_x \times N_y = 16 \times 8, n_1 \times n_2 = 20 \times 20,$
$\xi = 0.1142$

（d）四阶模态结果

$N_x \times N_y = 16 \times 8, n_1 \times n_2 = 20 \times 20,$
$\xi = 0.1127$

（e）五阶模态结果

$N_x \times N_y = 16 \times 8, n_1 \times n_2 = 20 \times 20,$
$\xi = 0.0594$

（f）六阶模态结果

图 8.17 子结构细化下的带孔方形子结构前 6 阶模态损耗因子最大化优化结果

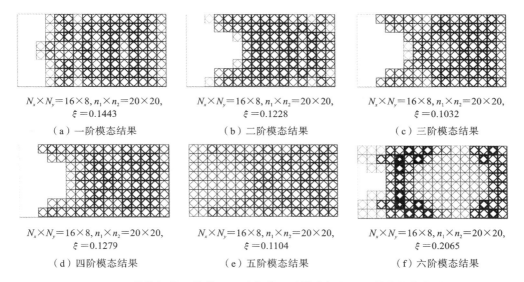

$N_x \times N_y = 16 \times 8, n_1 \times n_2 = 20 \times 20,$
$\xi = 0.1443$

（a）一阶模态结果

$N_x \times N_y = 16 \times 8, n_1 \times n_2 = 20 \times 20,$
$\xi = 0.1228$

（b）二阶模态结果

$N_x \times N_y = 16 \times 8, n_1 \times n_2 = 20 \times 20,$
$\xi = 0.1032$

（c）三阶模态结果

$N_x \times N_y = 16 \times 8, n_1 \times n_2 = 20 \times 20,$
$\xi = 0.1279$

（d）四阶模态结果

$N_x \times N_y = 16 \times 8, n_1 \times n_2 = 20 \times 20,$
$\xi = 0.1104$

（e）五阶模态结果

$N_x \times N_y = 16 \times 8, n_1 \times n_2 = 20 \times 20,$
$\xi = 0.2065$

（f）六阶模态结果

图 8.18 子结构细化下的菱形子结构前 6 阶模态损耗因子最大化优化结果

孔方形子结构的模态损耗因子大,且子结构划分数越细其结构模态损耗因子也越大。相比于带孔方形子结构,由于内菱形子结构有更为丰富的内部构型,因此在结构性能以及优化结构的稳定性上,均比带孔方形子结构好。

在此,基于定义的两类子结构,我们把结构的前 6 阶的整体结构模态损耗因子最大作为优化目标,其优化构型如图 8.19 和图 8.20 所示。

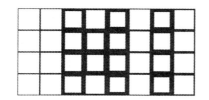

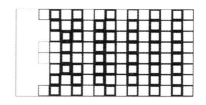

（a）$N_x \times N_y = 8 \times 4$, $n_1 \times n_2 = 40 \times 40$, $\xi = 0.1018$　　（b）$N_x \times N_y = 16 \times 8$, $n_1 \times n_2 = 20 \times 20$, $\xi = 0.0856$

图 8.19　带孔方形子结构前 6 阶整体模态损耗因子最大化优化结果

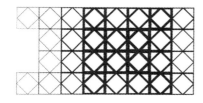
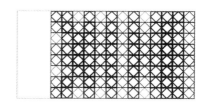

（a）$N_x \times N_y = 8 \times 4$, $n_1 \times n_2 = 40 \times 40$, $\xi = 0.0654$　　（b）$N_x \times N_y = 16 \times 8$, $n_1 \times n_2 = 20 \times 20$, $\xi = 0.0911$

图 8.20　内菱形子结构前 6 阶整体模态损耗因子最大化优化结果

对比优化结果可以看出，在相同的离散化情况下，优化结果的构型基本相同。从结构损耗因子来看，内菱形子结构下的优化结果的损耗因子更大，这意味着这种内菱形子结构能量吸收更好。

8.5.3　OC 方法与 MMA 方法的对比

上述构型结果均采用了 OC 方法更新设计变量，所获得构型的中间密度单元较多，尤其是低密度单胞，不仅会引起局部模态问题，也会造成制造的困难。因此，我们选择使用移动渐近线方法（MMA）作为变量更新方法。设计域划分为 $N_x \times N_y = 8 \times 4$，每个子结构大小设置为 $n_1 \times n_2 = 40 \times 40$。对图 8.15 与图 8.16 中的优化构型，进行重新计算，设计结果如图 8.21 和图 8.22 所示。

相比于 OC 方法的优化结果，基于 MMA 方法的优化结果更为清晰，尽管材料分布规律相近，但低密度单元相对较少，更适合对设计构型进行制造。另外，基于

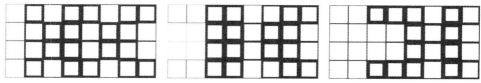

$N_x \times N_y = 8 \times 4$, vol=0.3, $\xi = 0.0784$　$N_x \times N_y = 8 \times 4$, vol=0.3, $\xi = 0.1221$　$N_x \times N_y = 8 \times 4$, vol=0.3, $\xi = 0.0955$

（a）一阶模态结果　　　　　（b）二阶模态结果　　　　　（c）三阶模态结果

图 8.21　基于 MMA 的带孔方形子结构前 6 阶模态损耗因子最大化优化结果

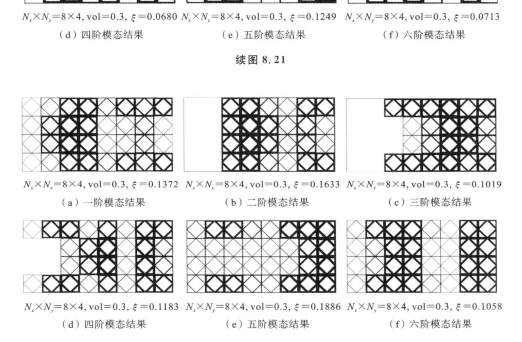

$N_x \times N_y = 8 \times 4, \text{vol} = 0.3, \xi = 0.0680$

（d）四阶模态结果

$N_x \times N_y = 8 \times 4, \text{vol} = 0.3, \xi = 0.1249$

（e）五阶模态结果

$N_x \times N_y = 8 \times 4, \text{vol} = 0.3, \xi = 0.0713$

（f）六阶模态结果

续图 8.21

$N_x \times N_y = 8 \times 4, \text{vol} = 0.3, \xi = 0.1372$

（a）一阶模态结果

$N_x \times N_y = 8 \times 4, \text{vol} = 0.3, \xi = 0.1633$

（b）二阶模态结果

$N_x \times N_y = 8 \times 4, \text{vol} = 0.3, \xi = 0.1019$

（c）三阶模态结果

$N_x \times N_y = 8 \times 4, \text{vol} = 0.3, \xi = 0.1183$

（d）四阶模态结果

$N_x \times N_y = 8 \times 4, \text{vol} = 0.3, \xi = 0.1886$

（e）五阶模态结果

$N_x \times N_y = 8 \times 4, \text{vol} = 0.3, \xi = 0.1058$

（f）六阶模态结果

图 8.22 基于 MMA 的内菱形子结构下前 6 阶模态损耗因子最大化优化结果

MMA 方法所设计的构型结构模态损耗因子均要大于 OC 方法的结果，尤其是低阶的模态损耗因子，这也表明 RAMP 方法结合 MMA 方法，可获得更为合适的优化结果。

同时，我们也比较了阻尼板第 4 阶模态优化构型在 OC 方法与 MMA 方法下的优化收敛过程，其收敛过程如图 8.23 和图 8.24 所示。

结合上述优化结果收敛过程，可以看出：① 基于 MMA 方法设计的阻尼板的黏弹性材料分布更为紧凑；② 内菱形网格下阻尼板的模态损失因子波动远大于带孔方形网格。由于黏弹性材料在菱形网格中呈对角线分布，因此在优化过程中阻尼材料的分布变化更为剧烈。

两种方法每迭代一步所消耗的平均计算时间如表 8.3 所示。从表中可以看出，OC 方法比 MMA 方法耗时更多。不过，从收敛过程中可以分析出，MMA 方法的计算迭代步数几乎是 OC 方法的两倍。总体而言，基于 OC 方法的计算效率高于 MMA 方法。

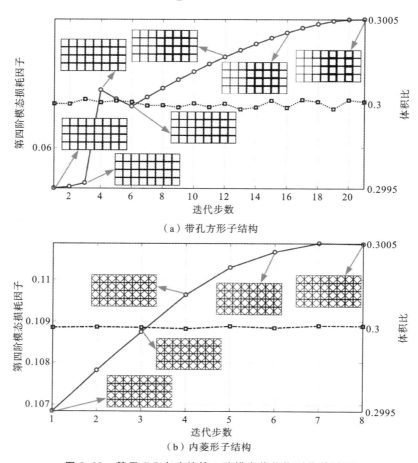

（a）带孔方形子结构

（b）内菱形子结构

图 8.23 基于 OC 方法的第 4 阶模态优化构型收敛过程

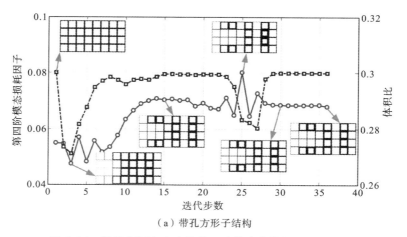

（a）带孔方形子结构

图 8.24 基于 MMA 方法的第 4 阶模态优化构型收敛过程

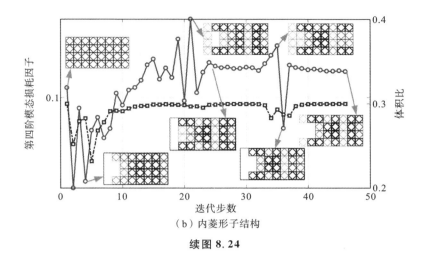

（b）内菱形子结构

续图 8.24

表 8.3 每迭代一步所消耗的平均计算时间

晶格	子结构划分/大小	OC 方法/s	MMA 方法/s
带孔方形	8×4/40×40	78.3625	73.5048
	16×8/20×20	138.6399	112.3292
内菱形	8×4/40×40	86.8906	73.7561
	16×8/20×20	141.3555	113.5036

8.5.4 结构性能试验

为了验证结构性能,我们利用 RAMP 方法优化了高速纺织装备综框结构。综框由上下横梁、左右侧板等零件组成,本算例以 2300 mm 幅宽的综框结构的一阶模态损耗因子最大为优化目标。为了便于制作,我们选取右上角长度为 480 mm 的局部区域作为优化设计域,划分为 4×2 个子结构,每个子结构大小选择为 40×40,阻尼材料最大用量为 30%,实务模型与优化域如图 8.25 所示。

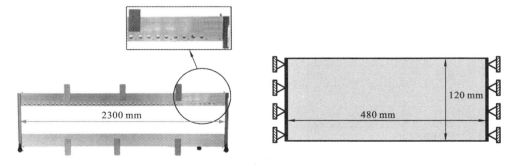

图 8.25 综框结构及其优化模型

采用内菱形和带孔方形子结构进行设计,其设计构型如图8.26所示。

（a）SIMP方法

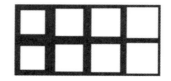
（b）带孔方形子结构

（c）内菱形子结构

图 8.26　不同拓扑优化方法构型图

优化构型的试验样本如图 8.27 所示。为了增加对比,我们增加了全覆盖与半覆盖阻尼层的样本,图中灰色线框为预设子结构。

（a）全覆盖阻尼层结构样本

（b）半覆盖阻尼层结构样本

（c）带孔方形子结构样件

（d）内菱形子结构样件

图 8.27　试验样本

为了对比验证阻尼层在设计构型下的结构性能,我们在设计域上覆盖了一层阻尼材料,其试验结果如表8.4所示。

表 8.4　样本前 3 阶模态试验仿真数据对比

试验样本类型	测试类型	一阶频率/Hz	二阶频率/Hz	三阶频率/Hz
全覆盖	试验	38.36	164.29	232.22
	仿真	39.81	160.39	236.54
	误差%	3.77%	2.43%	1.86%
带孔方形子结构	试验	36.56	163.43	235.31
	优化值	38.92	168.37	231.46
	误差%	6.46%	3.02%	1.64%

续表

试验样本类型	测试类型	一阶频率/Hz	二阶频率/Hz	三阶频率/Hz
内菱形子结构	试验	37.50	164.68	237.18
	优化值	38.77	168.23	232.57
	误差%	3.39%	2.16%	1.94%

从试验结果对比可以看出,试验样本的固有频率与仿真计算结果之间的误差大部分在2%左右。在此,我们把图8.25中的三类试验样本的频率-幅频测试数据进行了分析,结果如图8.28所示。从幅频响应测试数据来看,相比于全覆盖阻尼层材料的样本,通过优化设计方法而获得的阻尼层材料布局样本的振动幅值均有下降,其频率越高,振动幅值下降的比例越大。试验结果也表明:通过优化设计的方法,不仅节约了阻尼材料的使用比例,也提高了阻尼结构的吸能、减振性能。

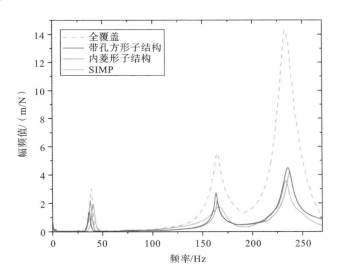

图 8.28　三类试验样本的幅频响应

在样本制备和测试等环节存在着各种不确定因素,这些因素可能对最终试验结果产生影响。即使采用相同的材料,不同批次之间可能存在微小的差异,如材料强度、密度等。在制备过程中的操作以及温度控制等细微变化可能导致样本结构或性能产生差异。在测试环节中,测试设备的精度和稳定性可能存在误差,如传感器的灵敏度、测量精度等。实验环境的温度、湿度等条件变化可能对测试结果产生影响。数据采集和处理过程中可能存在算法误差、采样频率不足等问题,这些问题影响最终结果的准确性,使得测试结果存在一定的误差。

8.6　本章小结

　　本章针对被动约束层阻尼(PCLD)结构提出了一种基于子结构的通用拓扑优化方法。给出了基于七个自由度的阻尼板有限元模型，并推导出每层的能耗公式。设计了两种子结构，并构建了基于子结构的最优插补模型。计算分析了子结构方法和有限元方法下结构模态的计算误差，验证了两种方法在不同密度下计算的结构模态的准确性。所提出的 PCLD 结构设计优化方法在多个测试结果上表现良好，这表明该方法在 PCLD 板黏弹性材料分布设计中大有可为。

　　尽管如此，今后仍将对一些课题进行研究。首先，需要进一步考虑复杂振动约束条件下的 PCLD 结构设计方法。目前，我们只考虑了自由振动下黏弹性材料分布的设计，对于强迫振动和考虑阻尼的振动等工作条件还需要更深入地研究。其次，需要进一步研究 PCLD 板各层之间的连接特性。在这种方法中，假定层间的连接是可靠的，而不考虑层间的滑移。特别是当黏弹性材料含量较少的局部结构与基层牢固连接时，连接的可靠性需要进一步研究。

　　尽管如此，我们仍然认为目前的研究进展对那些更复杂的工程设计和分析问题的研究有所启发。

参考文献

[1] Kerwin Jr E M. Damping of flexural waves by a constrained viscoelastic layer[J]. The Journal of the Acoustical society of America，1959，31(7)：952-962.

[2] Ross D，Ungar E E，Kerwin E M. Flexural vibrations by means of viscoelastic laminate[J]. ASME Structure Damping，1959：48-87.

[3] Ditaranto R A. Theory of vibratory bending for elastic and viscoelastic layered finite length beams[J]. Journal of the Applied Mechanics，1965，32(4)：881-886.

[4] Mead D J，Markus S. The forced vibration of a three-layer，damped sandwich beam with arbitrary boundary conditions[J]. Journal of sound and vibration，1969，10(2)：163-175.

[5] Douglas B D，Yang J C S. Transverse compressional damping in the vibratory response of elastic-viscoelastic-elastic beams[J]. AIAA Journal，1978，16(9)：925-930.

[6] Lu Y P，Everstine G C. More on finite element modeling of damped composite systems[J]. Journal of Sound and Vibration，1980，69(2)：199-205.

[7] Johnson C D，Kienholz D A. Finite element prediction of damping in structures with constrained viscoelastic layers[J]. Aiaa Journal，1982，20(9)：1284-1290.

[8] Levraea V，Rogers L，Pacia A，et al. Add-on damping treatment for the f-15 upper-outer wing skin[M]. San Diego：[s. n.]，1992.

[9] Mohammadi F，Sedaghati R. Linear and nonlinear vibration analysis of sandwich cylindrical shell with constrained viscoelastic core layer[J]. International Journal of Mechanical Sciences，2012，54(1)：156-171.

[10] 顾赛克,邓琼,刘悦.约束阻尼结构力学性能研究与参数优化[J].航空工程进展，2021，12(4)：68-79,89.

[11] 任晋宇,徐静,田波,等. 阻尼覆盖面积对船舶约束阻尼板振动特性影响分析[J]. 噪声与振动控制，2021，41(1)：122-126.

[12] 刘全民,叶孝意,宋立忠,等.基于迭代 RMSE 法的约束阻尼板动力特性分析[J]. 西南交通大学学报,2023,58(6):1311-1317,1431.

[13] Kim S Y，Mechefske C K，Kim I Y. Optimal damping layout in a shell structure using topology optimization[J]. Journal of Sound and Vibration，2013，332(12)：2873-2883.

[14] Yun K S，Youn S K. Topology optimization of viscoelastic damping layers for attenuating transient response of shell structures[J]. Finite Elements in Analysis and Design，2018，141：154-165.

[15] Madeira J F A，Araújo A L，Soares C M. Multiobjective optimization of constrained layer damping treatments in composite plate structures[J]. Mechanics of Advanced Materials and Structures，2017，24(5)：427-436.

[16] 张景奇. 粘弹性约束层阻尼结构拓扑优化设计方法[D]. 大连：大连理工大学，2017.

[17] Takezawa A，Daifuku M，Nakano Y，et al. Topology optimization of damping material for reducing resonance response based on complex dynamic compliance[J]. Journal of Sound and Vibration，2016，365：230-243.

[18] de Lima A M G，Rodovalho L F F，Borges R A. Finite element modeling and experiments of systems with viscoelastic materials for vibration attenuation[J]. Viscoelastic and Viscoplastic Materials，2016：333-363.

[19] Li E Q，Li D K，Tang G J，et al. Dynamic analysis of cylindrical shell with partially covered ring-shape constrained layer damping by the transfer function method[J]. Acta Aeronautica ET Astronautica Sinica，2007，28(6)：1487-1493.

[20] Zheng L，Qiu Q，Wan H C，et al. Damping analysis of multilayer passive constrained layer damping on cylindrical shell using transfer function method[J]. Journal of Vibration and Acoustics，2014，136(3)：031001.

[21] Mohammadi F，Sedaghati R. Linear and nonlinear vibration analysis of sandwich cylindrical shell with constrained viscoelastic core layer[J]. International Journal of Mechanical Sciences，2012，54(1)：156-171.

[22] Kumar N，Singh S P. Experimental study on vibration and damping of curved panel treated with constrained viscoelastic layer[J]. Composite Structures，2010，92(2)：233-243.

[23] 石慧荣,高溥,李宗刚,等. 局部约束阻尼柱壳振动分析及优化设计[J]. 振动与冲击，2013，32(22)：146-151,173.

[24] 李申芳.基于双向渐进结构优化法的约束阻尼拓扑优化研究[D]. 桂林:桂林电子科技大

学，2020.

[25] 吴永辉,张东东,陈静月,等.基于参数化水平集法的约束阻尼结构动力学拓扑优化[J].上海理工大学学报,2021,43(4):349-359.

[26] 贺红林,陶结,刘尧弟,等.基于渐进法的约束阻尼结构拓扑多目标动力学优化[J].中国机械工程,2016,27(17):2310-2315,2321.

[27] 倪维宇,张横,姚胜卫.简谐激励下阻尼复合结构多尺度拓扑优化设计[J].包装工程,2022,43(23):225-233.

[28] 房占鹏,冉凯文,田淑侠,等.约束阻尼板的黏弹性阻尼层细观拓扑优化设计[J].郑州大学学报(工学版),2022,43(04):60-66.

[29] Sun W,Yan X F,Wang Z. Analysis of the effects of frequency dependent characteristic on the vibration of viscoelastic composite structure[J]. Journal of Mechanical Engineering,2018,54(5):121-128.

[30] 陈祥,刘辛军.基于RAMP插值模型结合导重法求解拓扑优化问题[J].机械工程学报,2012,48(1):135-140.